工业和信息化精品系列教材

云计算技术

Cloud Computing
Technology

微课版

虚拟化
技术与应用

项目教程

崔升广 ◉ 编著

金雷 宋斌 ◉ 副主编

U0277625

人民邮电出版社

北京

图书在版编目（CIP）数据

虚拟化技术与应用项目教程：微课版 / 崔升广编著
. — 北京：人民邮电出版社，2023.7
工业和信息化精品系列教材. 云计算技术
ISBN 978-7-115-61317-2

Ⅰ．①虚… Ⅱ．①崔… Ⅲ．①数字技术—高等职业教
育—教材 Ⅳ．①TP3

中国国家版本馆CIP数据核字(2023)第041887号

内 容 提 要

　　根据高职高专教育的培养目标、特点和要求，本书由浅入深、全面系统地讲解虚拟化技术与应用的基本知识和相关的服务配置。全书共 6 个项目，内容包括虚拟化技术基础知识、VMware 虚拟机配置与管理、桌面虚拟化技术、Hyper-V 虚拟化技术、Docker 容器技术、Kubernetes 集群配置与管理。为了让读者能够更好地巩固所学知识、及时地检查学习效果，每个项目都配备丰富的课后习题。

　　本书可作为高校计算机及相关专业的教材，也可作为广大计算机爱好者自学虚拟化技术与应用的参考用书，还可作为虚拟化技术与应用的社会培训教材。

◆ 编　　著　崔升广
　　副主编　金　雷　宋　斌
　　责任编辑　郭　雯
　　责任印制　王　郁　焦志炜

◆ 人民邮电出版社出版发行　　北京市丰台区成寿寺路 11 号
　　邮编　100164　　电子邮件　315@ptpress.com.cn
　　网址　https://www.ptpress.com.cn
　　三河市君旺印务有限公司印刷

◆ 开本：787×1092　1/16
　　印张：17.75　　　　　　　2023 年 7 月第 1 版
　　字数：514 千字　　　　　2024 年 11 月河北第 3 次印刷

定价：69.80 元

读者服务热线：(010)81055256　印装质量热线：(010)81055316
反盗版热线：(010)81055315
广告经营许可证：京东市监广登字 20170147 号

前言 PREFACE

近年来，互联网产业飞速发展，云计算作为一种弹性 IT 资源的提供方式应运而生，其提供的计算机资源服务是与水、电、煤气类似的公共资源服务。目前通过技术发展和经验积累，云计算技术已进入一个相对成熟的阶段，成为当前 IT 产业发展和应用创新的热点。

党的二十大报告提出：教育、科技、人才是全面建设社会主义现代化国家的基础性、战略性支撑。我国主动顺应信息革命时代浪潮，以信息化培育新动能，用数字新动能推动新发展，数字技术不断创造新的可能。在高职高专院校中，虚拟化技术与应用课程已经成为云计算技术应用及相关专业的一门重要的专业课程。由于互联网飞速发展，人们越来越重视虚拟化技术的相关配置与管理，本书作为一门重要的专业课程的教材，与时俱进，涵盖较广的知识面与技术面。本书可以让读者学到前沿和实用的技术，为以后参加工作储备知识。

本书使用 VMware 虚拟机环境搭建平台，在介绍相关理论与技术原理的同时，还提供大量的项目配置实例，以达到理论与实践相结合的目的。本书在内容安排上力求做到深浅适度、详略得当，从虚拟化技术的基础知识起步，用大量的实例、插图讲解虚拟化技术相关知识。编者精心选取教材的内容，对教学方法与教学内容进行整体规划与设计，使得本书在叙述上简明扼要、通俗易懂，既方便教师讲授，又方便学生学习、理解与掌握。

本书融入了编者丰富的教学经验，以初学者的视角安排知识结构，采用了"教、学、做一体化"的教学方法，可作为培养应用型人才的教学与训练教材。本书以实际项目转化的实例为主线，读者在学习本书的过程中，不仅能够完成快速入门的基础技术学习，还能够进行实际项目的开发。

本书主要特点如下。

（1）内容丰富、技术面广、图文并茂、通俗易懂，具有很强的实用性。

（2）组织合理、有效。本书按照由浅入深的顺序，在逐渐丰富系统功能的同时，引入相关技术与知识，实现技术讲解与训练合二为一，有助于"教、学、做一体化"的实施。

（3）实际项目的开发与理论教学紧密结合。本书的训练紧紧围绕实际项目进行。为了使读者快速地掌握相关技术并按实际项目的开发要求熟练运用，本书在各个项目的必备知识后面根据实际项目设计相关实例，实现项目功能，完成详细配置。

为方便读者使用，书中全部实例的源代码及电子教案均免费赠送给读者，读者可登录人邮教育社区（www.ryjiaoyu.com）下载这些资源。

本书由崔升广编著，金雷、宋斌副主编。崔升广编写项目1~项目5，金雷、宋斌编写项目6。崔升广负责全书的统稿和定稿。

由于编者水平有限，书中难免存在不足之处，殷切希望广大读者批评指正。读者可加入人邮教师服务QQ群（群号为159528354），与编者进行联系。

编　者

2023年2月

目录 CONTENTS

项目 3

桌面虚拟化技术 ·· 78

项目 4

Hyper-V 虚拟化技术 ··· 94

项目1
虚拟化技术基础知识

01

【学习目标】

- 理解虚拟化基本概念和应用。
- 理解虚拟化与虚拟机、虚拟化与数据中心、虚拟化与云计算、虚拟化集群等相关知识。
- 了解企业级虚拟化解决方案和典型的虚拟化厂商及产品。
- 掌握物理服务器虚拟化安装与配置以及Windows Server 2019操作系统安装等相关知识与技能。

【素养目标】

- 加强爱国主义教育，弘扬爱国精神与工匠精神。
- 培养自我学习的能力和习惯。
- 树立团队互助、合作进取的意识。

1.1 项目描述

　　虚拟化（Virtualization）是当今热门技术——云计算的核心技术之一，它可以实现信息技术（Information Technology，IT）资源的弹性分配，使IT资源分配更加灵活、方便，能够弹性地满足多样化的应用需求。

　　虚拟化是指把物理资源转变为逻辑上可以管理的资源，以打破物理结构之间的壁垒，使程序或软件在虚拟环境而不是真实的环境中运行，是一种可以简化管理、优化资源的解决方案。所有的资源都透明地运行在各种各样的物理平台上，资源的管理都按逻辑方式进行，虚拟化技术可以完全实现资源的自动化分配。

V1-1　虚拟化定义

　　本项目讲解虚拟化基本概念和应用、虚拟化与虚拟机、虚拟化与数据中心、虚拟化与云计算、虚拟化集群、企业级虚拟化解决方案、典型的虚拟化厂商及产品等相关理论知识，项目实施部分讲解物理服务器虚拟化安装与配置以及Windows Server 2019操作系统安装等相关知识与技能。

1.2 必备知识

1.2.1 虚拟化基本概念和应用

虚拟化是一个广义的术语，本书的重点是 IT 领域的虚拟化，目的是快速部署 IT 系统，提升系统性能和可用性，实现运维自动化，同时降低拥有成本和运维成本。虚拟化是指为运行的程序或软件营造它们所需要的执行环境。采用虚拟化技术后，程序或软件可以运行在完全相同的物理计算资源中，但不再独享底层的物理计算资源，且完全不会影响所运行的计算机的底层结构。虚拟化的主要目的是对 IT 基础设施和资源管理方式进行简化。虚拟化的消费者可以是最终用户、应用程序、操作系统、访问资源或与资源交互相关的其他服务。虚拟化是云计算的基础，使得用户可以在一台物理服务器上运行多台虚拟机。虚拟机共享物理机的中央处理器（Central Processing Unit，CPU）、内存、输入/输出（Input/Output，I/O）硬件资源，但在逻辑上是相互隔离的。基础设施即服务（Infrastructure as a Service，IaaS）可实现底层资源虚拟化。OpenStack 作为 IaaS 云操作系统，主要的服务就是为用户提供虚拟机。在目前的 OpenStack 实际应用中，主要使用 KVM 和 Xen 这两种 Linux 虚拟化技术。

1. 虚拟化的基本概念

虚拟化是一种可以为不同规模的企业降低 IT 开销、提高效率的有效方式，代表当前 IT 的一个重要发展方向，并在多个领域得到广泛应用。服务器、存储、网络、桌面和应用等的虚拟化技术发展很快，并与云计算不断融合。服务器虚拟化主要用于组建和改进数据中心，是极为核心的虚拟化技术，也是云计算的基础技术，更是数据中心企业级应用的关键。

（1）资源虚拟化的使用效率

资源虚拟化的使用效率可以从虚拟化前和虚拟化后的角度进行比较。

① 虚拟化前。一台主机对应一个操作系统，后台多个应用程序会对特定的资源进行争抢，存在相互冲突的风险；在实际情况下，业务系统与硬件进行绑定，难以灵活部署；就统计数据来说，虚拟化前的系统资源利用率一般只有 15%左右。

② 虚拟化后。一台主机可以"虚拟出"多个操作系统，独立的操作系统和应用程序拥有独立的 CPU、内存和 I/O 资源，相互隔离；业务系统独立于硬件，可以在不同的主机之间进行迁移；充分利用系统资源，虚拟化后的系统资源利用率可以达到 60%。

（2）虚拟化分类

虚拟化可分为平台虚拟化、资源虚拟化、应用程序虚拟化、存储虚拟化、网络虚拟化等。

① 平台虚拟化（Platform Virtualization），是针对计算机和操作系统进行的虚拟化，又分为服务器虚拟化和桌面虚拟化。

• 服务器虚拟化，是一种通过区分资源的优先次序，将服务器资源分配给最需要它们的工作负载的虚拟化模式，它通过减少为单个工作负载峰值而储备的资源来简化管理和提高效率，如微软公司的 Hyper-V、Citrix 公司的 XenServer、VMware 公司的 ESXi。

• 桌面虚拟化，是指对计算机的终端系统（也称桌面）进行虚拟化，可以使用户利用任何设备，在任何地点、任何时间通过网络访问属于个人的桌面系统，是一种为提高人对计算机的操控力，降低计算机使用的复杂性，为用户提供更加方便适用的使用环境的虚拟化模式，如微软公司的 Remote Desktop Services、Citrix 公司的 XenDesktop、VMware 公司的 View。

平台虚拟化主要通过 CPU 虚拟化、内存虚拟化和 I/O 接口虚拟化来实现。

② 资源虚拟化（Resource Virtualization），是针对特定的计算资源进行的虚拟化，例如，存

储虚拟化、网络资源虚拟化等。存储虚拟化是指把操作系统有机地分布于若干内、外存储器中，所有内、外存储器结合成虚拟存储器。网络资源虚拟化的典型应用是网格计算。网格计算通过使用虚拟化技术来管理网络上的数据，并在逻辑上将其作为一个系统呈现给用户。它动态地提供符合用户和应用程序需求的资源，同时提供对基础设施的共享和访问的简化。当前，有些研究人员提出了利用软件代理技术来实现计算网络空间资源虚拟化的设想。

③ 应用程序虚拟化（Application Virtualization），包括仿真、模拟、解释技术等。Java 虚拟机是典型的在应用层进行虚拟化的应用程序。基于应用层的虚拟化技术，通过保存用户的个性化计算环境的配置信息，可以在任意计算机上重现用户的个性化计算环境。服务虚拟化是近年来研究的一个热点，可以使用户按需快速构建应用。服务虚拟化通过服务聚合，可降低服务资源使用的复杂性，使用户更易于直接将业务需求映射到虚拟化的服务资源中。现代软件体系结构及其配置的复杂性阻碍了软件开发，通过在应用层建立虚拟化的模型，可以提供较好的开发、测试和运行环境。

④ 存储虚拟化（Storage Virtualization），是指将具体的存储设备或存储系统同服务器操作系统分隔开来，为存储用户提供统一的虚拟存储池。它是具体存储设备或存储系统的抽象，将展示给用户一个逻辑视图，同时将应用程序及用户所需要的数据存储操作和具体的存储控制分离。

存储虚拟化可在存储设备上加入一个逻辑层，管理员通过逻辑层访问或者调整存储资源，提高存储资源利用率。这样便于集中存储设备，可以提高易用性。存储虚拟化包括基于主机的存储虚拟化、基于存储设备的存储虚拟化。

• 基于主机的存储虚拟化依赖代理或管理软件，通过在一个或多个主机上进行安装和部署，来实现存储虚拟化的控制和管理。基于主机的存储虚拟化的优点是实现起来比较容易，设备成本低。这种方式的缺点是可扩充性较差，实际运行的性能不是很好。这种方式要求在主机上安装控制软件，因此一个主机的故障可能影响整个存储区域网（Storage Area Network，SAN）系统中数据的完整性。

• 基于存储设备的存储虚拟化是通过第三方的虚拟软件实现的，通常只能提供一种不完全的存储虚拟化解决方案。这种技术主要用在同一存储设备内部，可进行数据保护和数据迁移。其优势在于与主机无关，不占用主机资源，数据管理功能丰富；容易和某个特定存储供应商的设备相协调，这样也就更容易管理。

⑤ 网络虚拟化（Network Virtualization），是指将以前基于硬件的网络转变为基于软件的网络。与所有形式的虚拟化一样，网络虚拟化的基本目标是在硬件和利用该硬件的活动之间引入一个抽象层。具体地说，网络虚拟化允许独立于硬件来交付网络功能、硬件资源和软件资源，即虚拟网络。网络虚拟化以软件的形式完整再现物理网络，应用程序在虚拟网络上的情况与在物理网络上的情况完全相同，网络虚拟化向已连接的工作负载提供逻辑网络连接设备和服务，如逻辑端口、交换机、路由器、防火墙、虚拟专用网（Virtual Private Network，VPN）等。它可以用来合并许多物理网络，或者将网络进一步细分，又或者将虚拟机连接起来。借助它可以优化数字服务提供商使用服务器资源的方式，使它们能够使用标准服务器来执行以前必须由昂贵的专有硬件才能执行的功能，并提高其网络的速度、灵活性和可靠性。虚拟网络不仅可以提供与物理网络相同的功能特性和保证，还具备虚拟化所具有的运维优势和硬件独立性。

（3）全虚拟化与半虚拟化

根据虚拟化实现技术的不同，虚拟化可分为全虚拟化和半虚拟化两种。其中，全虚拟化产品将是未来虚拟化产品的主流。

① 全虚拟化（Full Virtualization），也称为原始虚拟化技术，用全虚拟化模拟出来的虚拟机中的操作系统是与底层的硬件完全隔离的。虚拟机中所有的硬件资源都通过虚拟化软件来模拟，包括处理器、内存和外部设备，支持运行任何理论上可在真实物理平台上运行的操作系统，为虚拟机的配置提

供了较大的灵活性。在客户机操作系统看来，完全虚拟化的虚拟平台和物理平台是一样的，客户机操作系统察觉不到程序是运行在一个虚拟平台上的。这样的虚拟平台可以运行现有的操作系统，无须对操作系统进行任何修改，因此这种方式被称为全虚拟化。全虚拟化的运行速度要快于硬件模拟的运行速度，但是在性能方面不如裸机，因为 Hypervisor（虚拟机监视器，一种运行在物理服务器和操作系统之间的中间层软件，可以允许多个操作系统和应用共享一套基础物理硬件）需要占用一些资源。

② 半虚拟化（Para Virtualization），是一种类似于全虚拟化的技术，需要修改虚拟机中的操作系统来集成一些虚拟化方面的代码，以减小虚拟化软件的负载。半虚拟化模拟出来的虚拟机整体性能会更好一些，因为修改后的虚拟机操作系统承载了部分虚拟化软件的工作。其不足之处是，由于要修改虚拟机的操作系统，用户会感知到使用的环境是虚拟化环境，而且兼容性比较差，用户使用起来比较麻烦，需要获得集成虚拟化代码的操作系统。

2. 基于 Linux 内核的虚拟化解决方案

基于内核的虚拟机（Kernel-based Virtual Machine，KVM）是一种基于 Linux 的 x86 硬件平台开源全虚拟化解决方案，也是主流的 Linux 虚拟化解决方案，支持广泛的客户机操作系统。KVM 需要 CPU 的虚拟化技术的支持，如 Intel 虚拟化技术（Intel Virtualization Technology，Intel VT）或 AMD 虚拟化（AMD Virtualization，AMD-V）技术。

（1）KVM 模块

KVM 模块是一个可加载的内核模块 kvm.ko。基于 KVM 对 x86 硬件架构的依赖，KVM 需要使用处理模块。如果使用 Intel 架构，则加载 kvm-intel.ko 模块；如果使用 AMD 架构，则加载 kvm-amd.ko 模块。

KVM 模块负责对虚拟机的虚拟 CPU 和内存进行管理及调试，主要任务是初始化 CPU 硬件，打开虚拟化模式，然后使虚拟机运行在虚拟模式下，并对虚拟机的运行提供一定的支持。

至于虚拟机的外部设备交互，如果是真实的物理硬件设备，则利用 Linux 系统内核来管理；如果是虚拟的外部设备，则借助快速仿真（Quick Emulator，QEMU）来处理。

由此可见，KVM 本身只关注虚拟机的调试和内存管理，是一个轻量级的 Hypervisor，很多 Linux 发行版将 KVM 作为虚拟化解决方案，CentOS 也不例外。

（2）QEMU

KVM 模块本身无法作为 Hypervisor 模拟出完整的虚拟机，而且用户也无法直接对 Linux 系统内核进行操作，因此需要借助其他软件，QEMU 就是这样一款软件。

QEMU 并非 KVM 的一部分，而是一款开源的虚拟机软件。与 KVM 不同，作为宿主型的 Hypervisor，即使没有 KVM 模块，QEMU 也可以通过模拟来创建和管理虚拟机，但因为是纯软件实现，所以其性能较低。QEMU 的优点是，在支持 QEMU 的平台上就可以实现虚拟机的功能，甚至虚拟机可以不与主机使用同一个架构。KVM 在 QEMU 的基础上进行了修改。在虚拟机运行期间，QEMU 将通过 KVM 模块提供的系统调用进入内核，KVM 模块负责将虚拟机置于处理器的特殊模式下运行；当虚拟机进行 I/O 操作时，KVM 模块将任务转交给 QEMU 解析和模拟虚拟机。

QEMU 使用 KVM 模块的虚拟化功能，为自己的虚拟机提供硬件虚拟化的加速能力，从而极大地提高了虚拟机的性能。除此之外，虚拟机的配置和创建，虚拟机运行时依赖的虚拟设备，虚拟机运行时的用户操作环境和交互，以及一些针对虚拟机的特殊技术（如动态迁移），都是由 QEMU 自己实现的。

KVM 的创建和运行是用户空间的 QEMU 程序和内核空间的 KVM 模块相互配合的过程。KVM 模块作为整个虚拟化环境的核心，工作在系统空间，负责 CPU 和内存的调试；QEMU 作为模拟器，工作在用户空间，负责虚拟机的 I/O 模拟。

（3）KVM 架构

从前面的分析来看，KVM 作为 Hypervisor，主要包括两个重要的组成部分：一个是 Linux 系统内核的 KVM 模块，主要负责虚拟机的创建、虚拟内存的分配、虚拟 CPU 寄存器的读写以及虚拟 CPU 的运行；另一个是提供硬件仿真的 QEMU，用于模拟虚拟机的用户空间组件、提供 I/O 设备模型和访问外部设备的途径。KVM 的基本架构如图 1.1 所示。

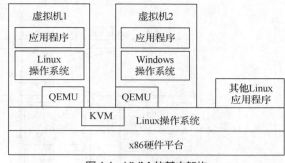

图 1.1　KVM 的基本架构

在 KVM 中，每一个虚拟机都是一个由 Linux 调度程序管理的标准进程，可以在用户空间启动客户机操作系统。普通的 Linux 进程有两种运行模式，即内核模式和用户模式；而 KVM 增加了第 3 种模式，即客户模式，客户模式又有自己的内核模式和用户模式。当新的虚拟机在 KVM 上启动时，它就成为主机操作系统的一个进程，因此可以像调度其他进程一样调度它。但与传统的 Linux 进程不同的是，每个虚拟机都是通过/dev/kvm 设备映射的，它们拥有自己的虚拟地址空间，该空间映射到主机内核的物理地址空间。如前所述，KVM 使用硬件的虚拟化支持来提供完整的（原生）虚拟化，I/O 请求通过主机内核映射到在主机（Hypervisor）上执行的 QEMU 进程。

（4）KVM 虚拟磁盘（镜像）文件格式

在 KVM 中往往使用镜像（Image）这个术语来表示虚拟磁盘，虚拟磁盘主要有以下 3 种文件格式。

① RAW。这是原始的格式，它直接将文件系统的存储单元分配给虚拟机使用，采取直读直写的策略。该格式实现简单，不支持诸如压缩、快照、加密和写时拷贝（Copy-On-Write，COW）等特性。

② QCOW2。这是 QEMU 引入的镜像文件格式，也是目前 KVM 默认的格式。QCOW2 文件存储数据的基本单元是簇（Cluster），每一簇由若干个数据扇区组成，每个数据扇区的大小是 512B。在 QCOW2 中，要定位镜像文件的簇，需要经过两次地址查询操作，QCOW2 根据实际需要来决定占用空间的大小，而且支持更多的主机文件系统格式。

③ QED。这是 QCOW2 的一种改进格式，QED 的存储、定位、查询方式以及数据块大小均与 QCOW2 一样，它的目的是改进 QCOW2 格式的一些缺点，提高性能，不过目前还不够成熟。

如果需要使用虚拟机快照，则可选择 QCOW2 格式；对于大规模数据的存储，可以选择 RAW 格式。QCOW2 格式只能增加文件容量，不能减少文件容量，而 RAW 格式可以增加或减少文件容量。

3. Libvirt 套件

为了使 KVM 的整个虚拟环境易于管理，仅有 KVM 模块和 QEMU 组件是不够的，还需要使用 Libvirt 服务和基于 Libvirt 开发出来的管理工具。

Libvirt 是一个软件集合，是为管理平台虚拟化技术而设计的开源的应用程序接口（Application Program Interface，API）、守护进程和管理工具。它不仅可以对虚拟机进行管理，还可以对虚拟网络和存储进行管理。Libvirt 最初是为 Xen 虚拟化平台设计的 API，目前还支持其他多种虚拟化平台，如 KVM、ESXi 和 QEMU 等。在 KVM 解决方案中，QEMU 用来进行平台模拟，面向上层进行管理和操作；而 Libvirt 用来管理 KVM，面向下层进行管理和操作。Libvirt 架构如图 1.2 所示。

Libvirt 套件包括两部分，一部分是服务（守护进程名为 libvirtd），另一部分是 Libvirt API。Libvirt API 是目前广泛使用的虚拟机管理 API，它是一系列标准的库文件，可以给多种虚拟化平台提供统一的编程接口。一些常用的虚拟机管理工具（如 virsh）和云计算框架平台（如 OpenStack）都是在底层使用 Libvirt API 的。

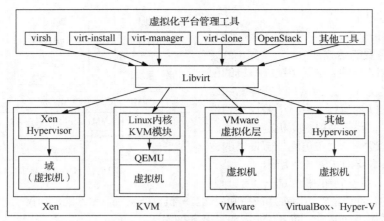

图 1.2　Libvirt 架构

libvirtd 作为运行在主机上的服务器守护进程，为虚拟化平台及其虚拟机提供了本地和远程的管理功能。libvirtd 在管理工具和虚拟化平台之间起到了"桥梁"的作用，基于 Libvirt 开发的管理工具可通过 libvirtd 服务管理整个虚拟化环境，且可以支持多种虚拟化平台。

4. 虚拟化的应用

虚拟化一方面应用于计算领域，包括虚拟化数据中心、分布式计算、服务器整合、高性能应用、定制化服务、私有云部署、云托管提供商等；另一方面应用于测试、实验和教学培训，如软件测试和软件培训等。

1.2.2　虚拟化与虚拟机

虚拟化是一种简化管理和优化资源的解决方案，可以在虚拟环境中实现真实环境中的全部或部分功能。虚拟化是指软件在虚拟的而不是真实的平台上运行，用"虚"的软件来替代或模拟"实"的服务器、CPU、网络设备等硬件产品。虚拟化将物理资源转变为可管理的逻辑资源，以消除物理结构之间的隔阂，将物理资源融为一个整体。虚拟化的所有资源都透明地运行在各种各样的物理平台上，操作系统、应用程序和网络中的其他计算机无法分辨虚拟机与物理计算机。

虚拟化使用软件来模拟硬件并创建虚拟计算机系统。虚拟计算机系统被称为虚拟机（Virtual Machine，VM），它是一种严密隔离的软件容器，内含操作系统和应用。每个功能完备的虚拟机都是完全独立的，通过将多台虚拟机放置在一台计算机上，可在一台物理服务器或主机上运行多个操作系统和应用，从而扩大规模并提高效益。虚拟机是指通过软件模拟的具有完整硬件系统的计算机，从理论上讲完全等同于实体的物理计算机。服务器的虚拟化是指将服务器物理资源抽象成逻辑资源，使一台服务器变成若干台相互隔离的虚拟服务器。

1. 虚拟化体系结构

虚拟化主要通过软件实现，常见的虚拟化体系结构如图 1.3 所示，这表示一个直接在物理机上运行虚拟机管理程序的虚拟化系统。在 x86 平台虚拟化技术中，虚拟机管理程序通常被称为虚拟机监控器（Virtual Machine Monitor，VMM），又称为 Hypervisor。它运行在物理机和虚拟机之间的软件层上，物理机被称为主机，虚拟机被称为客户机。

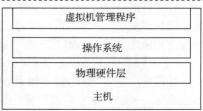

图 1.3　常见的虚拟化体系结构

（1）主机

主机一般指实际存在的计算机（即物理机），又称为宿主机。但当虚拟机嵌套时，运行虚拟机的虚拟机也是宿主机，但却不是物理机。主机操作系统是指宿主机的操作系统，在主机操作系统上安装的虚拟机软件可以在计算机中模拟出一个或多个虚拟机。

（2）虚拟机

虚拟机指在物理机上运行的操作系统中模拟出来的计算机，又称为客户机，理论上完全等同于实体的物理机。每个虚拟机都可以安装自己的操作系统或应用程序，并连接网络。运行在虚拟机上的操作系统称为客户机操作系统。

2. Hypervisor 的分类

Hypervisor 基于主机的硬件资源为虚拟机提供了一个虚拟的操作平台并管理每个虚拟机的运行，所有虚拟机独立运行并共享主机的所有硬件资源。Hypervisor 是提供虚拟机硬件模拟的专门软件，可分为原生型和宿主型两类。

（1）原生（Native）型

原生型又称为裸机（Bare-metal）型。Hypervisor 作为一个精简的操作系统（操作系统也是软件，只不过是比较特殊的软件）直接运行在硬件之上以控制硬件资源并管理虚拟机，比较常见的有 VMware 公司的 ESXi、微软公司的 Hyper-V 等。

（2）宿主（Hosted）型

宿主型又称为托管型。Hypervisor 运行在传统的操作系统之上，同样可以模拟出一整套虚拟硬件平台，比较常见的有 VMware Workstation、Oracle VM VirtualBox 等。

从性能角度来看，无论是原生型 Hypervisor 还是宿主型 Hypervisor，都会有性能损耗，但宿主型 Hypervisor 比原生型 Hypervisor 的损耗更大，所以企业生产环境中使用的基本是原生型 Hypervisor，宿主型 Hypervisor 一般用于实验或测试环境中。

3. 虚拟机文件

与物理机一样，虚拟机是运行操作系统和应用程序的软件计算机。虚拟机包含一组规范和配置文件，这些文件存储在物理机可访问的存储设备上，所以复制和重复使用虚拟机就变得很容易。虚拟机的文件管理由 VMware Workstation 来执行，这些文件一般在由 VMware Workstation 为虚拟机创建的那个目录中，如图 1.4 所示。

图 1.4　虚拟机文件管理目录

（1）虚拟机配置文件

虚拟机配置文件包含虚拟机配置信息，如 CPU、内存、网卡以及虚拟磁盘的配置信息。创建虚拟机的同时会创建相应的配置文件。更改虚拟机配置后，该文件也会相应地变更。虚拟化软件根据该文件提供的配置信息从物理机上为该虚拟机分配物理资源，通常使用文本、XML、CFG 或 VMX 格式等，文件体积很小。

　　<VMname>.vmx 文件：表示虚拟机配置文件，使用虚拟机程序打开这个文件以启动虚拟系统。该文件为虚拟机配置文件，存储着根据虚拟机向导或虚拟机编辑器对虚拟机进行的所有配置。有时需要手动更改配置文件以达到对虚拟机硬件方面的更改，该文件可使用文本编辑器进行编辑。如果宿主机使用 Linux，则使用虚拟机时，这个配置文件的扩展名将是.cfg。

　　（2）虚拟机内存文件

　　虚拟机内存文件默认存在于系统盘的根目录下，系统盘的空间越大，系统就越能腾出更多的空间给虚拟内存，系统也就越稳定。当虚拟机关闭时，该文件的内容可以提交到虚拟磁盘文件中。

　　<VMname>.vmem 文件：表示虚拟机内存文件，与 pagefile.sys（也称为分页文件）的作用相同。当虚拟系统执行关机操作后，该文件消失，但挂起时，该文件不消失。

　　虚拟内存是计算机系统内存管理的一种技术。它使得应用程序认为它拥有连续的、可用的内存（一个连续完整的地址空间），而实际上，它通常被分隔成多个物理内存碎片，还有部分暂时存储在外部磁盘存储器上，需要时再进行数据交换。

　　pagefile.sys 为分页文件，即虚拟内存文件，它默认存在于系统盘的根目录下。系统盘的空间越大，用户的系统就越能腾出更多的空间给虚拟内存，用户的系统也就越稳定，所以建议尽量不要把软件程序装在系统盘中。

　　主机中所运行的程序均需经由内存执行，若执行的程序很大或很多，则会导致内存消耗殆尽，而内存不足常导致卡机、系统不稳定等情况发生。为解决该问题，Windows 中运用了虚拟内存技术，即匀出一部分硬盘空间来充当内存。虽然虚拟内存技术在一定程度上能够缓解物理内存的紧张状况，但是因为计算机从随机存取存储器（Random Access Memory，RAM）读取数据的速率要比从硬盘读取数据的速率快，所以若想提高性能，扩增 RAM 容量（可加内存条）是极佳的选择。若运行程序或操作缺乏所需的 RAM，则 Windows 会用虚拟机内存文件进行补偿。虚拟机内存文件将计算机的 RAM 和硬盘上的临时空间（虚拟内存）进行组合。当 RAM 运行速率缓慢时，虚拟机内存文件便将数据从 RAM 移动到"分页文件"的空间中。

　　（3）虚拟磁盘文件

　　虚拟机所使用的虚拟磁盘，实际上是物理磁盘上一种特殊格式的文件，它模拟了一个典型的基于扇区的磁盘，虚拟磁盘为虚拟机提供存储空间。在虚拟机中，虚拟磁盘被虚拟机当作物理磁盘使用，功能相当于物理机的物理磁盘，虚拟机的操作系统安装在一个虚拟磁盘（文件）中。

　　虚拟磁盘文件用于捕获驻留在主机内存的虚拟机的完整信息，并将信息以一种明确的磁盘文件格式显示出来。每个虚拟机都从其相应的虚拟磁盘文件启动，并加载到物理机内存中。随着虚拟机的运行，虚拟磁盘文件可通过更新来反映数据或状态的改变。虚拟磁盘文件可以复制到远程存储中，提供虚拟机的备份和灾难恢复副本；也可以迁移或复制到其他服务器中。虚拟磁盘文件适合集中式存储，而不是存于每台本地服务器上。模拟磁盘中的虚拟磁盘文件往往较大，因此除了可以选择固定大小的磁盘类型外，还可以按需动态分配物理存储空间，更好地利用物理存储空间。

　　<VMname>.vmdk 文件：表示虚拟机的一个虚拟磁盘。这是虚拟机的磁盘文件，存储了虚拟机硬盘驱动器里的信息。一个虚拟机可以由一个或多个虚拟磁盘文件组成。如果在新建虚拟机时指定虚拟磁盘文件为一个单独文件，则系统将只创建一个<VMname>.vmdk 文件。该文件包括了虚拟机磁盘分区信息，以及虚拟机磁盘的所有数据。随着数据写入虚拟磁盘，虚拟磁盘文件将变大，但始终只有这一个磁盘文件。

　　如果在新建虚拟机时指定为每 2GB 容量单独创建一个磁盘文件，虚拟磁盘的总大小就决定了虚拟磁盘文件的数量。系统将创建一个<VMname>.vmdk 文件和多个<VMname>-<s###>.vmdk 文件（注：<s###>为磁盘文件编号），其中<VMname>.vmdk 文件只包括磁盘分区信息，多个<VMname>-<s###>.vmdk 文件用于存储磁盘数据信息。随着数据写入某个虚拟磁盘文件，该虚

拟磁盘文件将变大，直到文件大小为 2GB，然后新的数据将写入其他<s###>编号的磁盘文件中。

如果在创建虚拟磁盘时已经分配了所有的空间，那么这些文件将在初始时就具有最大大小并且不再变大了。如果虚拟机是直接使用物理硬盘而不是虚拟磁盘，则虚拟磁盘文件保存着虚拟机能够访问的分区信息。

早期版本的 VMware 产品用.dsk 扩展名来表示虚拟磁盘文件。

<VMname>-<###>.vmdk：当虚拟机有一个或多个快照时，就会自动创建该文件。该文件记录了创建某个快照时，虚拟机所有的磁盘数据内容。<###>为数字编号，根据快照数量自动增加。

（4）虚拟机状态文件

与物理机一样，虚拟机也支持待机、休眠等状态，这就需要相应的文件来保存计算机的状态。暂停虚拟机后，会将其挂起状态保存到状态文件中，由于仅包含状态信息，文件体积通常不大。

<VMname>.vmss 文件：用来存储虚拟机在挂起状态时的信息。一些早期版本的虚拟化软件用.std 扩展名来表示这个文件。

（5）日志文件

虚拟化软件通常使用日志文件记录虚拟机调试、运行的情况，这些记录对故障诊断非常有用。

<VMname>.log 文件：记录了 VMware Workstation 对虚拟机调试、运行的情况。当遇到问题时，这些文件对用户做出故障诊断非常有用。

（6）快照文件

对虚拟机执行某些任务时，会创建其他文件。例如，创建虚拟机快照时，可以捕获虚拟机设置和虚拟磁盘的状况，创建内存快照时还可以捕获虚拟机的内存状况，这些信息将随虚拟机配置文件一起存储在快照文件中。

当虚拟机建立快照时，就会自动创建快照文件。有几个快照就会有几个此类文件。这是虚拟机快照的状态信息文件，它记录了在建立快照时虚拟机的状态信息。<###>为数字编号，根据快照数量自动增加，如<VMname>-Snapshot<###>.vmsn。

当运行一个"虚拟系统"时，为防止该系统被另外一个 VMware 程序打开，导致数据被修改或损坏，VMware 会自动在该"虚拟系统"所在的文件夹下生成 3 个锁定文件（虚拟系统锁定文件、虚拟磁盘锁定文件、虚拟内存锁定文件），分别为 systemType.vmx.lck、systemType.vmdk.lck、systemTyep.vmem.lck。虽然 VMware 这种锁定机制能够很好地防止同一个虚拟系统文件被多个 VMware 程序运行，避免数据被破坏，但它也带来了一些问题，如当出现断电或其他意外情况时，可能导致某个虚拟系统文件无法正常打开，其原因往往是该虚拟系统文件没有解锁，解决办法是将这 3 个.lck 文件删除。

4. 虚拟机的主要特点

虚拟机可以通过软件模拟创建具有完整硬件系统功能的、运行在一个完全隔离环境中的完整计算机系统。在物理计算机中能够完成的工作在虚拟机中都能够实现。在物理计算机中创建虚拟机时，需要将物理计算机的部分硬盘和内存容量作为虚拟机的硬盘和内存容量。每个虚拟机都有独立的互补金属氧化物半导体（Complementary Metal-Oxide-Semiconductor，CMOS）、硬盘和操作系统，可以像使用物理机一样对虚拟机进行操作。

通过虚拟机软件，可以在一台物理机上模拟出两台或多台虚拟的计算机，这些虚拟机就像真正的计算机那样工作，可以安装操作系统、安装应用程序、访问网络资源等。对用户而言，虚拟机只是运行在用户物理机上的一个应用程序；但是对在虚拟机中运行的应用程序而言，它就是一台真正的计算机。因此，当用户在虚拟机中进行软件测试时，系统同样有可能会崩溃；但是，崩溃的只是虚拟机上的操作系统，而不是物理机上的操作系统，使用虚拟机的"Undo"（恢复）功能，用户可以将虚拟机恢复到安装软件之前的状态。

虚拟机实现了应用程序与操作系统和硬件的分离，从而实现了应用程序与平台的无关性，具有以下特点。

（1）可同时在同一个主机上运行多个操作系统，每个操作系统都有自己独立的一个虚拟机，就如同网络上一个独立的主机；可在虚拟机之间分配系统资源。

（2）在虚拟机上安装同一种操作系统的另一发行版，不需要重新对硬盘进行分区。在硬件层面进行故障和安全隔离，利用高级资源控制功能保持性能。

（3）虚拟机之间共享文件、应用、网络资源等。虚拟机的完整状态保存在文件中，移动和复制虚拟机就像移动和复制文件一样便捷。

（4）可以运行采用客户机/服务器方式的应用，也可以在同一台计算机上使用另一个虚拟机的所有资源。其独立于硬件，可以将任意虚拟机调配或迁移到任意物理服务器上。

5. 虚拟机的应用

虚拟机现在已广泛应用于 IT 的各行各业，下面列举几个主要的应用。

（1）虚拟服务器

虚拟服务器非常适合为中小企业创建网站，可节省资金和资源。

（2）电子商务平台

虚拟服务器的运行与独立服务器的运行完全相同，中小型服务商可以以较低成本，通过虚拟机空间建立自己的电子商务平台、在线交易平台。

（3）ASP 应用平台

虚拟服务器特有的应用程序模板，可以快速地进行应用程序的批量部署，再加上独立服务器的品质和极低的成本，是中小型企业搭建活动服务器页面（Active Server Pages，ASP）应用的首选平台。

（4）数据共享平台

完全的隔离、无与伦比的安全，使得中小企业、专业门户网站可以使用虚拟服务器提供数据共享、数据下载服务。对大型企业来说，虚拟机可以作为部门级应用平台。

（5）数据库存储平台

虚拟机可以为中小企业提供数据存储功能。由于其成本比独立服务器低，安全性高，可作为小型数据库的首选。

（6）服务器整合

通过虚拟化软件，可在物理服务器上运行多个虚拟机，令每个虚拟机代替一个传统的服务器，虚拟服务器共享物理服务器的硬件资源，由虚拟管理程序负责这些资源的调配。一些老旧系统和软件需要特定的运行环境，新的计算机硬件环境无法支持，可以考虑使用兼容早期硬件的虚拟机，通过安装早期版本的操作系统和运行环境来解决这个问题。

（7）IT 基础设施管理

在物理平台上部署虚拟机，使物理资源逻辑化，便于实现资源管理和分配的自动化。虚拟机与物理硬件隔离，虚拟机之间相互独立，使得虚拟机运行更安全。自动化的虚拟机管理工具可以降低IT 维护难度和成本。

（8）系统快速恢复

虚拟机可以实现系统快照、备份和迁移功能，便于及时恢复系统。

（9）IT 人员测试和实验

使用虚拟机可以模拟真实的操作系统，做各种操作系统实验和测试；还可以基于多种操作系统、多种软件运行环境、多种网络环境做 IT 实验。一些应用系统可以先在虚拟机上部署和测试，成功之后再正式部署到生产环境中。

（10）软件开发与调试

软件开发人员可以利用虚拟机实现跨平台的不同操作系统下的应用程序开发，完成整个开发阶段的试运行和调试工作。

1.2.3　虚拟化与数据中心

随着社会经济的快速增长，数据中心的发展建设将处于高速时期，各地政府部门给予新兴产业的大力扶持也为数据中心的发展带来了很多机会。数据中心将来在很多城市中都会有很大的发展空间，一些大型的数据中心也会越来越多。2017 年，在全球经历了前所未有的自然灾害之后，很多数据中心管理人员都在积极制订灾难恢复计划。例如，可以通过云计算工具对电器的功率进行限制，在遭遇停电时将允许其以指定的功率继续运行，可以为电力企业的正常运作提供有效的保障。还可以利用数据中心制订备份计划，对服务器的操作进行拓展，这样就不再需要通过关闭和重启服务器来完成操作。

随着 IT 的发展，数据中心的地位越来越重要，而服务器虚拟化技术主导着数据中心的发展。企业自建或租用数据中心来运行自己的业务系统，处理大量的数据。但现在多数数据中心的 IT 系统是采用传统方式构建的，重心放在保障应用运行的稳定、安全和可靠上，而在资源利用率、绿色环保等方面考虑得相对比较少。使用虚拟化技术改造现有数据中心或建设新的数据中心就成为一种趋势。在数字化转型的推动下，企业及其经营模式正在发生快速、根本的改变，为了支持这一变革，数据中心也必须做出改变。在新一代数据中心中，虚拟化无所不在，服务器、网络、存储、安全等都要利用虚拟化技术。

1．传统数据中心

在信息时代，数据中心的产生令更多的网络内容不再由专业网站或者特定人群生产，而由全体网民共同生产。随着数据中心的兴起，网民参与互联网、贡献内容也更加便捷，呈现出多元化的特点。巨量网络数据都能够存储在数据中心中，数据价值会越来越高，可靠性也在进一步加强。

（1）传统数据中心简介

数据中心是一整套复杂的设施，不仅包括计算机系统和与之配套的设备，还包含冗余的数据通信连接、环境控制设备、监控设备以及各种安全装置。企业的中心机房是数据中心，但是数据中心不一定以机房的形式呈现，对外提供服务的数据中心都是基于网络基础设施的，称为互联网数据中心（Internet Data Center，IDC）。

数据中心是与人力资源、自然资源一样重要的战略资源，在信息时代的数据中心中，通过对数据进行大规模和灵活的运用，能够更好地理解数据、运用数据，促使我国数据中心快速、高效发展，体现我国发展的大智慧。海量数据的产生，促使信息数据的收集与处理方式发生了重要的转变，企业也从实体服务走向了数据服务。产业界的需求与关注点也发生了转变，企业关注的重点转向了数据，计算机行业从追求计算能力转变为追求数据处理能力，软件行业也将从以编程为主向以数据为主转变，云计算的主导权也将从分析向服务转变。数据中心是将企业的业务系统与数据资源进行集中、集成、共享，从而形成的有机组合。从应用层面看，数据中心包括业务系统、基于数据仓库的分析系统；从数据层面看，包括操作型数据和分析型数据，以及数据的整合流程；从基础设施层面看，包括服务器、网络、存储和整体 IT 的运行及维护服务。

数据中心用于运行应用系统来处理业务数据，运行 IT 基础设施来集中提供计算、存储或其他服务，还可以用于数据备份。传统数据中心如图 1.5 所示。企业应用需要多台服务器支持，每台服务器运行一个单一的组件，这些组件包括数据库服务器、文件服务器、应用服务器、中间件，以及其他各种配套软件。传统数据中心以存储网络的形式提供集中的存储支持，另外配有机房配套设施，如不间断电源（Uninterruptible Power Supply，UPS）等。

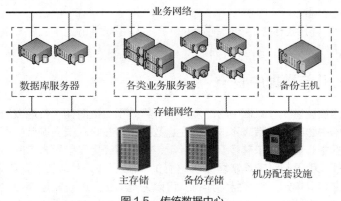

图1.5 传统数据中心

（2）传统数据中心存在的问题

传统数据中心架构设计落后，构成复杂且难以管理，主要存在以下几个方面的问题。

① 能源成本消耗过大，能源利用率低，浪费现象严重。

② 服务器等硬件设备利用率过低。主要原因是各个业务部门在提出业务应用需求时都在单独规划、设计其业务的运行环境，并且是按照最大业务规模的要求进行系统容量的规划和设计的。

③ 资源调配困难。根据业务系统的各自要求建设的应用系统之间彼此相对独立，很难从IT基础架构整体的角度考虑资源分配及使用的合理性。计算资源与底层物理设备的绑定使得资源的动态分配变得非常困难。由于没有动态的资源共享和容量管理机制，资源一旦分配给某个应用系统，就相对固化了，很难再进行调配。

④ 管理和运维自动化程度不足，效率低，成本高。传统数据中心的资源配置和部署过程多采用人工方式，没有相应的管理平台支持和自动部署能力，存在大量重复性工作。设备扩容和应用交付的时间过长，不能快速响应业务需求。此外，数据中心服务器和各种设备的数量及类型较多，也不利于IT部门进行统一管理与维护。

⑤ 风险和意外频发，安全性、高可用性和业务持续性需求难以保证。

2. 新一代数据中心

为了解决传统数据中心存在的问题，人们提出了新一代数据中心的解决方案，目的是建设一个整合的、标准化的、虚拟化的、自动化的适应性基础设施架构和高可用计算环境。它可提供优化的IT服务管理，通过模块化软件实现 7×24 小时无人值守的自动化计算与服务管理能力，并以服务流水线的方式提供共享的基础设施、信息与应用等IT服务，能够持续改进和提高服务。很多高新技术会应用到新一代数据中心中，如服务器、网络和存储的虚拟化，以及刀片技术、智能散热技术等。

3. 软件定义数据中心

传统数据中心的构建采用独立的基础架构层、专用硬件和分散管理，导致部署和运维工作相当复杂，而且IT服务和应用的交付速度较慢。软件定义数据中心（Software Defined Data Center，SDDC）这个概念由 VMware 公司于 2012 年首次提出，是指通过软件实现整个数据中心内基础设施资源的抽象化、池化部署和管理，满足定制化、差异化的应用和业务需求，有效交付云服务。数据中心的服务器、存储、网络及安全等资源可以通过软件进行定义，并且能够自动分配这些资源。SDDC 的核心思想是对处理器、网络、存储和可能的中间件等资源进行池化，按需调配，形成全虚拟化的基础架构。从功能架构上，SDDC 可分为以下 4 个部分。

（1）软件定义计算

软件定义计算（Software Defined Compute，SDC）是指将计算功能从其所在的硬件中虚拟化和抽象化出来。在 SDC 中，数据中心的计算功能可以跨任意数量的处理单元汇集，工作负载可以分散在它们之间。SDC 环境中的硬件组件往往是通用的、具备行业标准的，可使用户轻松添加以满足资源需求。

SDC 将计算功能以资源池的形式提供给用户，用户可根据应用需要灵活地进行计算资源的调配。服务器虚拟化是 SDC 的核心技术之一，但 SDC 不仅实现了服务器虚拟化，还将这种能力扩展到物理服务器及应用容器上，通过相关管理、控制实现物理服务器、虚拟机以及容器的统一管理、调度等。

（2）软件定义存储

软件定义存储（Software Defined Storage，SDS）是一种数据存储方式，所有存储相关的控制工作都仅在相对于物理存储硬件的外部软件中进行。这个软件不是作为存储设备的固件，而是在一个服务器上或者作为操作系统（Operating System，OS）或 Hypervisor 的一部分。SDS 是一个较大的行业，这个行业还包括软件定义网络（Software Defined Network，SDN）和 SDDC。和 SDN 情况类似，SDS 可以保证系统的存储、访问能在一个精准的水平上更灵活地管理。SDS 是从硬件存储中抽象出来的，这意味着它可以变成一个不受物理系统限制的存储池，以便于最有效地利用资源。它还可以通过软件和管理进行部署及供应，也可以通过基于策略的自动化管理来进一步简化。

SDS 的目的是把存储应用程序的基础设施与物理的数据存储基础设施分离，将硬件存储资源整合起来。它利用存储虚拟化软件，将物理的各种形式的存储抽象为存储池，通过虚拟化层进行存储管理，可以按照用户的需求，将存储池划分为许多虚拟存储设备，并可以配置个性化的策略进行管理，跨物理设备实现灵活的存储使用模型。

SDS 允许客户将存储服务集成到服务器的软件层。SDS 将软件从原有的存储控制器中抽离出来，使得它们的功能得以进一步发挥而不仅仅局限在单一的设备中。SDS 的一大好处是将软件功能从阵列控制器中剥离出来，这样它可以用于管理数据中心中的所有存储。SDS 装置的另外一个好处是，迁移更加容易。与其他的 SDS 配置不同，SDS 装置并不要求数据必须被复制一份到各个节点。也就是说，SDS 不会要求额外的存储空间。数据仅存储在一个位置，将应用从一个位置迁移到另外一个位置时无须复制，但是 SDS 装置通常是专有的，这也是很多 IT 专家希望在采用存储技术时所规避的。

（3）SDN

SDN 是一种网络管理方法，它支持动态的、以编程方式实现的、高效的网络配置，以提高网络性能，使其更像云计算而不是传统的网络管理。SDN 旨在解决传统网络的静态架构分散且复杂的问题，因为当前网络需要更大的灵活性并易于故障排除。SDN 试图通过将网络数据包的转发过程（数据层）与路由过程（控制层）分离，将网络智能地集中在一个网络组件中。控制层由一个或多个控制器组成，这些控制器被认为是整个 SDN 的"大脑"。然而，智能中心化在安全性、可扩展性和弹性方面有其自身的缺点，这是 SDN 的主要问题。

SDN 是当前网络领域较为热门且具有发展潜力的技术之一。鉴于 SDN 巨大的发展潜力，学术界深入研究了数据层及控制层的关键技术，并将 SDN 成功地应用到了企业网和数据中心等各个领域。

传统网络的层次架构是互联网取得巨大成功的关键。但随着网络规模的不断扩大，封闭的网络设备内置了过多的复杂协议，增加了运营商定制优化网络的难度，科研人员无法在真实环境中部署新协议。同时，随着互联网流量的快速增长，用户对流量的需求不断扩大，各种新型服务不断出现，增加了网络运维成本。传统 IT 架构中的网络在根据业务需求部署上线以后，传统网络设备的固件是由设备制造商锁定和控制的，如果业务需求发生变动，则重新修改相应网络设备上的配置是一件非常烦琐的事情。在互联网瞬息万变的业务环境下，网络的高稳定与高性能还不足以满足业务需求，灵活性和敏捷性反而更为关键。因此，SDN 希望将网络控制与物理网络拓扑分离，从而摆脱硬件对网络架构的限制。

SDN 所做的事是将网络设备上的控制权分离出来，由集中的控制器管理，无须依赖底层网络设备，屏蔽了底层网络设备之间的差异。而控制权是完全开放的，用户可以自定义任何想要实现的网络路由和传输规则策略，从而更加灵活和智能。进行 SDN 改造后，无须对网络中每个节点的路由器反复进行配置，网络设备本身就是自动化连通的，只需要在使用时定义好简单的网络规则即可。因此，如果路由器自身内置的协议不符合用户的需求，则可以通过编程的方式对其进行修改，以实现更好的数据交换性能。这样，网络设备的用户便可以像升级、安装软件一样对网络架构进行修改，满足用户对整个网络架构进行调整、扩容或升级的需求，而底层的交换机、路由器等硬件设备则无须替换，节省大量成本的同时，网络架构的迭代周期也将大大缩短。

总之，SDN 具有传统网络无法比拟的优势：首先，数据控制解耦使得应用升级与设备更新换代相互独立，加快了新应用的快速部署；其次，网络抽象简化了网络模型，将运营商从繁杂的网络管理中解放出来，能够更加灵活地控制网络；最后，控制的逻辑中心化使用户和运营商等可以通过控制器获取全局网络信息，从而优化网络，提升网络性能。

SDN 是当前最热门的网络技术之一，它解放了手动操作，减少了配置错误，易于统一、快速部署。SDN 被麻省理工学院（Massachusetts Institute of Technology，MIT）列为"改变世界的十大创新技术"之一，其相关技术研究在全世界范围内迅速开展，成为近年来的研究热点。

（4）一体化管理软件（Integrated Management Software，IMS）

随着信息化技术的发展，我国企业迎来信息化成熟应用的阶段。我国企业的集团化管理、全球化管理、个性化管理需求日益凸显，IT 应用逐步纳入企业的战略管理中，企业对管理软件的需求呈现整合的、集成的、一体化的、平台化的产品组合形态，我国的管理软件产业迎来"一体化"浪潮。

SDDC 提供基于策略的智能数据中心管理软件来自动实施和管理全虚拟化的数据中心，从而大幅简化监管和运维。借助一体化管理平台，可以跨物理地域、异构基础架构和混合云来集中监控和管理所有应用。无论是在物理、虚拟环境中，还是在云环境中部署、管理工作负载，都能拥有统一的管理体验。也可以将云操作系统作为 SDDC 的中枢，对计算、存储、网络资源依据策略进行自动化调试与统一管理、编排和监控，并为用户提供服务。

4. 虚拟数据中心

虚拟数据中心（Virtual Data Center，VDC）是将云计算概念运用于数据中心的一种新型的数据中心形态。VDC 可以通过虚拟化技术将物理资源抽象整合，动态地进行资源分配和调度，实现数据中心的自动化部署，并将大大降低数据中心的运营成本。当前，虚拟化在数据中心的发展中占据越来越重要的地位，虚拟化概念已经延伸到桌面、统一通信等领域，不仅包括传统的服务器和网络的虚拟化，还囊括 I/O 虚拟化、桌面虚拟化、统一通信虚拟化等。VDC 就是虚拟化技术在数据中心里的终极实现，未来在数据中心里，虚拟化技术将无处不在。当数据中心完全实现虚拟化时，数据中心才能称为 VDC。VDC 会将所有硬件（包括服务器、存储器和网络）整合成单一的逻辑资源，从而提高系统的使用效率和灵活性，以及应用软件的可用性和可测量性。

数据中心的主要目的是运行应用来处理商业和运作的组织产生的数据。这样的系统可以由组织内部开发，或者从企业软件供应商那里购买。一个数据中心可以只关注操作体系结构或者提供其他的服务。Web 服务器、数据存储这些应用常常由多个主机构成，每个主机运行一个单一的构件，这种构件通常是数据库、文件服务器、应用服务器、中间件以及其他各种各样的设备。数据中心常常用于非工作站点的备份。备份能够将服务器本地的消息放在磁盘上，然而，磁盘存放场所易受火灾和洪水的安全威胁。较大的公司也许会发送它们的备份到非工作场所。加密的备份能够通过网络发送到另一个数据中心，并将数据安全保存起来。为了实现灾难恢复，各大硬件供应商开发了移动设备解决方案，能够快速安装并可在短时间内进行操作。

目前对数据中心服务器、网络、存储等设备进行虚拟化部署已经非常普遍，但还远远达不到数据中心应用时完全不用关心基础设施的目标，完全自动化配置还不现实。虽然应用部署还无法完全脱离物理硬件，但是高度虚拟化是趋势，至少现在的虚拟化应用在设备的利用率和管理效率方面已经大大提升，对传统数据中心进行虚拟化改造，构建初级的 VDC，如图 1.6 所示。

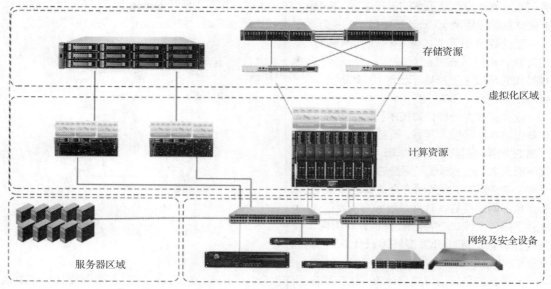

图 1.6　构建初级的 VDC

1.2.4　虚拟化与云计算

云计算可以说是虚拟化的升级版，通过在数据中心部署云计算技术，可以完成多数据中心之间的业务无感知迁移，并可为公众同时提供服务，此时数据中心就成为云数据中心。云计算与虚拟化并非一回事，云计算旨在通过网络按需交付共享资源，利用虚拟化可以实现云计算的所有功能。服务器虚拟化并不是云，而是基础架构自动化或者数据中心自动化，它并不需要提供基础设施服务。无论是否位于云环境之中，都可以首先将服务器虚拟化，然后将其迁移到云计算平台，以提高敏捷性，并增强自动化服务。

云计算是继 20 世纪 80 年代大型计算到客户机/服务器转变之后的又一次转变。云计算是一种新技术，也是一种新概念、新模式，而不是单纯地指某项具体的应用或标准，它是近十年来在 IT 领域出现并飞速发展的新技术之一。对于云计算中的"计算"一词，大家并不陌生，而对于云计算中的"云"，我们可以将其理解为一种提供资源的方式，或者说提供资源的硬件和软件系统被统称为"云"。"云"中的资源在使用者看来是可以无限扩展的，并且可以随时获取、按需使用、随时扩展、按使用量付费。云计算模式是对计算资源使用方式的巨大变革。因此，我们可以将云计算初步理解为可通过网络随时随地获取到特定的计算资源。

1.　云计算的起源

云计算提供的计算机资源服务是与水、电、煤气和电话类似的公共资源服务。亚马逊云计算服务（Amazon Web Services，AWS）提供专业的云计算服务，于 2006 年推出，以 Web 服务的形式向企业提供 IT IaaS，其主要优势之一是能够根据业务发展来进行扩展，它已成为公有云的事实标准。

1959 年，克里斯托弗·斯特雷奇（Christopher Strachey）提出虚拟化的基本概念。2006 年 3 月，亚马逊公司首先提出弹性计算云服务。2006 年 8 月，谷歌公司首席执行官埃里克·施密特（Eric Schmidt）在搜索引擎大会上首次提出"云计算"（Cloud

V1-2　云计算的
起源

Computing）的概念。从那时起，云计算开始受到关注，这也标志着云计算的诞生。从 2010 年中华人民共和国工业和信息化部联合中华人民共和国国家发展和改革委员会印发《关于做好云计算服务创新发展试点示范工作的通知》，到 2015 年中华人民共和国工业和信息化部印发《云计算综合标准化体系建设指南》，云计算由最初的美好愿景发展到概念落地，目前已经进入广泛应用阶段。

云计算经历了先由集中时代向网络时代转变，再向分布式时代转变，并在分布式时代的基础之上形成了云时代，如图 1.7 所示。

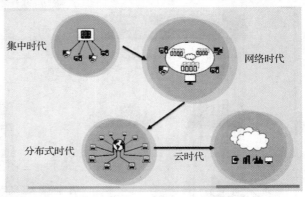

图 1.7　云计算的转变

云计算作为一种计算技术和服务理念，有着极其浓厚的技术背景。随着众多互联网厂商的发展，各家互联网公司对云计算的研发不断深入，陆续形成了完整的云计算技术架构、硬件网络。服务器方面逐步向数据中心、全球网络互联、软件系统等方向发展，完善了操作系统、文件系统、并行计算架构、并行计算数据库和开发工具等云计算系统关键部件。

云计算的最终目标是将计算、服务和应用作为公共设施提供给公众，使人们能够便捷地使用这些计算资源。

2．无处不在的云计算

云计算作为一种新技术的代表，就像互联网一样，越来越密切地渗透到我们的日常生活中。例如，当需要与同事共享一份电子资料时，如果这份资料文件有几百兆字节，超出了电子附件大小的限制，该如何进行文件传送和保存呢？以前我们一般会通过快递来传送 U 盘或移动硬盘等存储介质，费时、费力。但现在有了更便捷的方式，即使用百度网盘之类的云存储服务，只需要将资源文件放入自己的网盘，再发送共享链接和存取密码给接收方，接收方通过互联网就能随时随地获取共享的资料文件。又如，某公司需要召开专项会议，但参会人员却分散在全国各地。如果让参会人员乘坐交通工具从全国各地聚集到一起开现场会议，不仅浪费资金，还耽误时间。因此，大家会优先考虑使用腾讯会议、Zoom 之类的云会议系统。参会人员只需要通过互联网，使用浏览器进行简单的操作，便可快速、高效地与不同地理位置的参会人员同步分享视频、语音及文件等。实际上，云会议的参与人员只需具备一台能上网的设备（计算机、平板电脑、手机等）和一个能正常使用的网络，就可以实现在线视频会议和交流，而不必关心会议中数据的传输、处理等复杂技术，这些全部由云会议服务商提供支持。

像这种提前将资源准备好，通过特定技术随时随地使用这些资源去执行特定任务的方式一般属于云计算，能够提供这种服务的供应商就是云服务提供商，如华为的公有云就是一个云服务提供商，图 1.8 所示为华为云网站。

图 1.8　华为云网站

在"产品"服务选项中，可以看到精选推荐、计算、容器、存储、网络、CDN（Content Delivery Network，内容分发服务）与智能边缘、数据库、人工智能、大数据、物联网、应用中间件、开发与运维、企业应用、视频、安全与合规、管理与监管、迁移、区块链、华为云 Stack 等大类。每个大类又可以分为数量不等的细分类型，这里以"产品"→"存储"中的"对象存储服务"（Object Storage Service，OBS）为例进行介绍，如图 1.9 所示。

图 1.9　对象存储服务

对象存储服务是基于对象的存储服务，可为客户提供海量、安全、高可靠、低成本的数据存储能力，使用时无须考虑容量限制，并且有多种存储类型可供选择，能够满足客户各类业务场景的诉求，图 1.10 所示为多种存储类型。

存储类型	标准存储	低频访问存储	归档存储
类型简介	高性能、高可靠、高可用的对象存储服务	可靠、轻便且成本较低的对象存储服务	归档数据的长期保存，存储单价更优惠
适用场景	云应用｜数据分享｜内容分享｜热点对象	网盘应用｜企业备份｜活跃归档｜监控数据	档案数据｜医疗影像｜视频素材｜录音资料
设计持久性-单AZ	99.9999999999%（11个9）	99.9999999999%（11个9）	99.9999999999%（11个9）
设计持久性-多AZ	99.99999999999%（12个9）	99.99999999999%（12个9）	——
最低存储时间	无	30天	90天
取回时间	立即	立即	加急1-5min 标准3-5h

图 1.10　多种存储类型

云服务提供商除了为用户提供云存储服务外，还会提供一些其他的云服务。例如，华为云提供的云服务器实际上是一种虚拟服务器。与购买计算机时类似，华为云提供了不同档次和类型的云服务器实例，配置包括 CPU 数量、主频、内存及网络带宽等参数，用户可以根据自己的需求选择最具性价比的云服务器实例。以一个热门的云服务器为例，弹性云服务器（Elastic Cloud Server，ECS）是一种云上可随时自动获取、可弹性伸缩的计算服务，可帮助用户打造安全、可靠、灵活、高效的应用环境，如图 1.11 所示，其弹性云服务规格如图 1.12 所示。实际上，购买云服务器实例就好比购买物理机，借助它可以完成绝大部分可以在物理机上完成的工作，如编辑文档、发送邮件或者协同办公等。只不过云服务器不在眼前，而是放在了网络的远端（云端）。另外，云服务器还具备一些物理机不具备的优势，如对云服务器的访问不受时间和地点的限制，只要有互联网，就可随时随地使用；并且可以使用多种多样的设备操作云服务器，如用户可以通过个人计算机（Personal Computer，PC）、手机等对云服务器进行操作，需要时还可以修改或扩展自己的云服务器的性能配置。

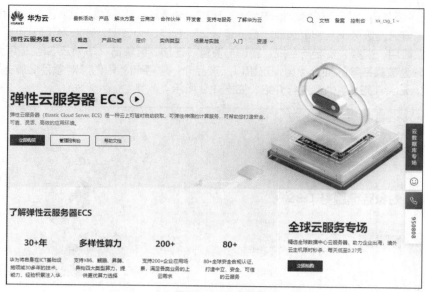

图 1.11　弹性云服务器

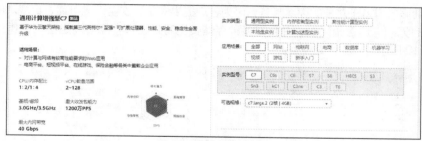

图 1.12　弹性云服务规格

　　总之，云计算可以让我们像使用水、电一样使用网络服务。用户一打开水龙头，水就哗哗流出来，这是因为自来水厂已经将水送入了连通千家万户的蓄水池；对云计算来说，云服务提供商已经为用户准备好所有的资源及服务，用户通过互联网络就可以使用这些资源及服务。

　　随着云计算技术的迅猛发展，类似的云服务会越来越多地渗透到我们的日常生活中，我们能够切实地感受到云计算技术带给我们的生活上的便利。我们身边的云服务其实随处可见，如百度网盘、有道云笔记、网易云音乐和手机的自动备份等，用户可以将手机端的文件备份到云端的数据中心中。更换手机后，使用自己的账号和密码就可以将自己的数据还原到新手机上。

3. 云计算的基本概念

　　相信读者都听说过阿里云、华为云、百度云、腾讯云等，那么到底什么是云计算呢？云计算又能做什么呢？

　　（1）云计算的定义

　　云计算是一种基于网络的超级计算模式，基于用户的不同需求提供所需要的资源，包括计算资源、网络资源、存储资源等。云计算服务通常运行在若干台高性能物理服务器之上，具备约 10 万亿次/秒的运算能力，可以用来模拟核爆炸、预测气候变化及市场发展趋势等。

　　云计算将计算任务分布在由大量计算机构成的资源池上，使各种应用系统能够根据需要获取计算力、存储空间和各种软件服务，这种资源池中的资源称为

V1-3　云计算的定义

"云"。"云"是可以自我维护和管理的虚拟计算资源，通常为大型服务器集群，包括计算服务器、存储服务器、宽带资源服务器等。之所以称为"云"，是因为它在某些方面具有现实中云的特征：云一般较大；云的规模可以动态伸缩，它的边界是模糊的；云在空中飘忽不定，无法也无须确定它的具体位置，但它确实存在于某处。云计算将所有的计算资源集中起来，并由软件实现自动管理，无须人为参与。

"端"指的是用户终端，可以是 PC、智能终端、手机等任何可以连入互联网的设备。

云计算的一个核心理念就是通过不断提高"云"的处理能力，进而减少"端"的处理负担，最终使"端"简化成为一个单纯的 I/O 设备，并能按需使用"云"强大的计算处理能力。

云计算的定义有狭义和广义之分。

狭义上讲，"云"实质上就是一种网络，云计算就是一种提供资源的网络，包括硬件、软件和平台。用户可以随时获取"云"上的资源，按需求量使用，并且容易扩展，只要按使用量付费就可以。"云"就像自来水厂一样，我们可以随时接水，并且不限量，按照自己家的用水量付费给自来水厂即可。在用户看来，水的资源是无限的。

广义上讲，云计算是与 IT、软件、互联网相关的一种服务，通过网络以按需、易扩展的方式提供所需要的服务。云计算把许多计算资源集合起来，通过软件实现自动化管理，只需要很少的人参与，就能让资源被快速提供。也就是说，计算能力作为一种商品，可以在互联网上流通，就像水、电、煤气一样，可以方便地取用，且价格较为低廉。这种服务可以是与 IT、软件、互联网相关的，也可以是其他领域的。

总之，云计算不是一种全新的网络技术，而是一种全新的网络应用概念。云计算的核心思想就是以互联网为中心，在网站上提供快速且安全的计算与数据存储服务，云计算让每一个用户都可以使用网络中庞大的计算资源。

云计算是继计算机、互联网之后的一种革新，是信息时代的一个巨大飞跃，未来的时代可能是云计算的时代。虽然目前有关云计算的定义有很多，但总体上来说，云计算的基本含义是一致的，即云计算具有很强的可扩展性和必要性，可以为用户提供全新的体验，可以将很多的计算资源协调在一起。因此，用户通过网络就可以获取到几乎不受时间和空间限制的大量资源。

（2）云计算的服务模式

云计算的服务模式由 3 部分组成，包括基础设施即服务（Infrastructure as a Service，IaaS）、平台即服务（Platform as a Service，PaaS）和软件即服务（Software as a Service，SaaS），如图 1.13 所示。传统模式与云计算服务模式层次结构如图 1.14 所示。

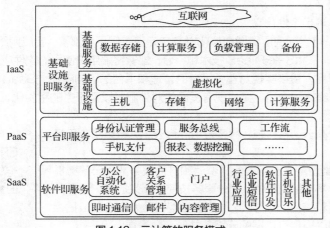

图 1.13　云计算的服务模式

V1-4　云计算的服务模式

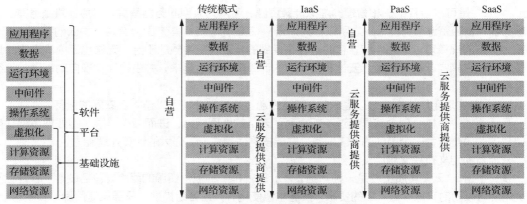

图1.14 传统模式与云计算服务模式层次结构

① 基础设施即服务（IaaS）。什么是基础设施呢？主机、存储、网络和计算服务等物理设备都是基础设施。云服务提供商购买服务器、硬盘、交换机、路由器等设备，搭建基础设施；我们便可以在云平台上根据需求购买相应的计算能力、内存空间、磁盘空间、网络带宽，搭建自己的云计算平台。这类云计算服务提供商的典型代表便是阿里云、腾讯云、华为云等。

优点：能够根据业务需求灵活配置资源，扩展、伸缩方便。

缺点：开发、维护需要较多人力，专业性要求较高。

② 平台即服务（PaaS）。什么是平台呢？我们可以将平台理解成中间件。这类云计算厂商在基础设施上进行开发，搭建操作系统，提供一套完整的应用解决方案，开发大多数用户所需的中间件服务（如 MySQL 数据库服务、RocketMQ 服务等），用户无须深度开发，只专注业务代码即可。典型的云计算平台代表便是 Pivatol Cloud Foundary、Google App Engine 等。

优点：用户无须开发中间件，所需即所用，能够快速使用；部署快速，可减少人力投入。

缺点：应用开发时的灵活性、通用性较低，过度依赖平台。

③ 软件即服务（SaaS）。SaaS 是大多数人每天都能接触到的，如办公自动化（Office Automation，OA）系统、微信公众号平台。SaaS 可直接通过互联网为用户提供软件等服务，用户可通过租赁的方式获取安装在厂商或者服务供应商那里的软件。虽然这些服务是用于商业或者娱乐的，但是它们也属于云计算，面向的对象一般是普通用户，常见的服务模式是给用户提供一组账号和密码。

优点：所见即所得，无须开发。

缺点：需定制，无法快速满足个性化需求。

IaaS 主要对应基础设施，可实现底层资源虚拟化以及实际云应用平台部署，完成网络架构由规划架构到最终物理实现的过程；PaaS 基于 IaaS 技术和平台，部署终端用户使用的软件或应用程序，提供对外服务的接口或服务产品，最终实现对整个平台的管理和平台的可伸缩化；SaaS 基于现成的 PaaS，提供终端用户的最终接触产品，完成现有资源的对外服务以及服务的租赁化。

（3）云计算的部署类型

云计算的部署类型分为公有云、私有云、社区云和混合云，其特点和应用场景如图 1.15 所示。

① 公有云。在这种部署类型下，应用程序、资源和其他服务都由云服务提供商来提供给用户。这些服务多半是免费的，部分服务按使用量来收费。这种部署类型只能使用互联网来访问和使用。同时，这种部署类型在私人信息和数据保护方面也比较有保障，通常可以提供可扩展的云服务并能高效设置。

V1-5 云计算的
部署类型

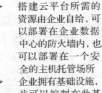
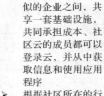

	公有云	私有云	社区云	混合云
特点	➤ 第三方的公有云提供商为用户提供可通过互联网访问的虚拟环境中的服务器空间 ➤ 针对所有个人或企业用户，通过网络方式提供可扩展的弹性服务	➤ 搭建云平台所需的资源由企业自给，可以部署在企业数据中心的防火墙内，也可以部署在一个安全的主机托管场所企业拥有基础设施，并可以控制在此基础设施上部署应用程序的方式，对内部用户呈现云服务	➤ 建立在多个目标相似的企业之间，共享一套基础设施，共同承担成本、社区云的成员都可以登录云，并从中获取信息和使用应用程序 ➤ 根据社区所在的行业不同，可控制在基础设施上部署应用程序的特定方式	➤ 通过安全连接（如VPN连接或租用线路）组合一个或多个公有云和私有云环境，从而允许在不同的云环境之间共享数据和应用程序 ➤ 可以兼得公用云和私有云的优势，是目前企业云部署的主要形式
应用场景	➤ 主要是基础设施支持，为中小企业提供环境支撑，迅速发布和拓展业务 ➤ 案例：在线教育、视频网站、云游戏、云存储、灾备	➤ 大中型企业为主，具备充足的 IT 预算，在行业中所处的位置使企业相对容易获取资源、人才 ➤ 有国家政策推动、有创新扶持、有实际业务复杂度和性能弹性等需求、有安全类需求等 ➤ 主要集中在金融、电信、能源、教育、交通等行业	➤ 某个行业中的大小企业共建行业性的云平台，常见为工业互联网平台 ➤ 也可能由某一个地区内的政府、企业合办，如"武汉云"	➤ 一般已经具备了私有云，希望通过对接公有云解决需求。 1.跨国：某大型公司在美国销售电子类产品，需要在美国连接企业的销售系统。 2.灾备：将一部分系统或者数据定期备份到公有云上。 3.高可用性：利用公有云的CDN、全局负载均衡等功能。 4.爆发：客户业务需要短时爆发

图 1.15　云计算部署类型的特点与应用场景

② 私有云。这种部署类型专门为某一个企业服务。不管是企业自己管理还是第三方管理，不管是企业自己负责还是第三方托管，只要使用的方式没有问题，就能为企业带来很显著的成效。不过这种部署类型所要面临的是，纠正、检查等安全问题需由企业自己负责，出了问题也只能由企业自己承担后果。此外，整套系统需要企业自己购买、建设和管理。这种云计算部署类型可产生正面效益。从模式的名称也可看出，它可以为所有者提供具备充分优势和功能的服务。

③ 社区云。公有云和私有云都有自己的缺点与不足，折中的一种云就是社区云，顾名思义，就是由一个社区，而不是一家企业所拥有的云平台。社区云一般隶属于某个企业集团、机构联盟或行业协会，服务于同一个集团、联盟或协会。社区云是由几个组织共享的云端基础设施，它们支持特定的社群，有共同的关切事项，如使命任务、安全需求、策略与法规遵循考量等。管理者可能是组织本身，也可能是第三方；管理位置可能在组织内部，也可能在组织外部。凡是属于该群体组织的成员都可以使用该社区云。为了管理方便，社区云一般由一家机构来运维，但也可以由多家机构共同组成一个云平台运维团队来管理。

④ 混合云。混合云是两种或两种以上的云计算部署类型的混合体，如公有云和私有云混合。它们相互独立，但在云的内部又相互结合，可以发挥出多种云计算部署类型各自的优势。它们通过标准的或专有的技术组合起来，具有可移植数据和应用程序的特性。

4. 云计算的主要特点

云计算是基于互联网的相关服务的增加、使用和交付模式，通常涉及通过互联网来提供动态易扩展且经常是虚拟化的资源。"云"是互联网和底层基础设施的一种比喻说法。用户可以通过计算机、PC、手机等方式接入数据中心，按自己的需求进行运算。云计算具有如下特点。

（1）快速弹性伸缩

快速弹性伸缩是云计算的特点之一，也通常被认为是吸引用户"拥抱"云计算的核心理由之一。云计算用户可以根据自己的需要，自动透明地扩展 IT 资源。例如，用户为了应对热点事件的突发大流量，临时购买大量的虚拟资源进行扩容；而当热点事件"降温"后，访问流量趋于下降时，用户又可以将这些新增加的虚拟资源释放，这种行为就属于典型的快速弹性伸缩。具有大量 IT 资源的云提供商可以提供极大范围的弹性伸缩。快速弹性伸缩包括多种类型，除了人为手动扩容或缩容外，云计算还支持根据预定的策略进行自动扩容或缩容。伸缩可以是增加或减少服务器数量，也可以是对单台服务器进行资源的增加或减少。在云计算中，对用户来说，快速弹性伸缩最大的好处是在保证业务或应用稳定运行的前提下节省成本。企业在创立初期需求量较少时，可以购买少量的资源，随着企业规模的扩大，可以逐步增加资源方面的投资；或者，可在特殊时期将所有资源集中提供给重点业务使用，如果资源还不够，则可以及时申请增加新的资源，度过特殊时期后，再将新增加的资源释放。无论是哪种情景，对用户来说都是很方便的。

（2）资源池化

资源池化是实现按需自助服务的前提之一，通过资源池化不但可以把同类商品放在一起，而且能对商品的单位进行细化。稍大规模的超市一般会将场地划分为果蔬区、海鲜区、日常用品区等多个区域，以方便客户快速地找到自己所需要的商品，但这种形式不算是资源池化，只能算是资源归类。那么，什么是资源池化呢？资源池化除了将同类的资源转换为资源池的形式外，还需要将所有的资源分解到较小的单位。要使用资源池化的方式，就需要打破物理硬盘数量的"个"这个单位，将所有的硬盘的容量合并起来，聚集到一个"池子"里，分配时可以以较小的单位，如以"GB"作为单位进行分配，用户需要多少就申请多少。资源池化可以屏蔽不同资源之间的差异性，例如，包含机械硬盘和固态硬盘的存储资源被池化后，用户申请一定数量的存储空间，具体对应的是机械硬盘还是固态硬盘，或者两者都有，用户是看不出来的。在云计算中，可以被池化的资源包括计算、存储和网络等资源。其中计算资源包括 CPU 和内存，如果对 CPU 进行池化，则用户看到的 CPU 最小单位是一个虚拟的核，而不再体现 CPU 的厂商是 Intel 公司或者 AMD 公司这类物理属性。

（3）按需自助服务

说到按需自助服务，我们最先想到的可能就是超市。每个顾客在超市里都可以按照自己的需求挑选需要的商品，如果是同类商品，则可以通过查看说明、价格、品牌等商品信息来确定是否购买或购买哪一款商品。按需自助服务是云计算的特点之一，用户可以根据自己的需要选择其中的一种模式，选择模式后，一般又会有细分的不同配置可供选择，用户可以根据自己的需求购买所需的服务。整个过程一般是自助完成的，除非遇到问题需要咨询，否则不需要第三方介入，如华为云的弹性云服务器规格中就有许多不同配置的云服务器实例可供用户选择。按需自助服务的前提是了解自己的需求，并知道哪款产品能够满足这个需求，这就要求使用云计算的用户具备相关的专业知识。不具备这方面知识和能力而想使用云计算的用户可咨询云服务提供商或求助相关专业服务机构。

（4）服务可计量可计费

计量不是计费，尽管计量是计费的基础。在云计算提供的服务中，大部分服务需要付费使用，但也有服务是免费的，如弹性伸缩可以作为一个免费的服务为用户开通。计量是利用技术和其他手段实现单位统一和量值准确、可靠的测量。可以说，云计算中的服务都是可计量的，有的是根据时间，有的是根据资源配额，还有的是根据流量进行计量。计算服务可以帮助用户准确地根据自己的业务进行自动控制和优化资源配置。在云计算系统中，一般有一个计费管理系统，专门用于收集和处理数据，它涉及云服务提供商的结算和云用户的计费。计费管理系统允许管理员制定不同的定价规则，还可以针对每个云用户或每个 IT 资源自定义定价模型。计费可以选择使用前支付或使用后支付，后一种支付类型又分为预定义限值和无限制使用。如果设定了限值，则它们通常以配额形式出现，超出配额时，计费管理系统可以拒绝云用户的进一步使用请求。假设某用户存储的配额是 2TB，一旦用户在云计算系统中的存储容量达到 2TB，新的存储请求将被拒绝。用户可以根据需求来购买相应的服务，并可以很清晰地看到自己购买服务的使用情况。对于合约用户，通常在合约中规定使用产品的类型、服务质量要求、单位时间的费用或每个服务请求的费用，如华为云的弹性云服务器的计价标准给出了按月收费的不同配置的虚拟机服务器。

（5）泛在接入

泛在接入是指广泛的网络接入，云计算的一个特点是所有的云必须依赖网络连接。可以说，网络是云计算的基础支撑，尤其是互联网，云离不开互联网。互联网提供了对 IT 资源远程的、随时随地的访问，网络接入是云计算自带的属性，可以把云计算看成"互联网+计算"。虽然大部分云的访问通过互联网来实现，但云用户也可以选择使用私有的专用线路来访问云。云用户与云服务提供商之间网络连接的服务水平取决于为他们提供网络接入服务的互联网服务提供方。在当今社会，互联网几乎覆盖了全球各个角落，我们可以通过各种数字终端（如手机、计算机等）连接互联网，并通过互联网连入云，使用云服务。因此，广泛的网络接入是云计算的一个重要特点，这个网络可以是有线网络，也可以是无线网络。总之，离开了网络，就不会有云计算。

（6）支持异构基础资源

云计算可以构建在不同的基础平台之上，即它可以有效兼容各种不同种类的硬件基础资源和软件基础资源。硬件基础资源主要包括网络环境下的三大类设备，即计算（服务器）、存储（存储设备）和网络（交换机、路由器等设备）；软件基础资源则包括单机操作系统、中间件、数据库等。

（7）支持异构多业务体系

在云计算平台上，可以同时运行多个不同类型的业务。异构表示该业务不是相同的，不是已有的或事先定义好的，而是用户可以自己创建并定义的业务。

（8）支持海量信息处理

云计算在底层需要面对众多的软件、硬件基础资源，在上层需要能够同时支持众多的、异构的业务；而具体到某一业务，往往也需要面对大量的用户。由此，云计算必然需要面对海量信息交互，需要有高效、稳定的海量数据通信/存储系统作为支撑。

（9）高可靠性与可用性

云计算技术主要通过冗余方式进行数据处理服务。在大量计算机机组存在的情况下，系统中所出现的错误会越来越多，而通过冗余方式能够降低错误出现的概率，同时保证数据的可靠性。云计算技术具有很高的可用性。在存储和计算能力上，云计算技术相比以往的计算技术具有更高的服务质量，在节点检测上也能做到智能检测，在排除问题的同时不会对系统造成任何影响。

（10）经济性与多样性服务

云计算平台的构建费用与超级计算机的构建费用相比要低很多，但是在性能上基本持平，这使得开发成本能够得到极大的减少。用户在选择上将具有更大的空间，通过缴纳不同的费用来获取不同层次的服务。云计算本质上是一种数字化服务，同时这种服务较以往的计算服务更便捷，用户在不清楚云计算技术机制的情况下，就能够使用相应的服务。云计算平台能够为用户提供良好的编程模型，用户可以根据自己的需要进行程序制作，这样便为用户提供了极大的便利，同时节约了相应的开发资源。

5. 云计算与虚拟化的关系

云计算是中间件、分布式计算（网格计算）、并行计算、效用计算、网络存储、虚拟化和负载均衡等网络技术发展、融合的产物。

虚拟化不一定与云计算相关，如 CPU 虚拟化、内存虚拟化等也属于虚拟化，但与云计算无关，如图 1.16 所示。

V1-6　云计算与
虚拟化的关系

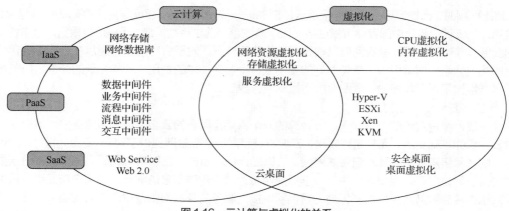

图 1.16　云计算与虚拟化的关系

（1）虚拟化的特征

虚拟化将一台计算机虚拟为多台逻辑计算机，可在一台计算机上同时运行多台逻辑计算机，每台逻辑计算机可运行不同的操作系统，并且应用程序都可以在相互独立的空间内运行而互不影响，从而显著提高计算机的工作效率。虚拟化使用软件的方法重新定义、划分 IT 资源，可以实现 IT 资源的动态分配、灵活调度、跨域共享，提高 IT 资源的利用率，使 IT 资源能够真正成为社会基础设施，满足各行各业中灵活多变的应用需求。

① 更高的资源利用率。虚拟化可实现物理资源和资源池的动态共享，提高资源利用率，特别是针对那些平均需求资源远低于需要为其提供专用资源的不同负载。

② 降低管理成本。虚拟化可通过以下途径提高工作人员的效率：减少必须进行管理的物理资源的数量；降低物理资源的复杂性；通过实现自动化、获得更好的信息和实现集中管理来简化公共管理任务；实现负载管理自动化。另外，虚拟化还支持在多个平台上使用公共的工具。

③ 提高使用灵活性。通过虚拟化可实现动态的资源部署和重配置，满足不断变化的业务需求。

④ 提高安全性。虚拟化可实现较简单的共享机制无法实现的隔离和划分，也可对数据和服务进行可控和安全的访问。

⑤ 更高的可用性。虚拟化可在不影响用户的情况下对物理资源进行删除、升级或改变。

⑥ 更高的可扩展性。根据不同的产品、资源分区和汇聚可实现比个体物理资源更少或更多的虚拟资源，这意味着用户可以在不改变物理资源配置的情况下进行虚拟资源的大规模调整。

⑦ 提供互操作性和兼容性。互操作性又称为互用性，是指不同的计算机系统、网络和应用程序一起工作并共享信息的能力。虚拟资源可提供底层物理资源无法提供的对各种接口和协议的兼容性。

⑧ 改进资源供应。与个体物理资源单位相比，虚拟化能够以更小的单位进行资源分配。

（2）云计算的特征

① 按需自动服务。用户不需要或很少需要云服务提供商的协助，就可以单方面按需获取云端的计算资源。例如，计算、网络、存储等资源是按需自动部署的，用户不需要与服务提供商进行交互。

② 广泛的网络访问。用户可以随时随地使用云终端设备接入网络并使用云端的计算资源。常见的云终端设备包括手机、平板电脑、笔记本电脑、掌上电脑和台式计算机等。

③ 资源池化。云端的计算资源需要被池化，以便通过多租户形式共享给多个消费者。只有将资源池化才能根据用户的需求动态分配或再分配各种物理的和虚拟的资源。用户通常不知道自己正在使用的计算资源的确切位置，但是在自助申请时可以指定大概的区域范围（如在哪个国家、哪个省或者哪个数据中心）。

④ 快速弹性伸缩。用户能方便、快捷地按需获取和释放计算资源。也就是说，用户需要时能快速获取资源从而提高计算能力，不需要时能迅速释放资源，以便降低计算能力，从而减少资源的使用费用。对用户来说，云端的计算资源是无限的，可以随时申请并获取任何数量的计算资源。但是，我们一定要消除一个误解，那就是实际的云计算系统不一定是投资巨大的工程，不一定需要成千上万台计算机，不一定具备超级强大的运算能力。其实，一台计算机就可以组建一个最小的云端，云端建设方案务必采用可伸缩性策略，例如，建设开始时采用几台计算机，然后根据用户规模来增减计算资源。

⑤ 按需、按量可计费。用户使用云端的计算资源是要付费的，付费的计量方法有很多，如根据某类资源（如存储资源、CPU、网络带宽等）的使用量和使用时间计费，也可以按照使用次数来计费。但不管如何计费，对消费者来说，价码要清楚、计量方法要明确，而云服务提供商需要监视和控制资源的使用情况，并及时输出各种资源的使用报表，做到供需双方的费用结算清楚、明白。

6．云计算中的虚拟化

在云计算环境中，计算服务通过 API 服务器来控制虚拟机管理程序。它具备一个抽象层，可以在部署时选择一种虚拟化技术来创建虚拟机，为用户提供云服务。可用的虚拟化技术如下。

（1）KVM

KVM 是通用的开放虚拟化技术，也是 OpenStack 用户使用较多的虚拟化技术，它支持 OpenStack 的所有特性。

（2）Xen

Xen 是部署快速、安全、开源的虚拟化技术，可使多个具有相同操作系统或不同操作系统的虚拟机运行在同一主机上。Xen 技术主要包括服务器虚拟化平台（XenServer）、云基础架构（Xen Cloud Platform，XCP）、管理 XenServer 和 XCP 的 API 程序（XenAPI）、基于 Libvert 的 Xen。OpenStack 通过 XenAPI 支持 XenServer 和 XCP 这两种虚拟化技术，不过在 Red Hat 企业级 Linux（Red Hat Enterprise Linux，RHEL）等平台上，OpenStack 使用的是基于 Libvert 的 Xen。

（3）容器

容器是在单一 Linux 主机上提供多个隔离的 Linux 环境的操作系统级虚拟化技术。不像基于虚拟管理程序的传统虚拟化技术，容器并不需要运行专用的客户机操作系统。目前的容器有以下两种。

① Linux 容器（Linux Container，LXC），提供了在单一可控主机上支持多个相互隔离的服务器容器同时执行的机制。LXC 可以快速兼容所有应用程序和工具，以及对其进行任意管理和编制层次来替代虚拟机。

② Docker，一个开源的应用容器引擎，使开发者可以把应用以及依赖包打包到一个可移植的容器中，然后将其发布到任何流行的 Linux 平台上。Docker 也可以实现虚拟化，容器完全使用沙盒机制，二者之间不会有任何接口。

Docker 的目的是尽可能减少容器中运行的程序，减少到只运行单个程序，并且通过 Docker 来管理这个程序。

虚拟机管理程序提供更好的进程隔离能力，呈现一个完全的系统。LXC/Docker 除了一些基本隔离功能外，并未提供足够的虚拟化管理功能，缺乏必要的安全机制，基于容器的方案无法运行与主机内核不同的其他内核，也无法运行一个与主机完全不同的操作系统。目前 OpenStack 社区对容器的驱动支持还不如虚拟化管理程序。在 OpenStack 项目中，LXC 属于计算服务项目 Nova，通过调用 Libvirt 来实现。Docker 驱动是一种新加入虚拟化管理程序的驱动，目前无法替代虚拟化管理程序。

（4）Hyper-V

Hyper-V 是微软公司推出的企业级虚拟化解决方案。Hyper-V 的设计借鉴了 Xen，其管理程序采用微内核的架构，兼顾了安全性和性能。Hyper-V 作为一种免费的虚拟化方案，在 OpenStack

中得到了支持。

（5）ESXi

VMware 公司提供业界领先且可靠的服务器虚拟化平台和 SDC 产品。其 ESXi 虚拟化平台用于创建和运行虚拟机及虚拟设备，在 OpenStack 中也得到了支持。但是，如果没有 vCenter Server 和企业级许可，它的一些 API 的使用会受到限制。

（6）BareMetal 与 Ironic

有些云平台除了提供虚拟化和虚拟机服务外，还提供传统的主机服务。在 OpenStack 中可以将 BareMetal 与其他部署虚拟化管理程序的节点通过不同的计算池（可用区域）一起管理。BareMetal 是计算服务的后端驱动，与 Libvirt 驱动、VMware 驱动类似，只不过它是用来管理没有虚拟化的硬件的，主要通过预启动执行环境（Preboot Execution Environment，PXE）和智能平台管理接口（Intelligent Platform Management Interface，IPMI）进行控制、管理。

现在 BareMetal 已经被 Ironic 所取代。Ironic 和 Nova 都是 OpenStack 中的计算机服务项目，Nova 管理的是虚拟机的生命周期，而 Ironic 管理的是主机的生命周期。Ironic 提供了一系列管理主机的 API，可以对具有"裸"操作系统的主机进行管理，从主机上架安装操作系统到主机下架维修，可以像管理虚拟机一样管理主机。创建一个 Nova 计算物理节点，只需告诉 Ironic，然后自动地从镜像模板中加载操作系统到 nova-computer。Ironic 可解决主机的添加、删除、电源管理、操作系统部署等问题，目标是成为主机管理的成熟解决方案，使 OpenStack 可以在软件层面解决云计算问题，也使供应商可以为自己的服务器开发 Ironic 插件。

7. 云计算的优势

任何技术的使用及创新都是为了满足人们的应用需求。云计算也不例外，它逐渐渗透到人们生活、生产的各个领域，为人们带来便利和效益。云计算的优势主要有以下 4 个方面。

（1）数据可以随时随地访问

云计算带来了更大的灵活性和移动性，使用云可以让企业随时随地通过任何设备即时访问他们的资源；可以轻松存储、下载、恢复或处理数据，从而节省大量的时间和精力。

（2）提高适应能力，灵活扩展 IT 需求

IT 系统的容量大多数情况下和企业需求不相符。如果企业按峰值需求来配置 IT 设备，则平时设备会有闲置，造成投资浪费。如果企业按平均需求来配置 IT 设备，则需求高峰时会不够用。但使用云服务，企业可以拥有更灵活的选择，可以随时增加、减少或释放所申请使用的设备资源。

（3）节约成本

通过云计算企业可以最大限度地减少或完全消减初始投资，因为它们不需要自行建设数据中心或搭建软件/硬件平台，也不需要雇佣专业人员进行开发、运营和维护。使用云计算服务通常比自行购买软件/硬件搭建所需的系统要便宜得多。

（4）统一管理平台

企业可能同时运行着不同类型的平台和设备。在云服务平台中，应用程序和硬件平台不直接关联，从而消除了同一应用程序的多个版本的需要，使用同一平台进行统一管理。

8. 云计算的生态系统

云计算的生态系统主要涉及网络、硬件、软件、服务、应用和云安全 6 个方面，如图 1.17 所示。

（1）网络。云计算具有泛在网络访问特性，用户无论通过电信网、互联网还是广播电视网，都能够使用云服务，以及网络连接的终端设备和嵌入式软件等。

（2）硬件。云计算相关硬件包括基础环境设备、服务器、存储设备、网络设备、融合一体机等数据中心装备以及提供和使用云服务的终端设备。

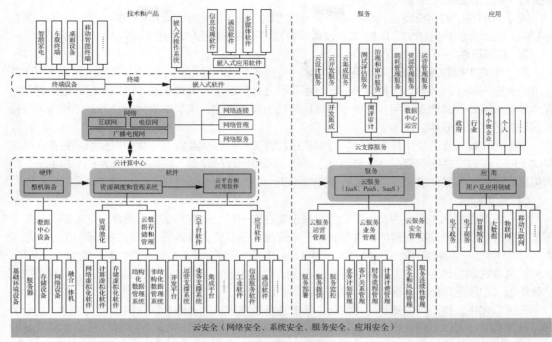

图 1.17 云计算的生态系统

（3）软件。云计算相关软件主要包括资源调度和管理系统、云平台和应用软件等。

（4）服务。服务包括云服务和面向云计算系统建设应用的云支撑服务。

（5）应用。云计算的应用领域非常广泛，涵盖工作和生活的各个方面。典型的应用包括电子政务、电子商务、智慧城市、大数据、物联网、移动互联网等。

（6）云安全。云安全涉及服务可用性、数据机密性和完整性、隐私保护、物理安全、恶意攻击防范等诸多方面，是影响云计算发展的关键因素之一。云安全领域主要包括网络安全、系统安全、服务安全及应用安全。

1.2.5　虚拟化集群

集群是一种把一组计算机组合起来作为一个整体为用户提供资源的方式。在虚拟化集群中可以提供计算资源、存储资源和网络资源，只有包含这些资源，该集群才是完整的。

1. 负载均衡

负载均衡是一种集群技术，它将特定的业务（网络服务、网络流量等）分担给多台网络设备（包括服务器、防火墙等）或多条链路，从而提高了业务处理的能力，保证了业务的高可靠性。负载均衡具有以下特点。

（1）高可靠性。单台甚至多台设备或链路发生故障也不会导致业务中断，负载均衡提高了整个系统的可靠性。

（2）可扩展性。负载均衡可以方便地增加集群中设备或链路的数量，在不降低业务质量的前提下满足不断增长的业务需求。

（3）高性能。负载均衡将业务较均衡地分布到多台设备上，提高了整个系统的性能。

（4）可管理性。大量的管理工作集中在应用负载均衡技术的设备上，设备集群或链路集群只需要进行常规的配置和维护即可。

（5）透明性。对用户而言，集群等同于一台可靠性高、性能好的设备或链路，用户感知不到也不必关心其具体的网络结构，增加/减少设备或链路均不会影响正常的业务。

2. 高可用性

高可用性实现的基本原理是使用集群技术，克服单台物理主机的局限性，最终达到业务不中断或者中断时间减少的效果。虚拟机中的高可用只保证计算层面，具体来说，虚拟化层面的高可用是整个虚拟机系统层面的高可用，即当一个计算节点出现故障时，集群中的另一个节点能快速、自动地启动并替代故障节点。

虚拟化集群一般会使用共享存储，虚拟机由配置文件和数据盘组成，其中数据盘是保存在共享存储上的，配置文件则保存在计算节点上。当计算节点出现故障时，虚拟化管理系统会根据记录的虚拟机配置信息在其他节点重建出现故障的虚拟机。

3. 易扩容性

在传统非虚拟化的环境中，所有的业务都部署在物理机上。有可能在系统建设的初期，业务量不是很大，所以为物理机配置的硬件资源是比较少的；随着业务量的增加，原先的硬件无法满足需求，只能不停地升级硬件。例如，将原先的一路 CPU 升级为两路，将 512GB 的内存升级为 1024GB，这种扩容方式称为纵向扩容（Scale-Up）。然而，物理机所能承担的硬件是有上限的，如果业务量持续增加，则最后只能更换服务器，停机扩容是必然的。

在虚拟化中，将所有的资源进行池化，承载业务的虚拟机的资源全部来自这个资源池。当业务量持续增加时，可以不用升级单台服务器的硬件资源，只需增加资源池中的资源。在具体实施的时候，增加服务器的数量即可，这种扩容方式称为横向扩容（Scale-Out）。因为集群支持横向扩容，所以相对于传统的非虚拟化，集群扩容更容易。

1.2.6 企业级虚拟化解决方案

目前新兴的云计算领域竞争非常激烈，相比传统的虚拟化也不逊色。虚拟化市场竞争激烈，如VMware、微软、Red Hat、Citrix 等公司的虚拟化产品不断发展，各有优势。

1. VMware 虚拟化产品

作为业界代表，VMware 公司从服务器虚拟化产品做起，现已形成完整的产品线，可提供丰富的虚拟化与云计算解决方案，包括服务器、网络、存储、应用程序、桌面、安全等虚拟化技术，以及 SDDC 和云平台。下面列举主要的相关虚拟化产品。

（1）服务器虚拟化平台 VMware vSphere

VMware vSphere 是业界领先且非常可靠的虚拟化平台。vSphere 将应用程序和操作系统从底层硬件分离出来，从而简化了 IT 操作。用户使用现有的应用程序可以看到专有资源，而用户的服务器则可以作为资源池进行管理。因此，用户的业务将在简化但恢复能力极强的 IT 环境中运行。

借助业界领先的虚拟化平台 vSphere 构建云计算基础架构，可提供更高级别的可用性和响应能力。虚拟化平台 vSphere 使用户能够自由地运行关键业务应用程序，更快地对其业务做出响应。

vSphere 通过服务器虚拟化整合数据中心硬件并实现业务连续性，将单个数据中心转换为包括CPU、存储和网络资源的聚合计算基础架构，将基础架构作为一个统一的运行环境来管理，并提供工具来管理该环境的数据中心。

vSphere 的两个核心组件为 ESXi 和 vCenter Server。ESXi 虚拟化平台用于创建、运行虚拟机和虚拟设备。虚拟化管理程序体系结构提供强健的、经过生产验证的高性能虚拟化层，允许多个虚拟机共享硬件资源，其性能在某些情况下甚至可以超过本机吞吐量。vCenter Server 用于管理网络和资源池主机连接的多台主机，通过内置的物理机到虚拟机转换和使用虚拟机模板进行快速部署，可为所有虚拟机和 vSphere 主机提供集中化管理及性能监控。

（2）网络虚拟化平台 VMware NSX

VMware NSX 是提供虚拟机网络操作模式的网络虚拟化平台。与虚拟机的计算模式相似，虚拟网络以编程的方式进行调配与管理，与底层硬件无关。NSX 可以在软件中重现整个网络模型，使任何网络（从简单的网络到复杂的多层网络）都可以在数秒内完成创建和调配。它支持一系列逻辑网络设备和服务，如逻辑交换机、路由器、防火墙、负载均衡器、VPN 等。用户可以通过逻辑网络设备和服务功能的自定义组合来创建隔离的虚拟网络。

（3）存储虚拟化产品 VMware vSAN

VMware vSAN 是一种 SDS 技术，可将虚拟化技术无缝扩展到存储领域，从而形成一个与现有工具组合、软件解决方案和硬件平台兼容的超融合架构（Hyper Convergence Infrastructure，HCI）解决方案。借助 HCI 解决方案，vSAN 能进一步降低风险，保护静态数据，同时提供简单的管理和独立硬件的存储解决方案。vSAN 是用于软件定义的数据中心构造块，它可以汇总主机集群的本地或直接连接存储设备，并创建在 vSAN 集群的所有主机之间共享的单个存储池。与 NSX 结合使用时，基于 vSAN 的 SDDC 产品体系可以将本地存储和管理服务延伸至不同的公有云，从而确保一致性的体验。vSAN 使用基于服务器的存储为虚拟机创建极其简单的共享存储，从而实现恢复能力较强的高性能横向扩展体系结构，大大降低了总体成本。

（4）VMware 云计算

① VMware 云计算解决方案

VMware 云计算解决方案可以提高 IT 的效率、敏捷性和可靠性，并可帮助 IT 推动创新。VMware 可满足 IT 构建、运营、管理云计算并为之提供人员配备的"一切"需求，同时持续量化其影响。VMware 可帮助客户发展技术基础、组织模式、运营流程和财务措施，建立云计算基础架构和云计算运营模式，使用户从云计算中获得最大的收益。VMware 云计算解决方案可极大限度地发挥出云计算的潜力，其特点具体如下。

- 交付新的 IT 服务，快速推动业务增长。更快速地创建和部署可提供业务竞争优势的服务。
- 将 IT 转变为创新源泉。释放 IT 资源，将其重新投入可实现业务目标的服务。
- 确保 IT 的效率、敏捷性和可靠性。为第 1 层应用交付企业级服务等级协定（Service Level Agreement，SLA），保护不同云计算环境中的业务。

② VMware 云计算基础架构

VMware 的特点具体如下。

- 自动调配和部署资源。组合可重用组件中的新应用，仅用几分钟即可完成部署，无须花费数周的时间。
- 自动化运营和管理。使用专用的工具有效地运行用户的云计算，以优化性能、确保安全性，并在用户尚未看到问题之前修复潜在的问题。
- 可用性、灾难恢复和合规性。交付要求严苛的 SLA、保护用户的数据，并验证策略和法规的合规性。
- IT 成本的可视性。智能地规划容量、优化资源分配，并发展完整的 IT 计费模型。
- 充分的可扩展性。自定义用户环境、集成第三方解决方案，并与基于 VMware 的公有云服务实现互操作。

③ VMware 云计算运营

VMware 云计算运营的特点具体如下。

- 按需服务。实施全新的自助服务模式，以降低 IT 成本、提高敏捷性。
- 自动调配和部署。改进请求执行、应用开发和部署流程，以获取新发现的效益。
- 事件和问题管理。利用自动化和基于策略的管理来消除容易出错的手动流程，在出现问题之前主动管理系统。
- 安全性、合规性及风险管理。通过确保按照企业级标准在云计算环境中保护系统来保障业务安全。
- IT 财务管理。转换到新的财务模式，实现财务透明，并将 IT 服务成本直接与需求和使用量进行关联。

（5）VMware 私有云

利用 VMware 私有云解决方案在提高数据中心效率和敏捷性的同时增强了安全性和控制力。VMware 私有云通过内置的安全性和基于角色的访问控制，在共享基础架构上整合数据中心并部署工作负载。VMware 私有云使用客户扩展功能、API 和开放的跨云标准，在不同的基础架构池之间迁移工作负载并集成现有的管理系统。VMware 私有云按需交付云计算基础架构，以便终端用户能够以最大的效率使用虚拟资源。

基于 VMware 私有云解决方案可为企业提供以下 3 种独特的功能。

① 通过安全、高效的方法使用共享基础架构，以应对极其频繁的请求。

② 通过标准化、可移动、可扩展的方法跨多个云部署工作负载，而无须手动配置。

③ 敏捷访问共享基础架构，以便能够按需调配工作负载。

作为虚拟化领域久经考验的"领导者"，VMware 正在制定相应的发展路线来利用私有云，以交付前所未有的高效、敏捷性和可扩展性。VMware 正在与其他业界代表合作，帮助企业利用现有投资来获得云计算的优势而不损害控制力。

VMware 私有云解决方案将多个集群之间的基础架构资源池转化为基于策略的 VDC。VDC 是跨越一组虚拟化物理资源的预定义资源容器，可进行相应构造以提供特定服务级别或满足特定业务需求。这些富有弹性的分层 VDC 无须重复配置即可将资源调配给 IT 服务。通过在逻辑上将基础架构资源池转化为 VDC，IT 组织可以借助基础架构与支持基础架构的底层硬件之间的完全抽象来更高效地管理资源。

（6）个性化虚拟桌面 VMware View

VMware View 不仅能交付应用程序以实现简化桌面管理。通过 VMware View，用户可以将虚拟桌面整合到数据中心的服务器中，并独立管理操作系统、应用程序和用户数据，从而在获得更高业务灵活性的同时，使用户最终能够通过各种网络条件获得灵活的高性能桌面体验。

利用 VMware View 可简化桌面和应用程序管理，同时加强安全性和控制力；为终端用户提供跨会话和设备的个性化、高逼真体验；实现传统 PC 难以企及的更高的桌面服务可用性和敏捷性，同时将桌面的总体拥有成本减少多达 50%；终端用户可以享受到新的工作效率级别和从更多设备及位置访问桌面的自由，同时为 IT 提供更强的策略控制。

VMware View 可以为桌面和应用程序带来云计算的敏捷性和可用性。它还可以以集中化的服务形式交付和管理桌面、应用程序及数据，从而加强对它们的控制。与传统 PC 不同，VMware View 桌面并不与物理计算机绑定。相反，它们驻留在云中，并且终端用户可以在需要时访问他们的 VMware View 桌面。VMware View 可以在各种网络条件下为众多的终端用户提供非常丰富、非常灵活和自适应的体验。

（7）虚拟化桌面和应用平台 VMware Horizon

VMware Horizon 是将 VMware 以往的相关产品 VMware View 和 VMware Mirage，与管理界面 Horizon Workspace 整合在一起的产品。它借助强大的终端用户计算能力，帮助 IT 部门克服跨设备的限制。VMware Horizon 将帮助用户加快从"PC 时代"向"多设备时代"转型。VMware Horizon 把 VMware 行业领先的桌面虚拟化解决方案和技术融入单个统一解决方案。

从总体上来看，VMware Horizon 既简化了终端用户计算，又在不损害 IT 安全及控制力的情况下实现了员工的移动性，确保终端用户可以在任何设备上访问其数据、应用及桌面。

2. 微软 Hyper-V

Hyper-V 是微软推出的企业级虚拟化解决方案，Hyper-V 的设计借鉴了 Xen，管理程序采用微内核的架构，兼顾了安全性和性能的要求，如图 1.18 所示。Hyper-V 底层的 Hypervisor 运行在最高的特权级别下，微软将其称为 ring 1；而虚拟机的主机内核和驱动运行在 ring 0，应用程序运行在 ring 3 下。这种架构不需要采用复杂的二进制翻译技术，可以进一步提高安全性。Hyper-V 只有"硬件–Hyper-V–虚拟机"3

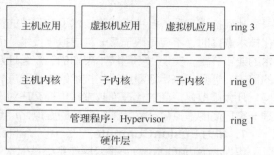

图 1.18　微软 Hyper-V 管理程序架构

层，本身非常小巧，代码简单，且不包含任何第三方驱动。Hyper-V 的优势是与 Windows 服务器集成，在开发、测试与培训领域应用较多。Hyper-V 设计的目的是为众多的用户提供更为熟悉以及效益更高的虚拟化基础设施软件，这样可以降低运作成本、提高硬件利用率、优化基础设施并提高服务器的可用性。

3. Linux KVM

作为 Linux 领域的代表厂商，Red Hat 于 2008 年收购了 Qumranet 公司并获得了 KVM。KVM 是与 Xen 类似的一个开源项目。KVM 的虚拟化需要硬件支持（如 Intel VT 或者 AMD-V 技术)，是基于硬件的全虚拟化。Xen 早期是基于软件模拟的半虚拟化，其新版本是基于硬件支持的全虚拟化。但 Xen 本身有自己的进程调度器、存储管理模块等，所以代码数量较为庞大。广泛使用的商业系统虚拟化软件 VMware ESXi 系列是基于软件模拟的全虚拟化。

KVM 是一种基于 Linux x86 硬件平台的开源全虚拟化解决方案，也是主流的 Linux 虚拟化解决方案。Linux 内核的 KVM 模块主要负责虚拟机的创建、虚拟内存的分配、vCPU（虚拟 CPU）寄存器的读写以及 vCPU 的运行。其提供硬件仿真的 QEMU，用于模拟虚拟机的用户空间组件，提供 I/O 设备模型和访问外部设备的途径。KVM 充分利用了 CPU 的硬件辅助虚拟化，并重用了 Linux 内核的诸多功能，使得 KVM 本身非常小。KVM 最大的优势是开源，受到开源云计算平台的广泛支持。

4. Citrix 虚拟化产品

Citrix 即美国思杰公司，是一家云计算虚拟化、虚拟桌面和远程接入技术领域的高科技企业，具有完整的产品生产线。

Citrix 公司主要有四大产品：服务器虚拟化产品 XenServer、应用程序虚拟化产品 XenApp、桌面虚拟化产品 XenDesktop 和云平台虚拟化产品 CloudPlatform。

XenServer 是针对高效地管理 Windows 和 Linux 虚拟服务器而设计的，用于实现经济、高效的服务器整合和业务连续性。XenServer 是一种全面而易于管理的服务器虚拟化平台，基于强大的 Xen Hypervisor 程序。

XenApp 是一套按需交付的解决方案，允许在数据中心对任何 Windows 应用进行虚拟化、集中保存和管理，并可随时随地通过任何设备将其按需交付给用户。

XenDesktop 是一套桌面虚拟化解决方案，可将 Windows 桌面和应用转变为一种按需服务，向任何地点、任何用户交付。XenClient 支持在移动和离线的状态下轻松使用虚拟桌面。

CloudPlatform 是面向企业和服务提供商的基础云计算架构。

Xen 对硬件的兼容性非常广泛，Linux 支持的硬件它都能够支持。目前，Citrix 具有完整的产品生产线，在桌面虚拟化和应用虚拟化领域中的表现比较突出。

1.2.7 典型的虚拟化厂商及产品

从架构上来看，各种虚拟化技术没有明显的性能差距，稳定性也基本一致。因此，在进行虚拟化技术选择时，不应局限于某一种虚拟化技术，而应该有一个综合管理平台来实现对各种虚拟化技术的兼容并蓄，实现对不同技术架构的统一管理及跨技术架构的资源调度，最终达到云计算可运营的目的。近几年来，随着虚拟化技术的快速发展，虚拟化技术已经走出局域网，延伸到了整个广域网。几大虚拟化厂商的代理商越来越重视客户对虚拟化解决方案需求的分析，因此也不局限于仅代理一家厂商的虚拟化产品。国内典型的虚拟化厂商及产品介绍如下。

1. 华为 FusionCompute

华为 FusionCompute 是云操作系统基础软件，主要由虚拟化基础平台和云基础服务平台组成，主要负责硬件资源的虚拟化，以及对虚拟资源、业务资源、用户资源进行集中管理。它采用虚拟计算、虚拟存储、虚拟网络等技术，完成计算资源、存储资源、网络资源的虚拟化；同时，通过统一的接口对这些资源进行集中调度和管理，从而降低业务的运行成本，保证系统的安全性和可靠性，协助运营商和企业客户构建安全、绿色、节能的云数据中心。华为 FusionCompute 采用虚拟化管理软件，将计算资源、存储资源和网络资源划分为多个虚拟机资源，为用户提供高性能、可运营、可管理的虚拟机。华为 FusionCompute 支持虚拟机资源按需分配，支持服务质量（Quality of Service，QoS）策略，以保障虚拟机资源分配。

华为 FusionCompute 的特点如下。

（1）大容量、大集群，支持多种硬件设备

华为 FusionCompute 具有业界最大集群容量，单个逻辑计算集群可以支持 128 台物理主机，最多可支持 3200 台物理主机。它支持基于 x86 硬件平台的服务器且兼容业界主流存储设备，可供运营商和企业灵活选择硬件平台；同时，通过 IT 资源调度、热管理、能耗管理等一体化集中管理，大大降低了维护成本。

（2）跨域自动化调度，保障客户服务水平

华为 FusionCompute 支持跨域资源管理，实现全网资源的集中统一管理，同时支持自定义的资源管理 SLA 策略、故障判断标准及恢复策略。它根据不同的地域、角色和权限等，提供完善的分权分域管理功能。不同地区分支机构的用户可以被授权只能管理本地资源。跨域调度利用弹性互联网协议（Internet Protocol，IP）地址，支持在 3 层网络下实现跨不同网络域的虚拟机资源调度。华为 FusionCompute 可自动检测服务器或业务的负载情况，对资源进行智能调度，均衡各服务器及业务系统负载，保证系统良好的用户体验和业务系统的最佳响应。

（3）丰富的运维管理，精细化计费

华为 FusionCompute 提供多种运营工具，实现业务的可控、可管，提高整个系统运营的效率；并对不同的业务类型进行精细化计费，帮助客户实现精细运营。它支持"黑匣子"快速故障定位，系统通过获取异常日志和程序堆栈，缩短问题定位时间，快速解决异常问题；支持自动化健康检查，系统通过自动化的健康状态检查，及时发现故障并预警，确保虚拟机可运营管理；支持全 Web 化的界面，通过 Web 浏览器对所有硬件资源、虚拟资源、用户业务发放等进行监控、管理；支持按 IT 资源（CPU、内存、存储等资源）用量计费、按时间计费。

2. 新华三 H3C CAS

新华三 H3C CAS 为 H3C 基于 KVM 开发的云管理平台，主要用于计算虚拟化。KVM 只实现基本的虚拟化功能，H3C 在 KVM 原生的虚拟化功能基础上加上了虚拟机集群资源管理、资源监控、高可靠性等特性。新华三 H3C CAS 虚拟化软件是 H3C 面向数据中心自主研发的企业级虚拟化软件，可提供强大的虚拟化功能和资源池管理能力，能有效整合数据中心 IT 基础设施资源，采用简单易用的管理界面降低 IT 管理的复杂度，为用户提供成本更低、可靠性更高、维护更简单的基础架构，使数据中心从传统架构向云架构平滑演进。新华三 H3C CAS 的特点如下。

（1）系统资源管理

新华三 H3C CAS 可以将物理机和虚拟机都组织到集群中进行统一的管理，同时可以监控集群下的物理机，一旦发生故障，就将物理机上的虚拟机迁移到其他的机器上，保证了高可用性。该平台还可以自动化地监测每台物理机的业务负载，当某台物理机上的资源不够用的时候，可以自动将虚拟机迁移到其他物理机上。

（2）高可靠性

所谓高可靠性指的是当服务器发生故障的时候，受影响的虚拟机将在集群中留有备用容量的其他主机上自动重启。

（3）集群高可用性

高可用（High Availability，HA）集群是双机集群系统的简称。HA 集群是保证业务连续性的有效解决方案，一般有两个或两个以上的节点，且分为活动节点及备用节点。所有的物理机都连接到共享存储上，可以把主机合并为集群。一旦某台主机发生故障，通过集群高可用性就可以进行虚拟机的迁移。

3. 中兴 ZXCLOUD iECS

中兴虚拟化软件平台 ZXCLOUD iECS 以 Xen 虚拟化技术作为虚拟化引擎，集成中兴电信级服务器操作系统、虚拟化管理套件、工具套件，为云计算解决方案提供全面的虚拟化能力支持。ZXCLOUD iECS 支持主流操作系统 Linux、Windows、Solaris 等；支持 x86、ARM、PowerPC 等多种架构的 CPU；支持 Intel VT 和 AMD-V 等硬件虚拟化技术；支持 HA、在线迁移、动态负载均衡、动态资源调整及节能管理等功能。ZXCLOUD iECS 包含资源虚拟化模块、系统安全模块、资源监控模块、负载均衡模块、能耗管理模块、虚拟机模块、虚拟机调度模块及资源统计模块等。

4. 深信服服务器虚拟化 aSV

深信服服务器虚拟化技术基于 KVM 技术，将服务器的物理硬件资源抽象成逻辑资源，让一台服务器变成几台甚至上百台相互隔离的虚拟服务器。这使得服务器不再受限于物理硬件上的界限，而是让 CPU、内存、磁盘、I/O 设备等硬件变成可以动态管理的资源池，从而实现服务器整合，提高资源利用率，简化系统管理，提高系统安全性，让 IT 对业务的变化更具适应力，保障业务连续、快速运行。

深信服提供的超融合业务承载解决方案 aSV，通过分布式架构充分保障业务的稳定性；通过业界先进的智能分层技术提供高性能数据读写的能力；通过统一资源管理与应用优化技术实现"运维无忧"，为用户提供敏捷高效、安全可靠的业务承载平台。

5. 云轴科技 ZStack

ZStack 是一款开源的 IaaS 产品，提供社区版与商业版，这也是很多开源产品提供服务的主要形式。除了基本的虚拟化功能外，ZStack 也提供私有云的相关功能，包括多租户、虚拟私有云（Virtual Private Cloud，VPC）、负载均衡等。ZStack 在为用户提供所需功能的同时，由于其采用了轻量与高效的架构，因此具备非常高的并发性及可扩展性，能够管控数万物理节点。

ZStack 与阿里云合作，共同提供混合云，能够在包括灾备、迁移、服务等场景中实现管理层面与数据层面完全打通的模式，为用户提供更灵活的 IT 基础设施方案。

1.2.8　虚拟化的优势与发展

在信息技术日新月异的今天，虚拟化技术之所以得到企业及个人的青睐，主要是因为虚拟化技术的功能特点有利于解决来自资源配置、业务管理等方面的难题。

1.　虚拟化的优势

虚拟化具有物理系统所没有的独特优势，具体表现在以下几个方面。

（1）提高利用效率

将一台物理机的资源分配给多台虚拟机，有效利用闲置资源。通过将基础架构进行资源池化，打破一个应用一台物理机的限制，大幅提升了资源的利用率。

（2）便于隔离应用

简化数据中心管理，构建 SDDC 时，数据中心经常使用一台服务器一个应用的模式。而通过服务器虚拟化提供的应用隔离功能，只需要几台物理服务器就可以建立足够多的虚拟服务器来解决一台服务器运行一个应用程序的问题。

（3）节约总体成本

使用虚拟化技术将物理机变成虚拟机，减少了物理机的数量，大大削减了采购计算机的数量，同时相应的使用空间和能耗都变小了，从而降低了总体成本。

（4）高可用性

大多数服务器虚拟化平台能够提供一系列物理服务器无法提供的高级功能，如实时迁移、存储迁移、容错，以及分布式资源管理，可用来保持业务延续和增加正常运行的时间，最大限度地减少或避免停机。

（5）灵活性和适应性

通过动态资源配置提高 IT 对业务的灵活适应能力，支持异构操作系统的整合，支持老旧应用的持续运行，降低迁移成本。

（6）灾难恢复能力

硬件抽象功能使得用户对硬件的需求不再锁定在某一厂商，在灾难恢复时就不需要寻找同样的硬件配置环境；物理服务器数量减少，在灾难恢复时工作量会小很多；多数企业级的服务器虚拟化平台会提供灾难发生时帮助系统自动恢复的软件。

（7）提高管理效率

基于虚拟化平台的高效管理工具，一个管理员可以轻松管理大量服务器的系统运行环境。管理员可以实现整个系统的单点控制，一次性完成系统的安装、配置、调试、扩容和升级管理工作，剩下的日常监控、管理和维护还可以依赖自动化运维工具实现。

（8）高可靠性

可以借助双机集群和容错系统，提升关键业务应用系统的可靠性。与双机集群相比，容错系统可以提供更高的可靠性，管理比较简单，故障排查非常方便。

2.　虚拟化的发展

虚拟化技术正逐渐在企业管理与业务运营中发挥至关重要的作用，不仅能够实现服务器与数据中心的快速部署与迁移，还能够体现出其透明管理的特点。例如，商业的虚拟化软件就是利用虚拟化技术实现资源复用和资源自动化管理的。该解决方案可以进行快速业务部署，灵活地为企业分配IT 资源，同时实现资源的统一管理与跨域管理，将企业从传统的人工运维管理模式逐渐转变为自动化运维模式。

虚拟化技术的重要地位使其发展成为业界关注的焦点。在技术发展层面，虚拟化技术的发展有四大趋势，分别是平台开放化、连接协议标准化、客户终端硬件化及公有云私有化。平台开放化是指将封闭架构的基础平台，通过虚拟化管理平台使多家厂商的虚拟机在开放平台下共存，不同厂商可以在平台上实现丰富的应用；连接协议标准化旨在解决目前多种连接协议（VMware 的 PCoIP，Citrix 的 ICA、HDX 等）在公有云桌面的情况下出现的终端兼容性复杂化问题，从而解决终端和云平台之间的兼容问题，优化产业链结构；用户终端硬件化是指针对桌面虚拟化和应用虚拟化的用户多媒体体验缺少硬件支持的情况，逐渐完善终端芯片技术，将虚拟化技术落地于移动终端上；公有云私有化是指通过特定技术将企业的 IT 架构变成叠加在公有云基础上的"私有云"，在不牺牲公有云便利性的基础上，保证私有云对企业数据安全性的支持。目前，以上趋势已在许多企业的虚拟化解决方案中得到体现。

在硬件层面，主要从以下几个方面看虚拟化的发展趋势。首先，IT 市场有竞争力的虚拟化解决方案正趋于成熟，使得仍没有采用虚拟化技术的企业有了可靠的选择；其次，可供选择的解决方案提供商逐渐增多，因此更多的企业在考虑成本和潜在锁定问题时开始采取"第二供货源"的策略，异构虚拟化管理正逐渐成为企业虚拟化管理的趋势所在；最后，市场需求使得定价模式不断变化，从原先的完全基于处理器物理性能来定价，逐渐转变为给予虚拟资源更多关注，定价模式从另一个角度体现出了虚拟化的发展趋势。在虚拟化技术不断革新的大趋势下，考虑到不同的垂直应用行业，许多虚拟化解决方案提供商已经提出了不同的针对行业的解决方案：一是面向运营商、高等院校、能源电力行业的服务器虚拟化，主要以提高资源利用率、简化系统管理、实现服务器整合为目的；二是桌面虚拟化，主要面向金融及保险行业、工业制造机构和行政机构，帮助用户在无须安装操作系统和应用软件的基础上，在虚拟系统中完成各种应用工作；三是应用虚拟化、存储虚拟化和网络虚拟化的全面整合，面向一些涉及工业制造和绘图设计的行业用户，它的使用场景在于，这些用户只需虚拟化一两款应用软件，而不用虚拟化整个桌面。

在虚拟化技术飞速发展的今天，把握虚拟化市场趋势，在了解市场格局与用户需求的情况下寻找极优的虚拟化解决方案，已成为企业资源管理配置的重中之重。

1.3 项目实施

1.3.1 物理服务器虚拟化安装与配置

物理服务器的配置与普通计算机的配置是有所不同的，通常情况下物理服务器都有会一个控制管理平台。以华为服务器 2288H V5 为例，其默认的管理 IP 地址是 192.168.2.100/24，默认的用户名是 root，密码是 Huawei12#$。

1. 物理服务器控制台管理

物理服务器控制台的管理 IP 地址、用户名、密码都可以修改。这里我们以华为服务器 2288H V5 为例进行讲解，假设其管理 IP 地址为 10.255.2.200。

V1-7　物理服务器
控制台管理

（1）在浏览器（建议使用谷歌浏览器）的地址栏中输入"10.255.2.200"，进入服务器控制台登录界面，如图 1.19 所示。输入用户名和密码，单击"登录"按钮，进入服务器控制台管理界面，如图 1.20 所示。

（2）在服务器控制台管理界面中，选择"系统管理"菜单，如图 1.21 所示，可以进行系统管理、性能监控、存储管理、电源&功率、风扇&散热、BIOS 配置等相关操作。选择"维护诊断"菜单，如图 1.22 所示，可以进行告警&事件、告警上报、FDM PFAE、录像截屏、系统日志、iBMC日志、工作记录等相关操作。

图 1.19　服务器控制台登录界面　　　　图 1.20　服务器控制台管理界面

图 1.21　"系统管理"菜单　　　　　　图 1.22　"维护诊断"菜单

（3）在服务器控制台管理界面中，选择"用户&安全"菜单，如图 1.23 所示，可以进行本地用户、LDAP、Kerberos、双因素认证、在线用户、安全配置等相关操作。选择"服务管理"菜单，如图 1.24 所示，可以进行端口服务、Web 服务、虚拟控制台、虚拟媒体、VNC、SNMP 等相关操作。

图 1.23　"用户&安全"菜单　　　　　　图 1.24　"服务管理"菜单

（4）在服务器控制台管理界面中，选择"iBMC 管理"菜单，如图 1.25 所示，可以进行网络配置、时区&NTP、固件升级、配置更新、语言管理、许可证管理、iBMA 管理等相关操作。在服务器控制台管理界面右上角单击 图标，打开"强制重启"菜单，如图 1.26 所示，可以进行下电、强制下电、强制重启、强制下电再上电等相关操作。

图 1.25　"iBMC 管理"菜单　　　　　　图 1.26　"强制重启"菜单

（5）在服务器控制台管理界面中，选择"首页"菜单，拖动界面右侧的滚动条，在"虚拟控制台"区域，单击"启动虚拟控制台"按钮，选择"HTML5 集成远程控制台（独占）"选项，如图 1.27 所示，可以进入相应的服务器操作系统界面，如图 1.28 所示。

图 1.27　启动虚拟控制台

图 1.28　服务器操作系统界面

2. 服务器虚拟化驱动器管理

初次安装物理服务器时，需要对服务器基本输入输出系统（Basic Input/Output System，BIOS）进行相应的设置。

（1）在服务器控制台管理界面或在服务器操作系统界面工具栏中，选择"强制重启"选项，会重新启动服务器，弹出强制重启"确认"对话框，如图 1.29 所示。单击"确定"按钮，服务器重新启动，其界面如图 1.30 所示。

V1-8　服务器
虚拟化驱动器管理

图 1.29　强制重启"确认"对话框

图 1.30　服务器重新启动界面

（2）在服务器重新启动的过程中，会出现相应的提示信息，按 Delete 键，在进入 BIOS 设置界面之前，会弹出输入密码对话框，如图 1.31 所示。输入相应的密码，弹出密码确认对话框，如图 1.32 所示。

图 1.31　输入密码对话框

图 1.32　密码确认对话框

（3）在密码确认对话框中，单击"OK"按钮，进入 BIOS 设置界面，如图 1.33 所示。选择"Device Manager"选项，进入"Device Manager"界面，如图 1.34 所示。注：在 BIOS 设置界面中只能使用键盘进行操作，F1 键表示查看帮助，Esc 键表示退出（即返回上一级操作），Enter 键表示选择相应选项，方向键可以选择上、下、左、右的选项。

图 1.33　BIOS 设置界面　　　　　　　　　图 1.34　"Device Manager"界面

（4）在"Device Manager"界面中，选择"AVAGO<SAS3508>Configuration Utility-07.14.06.02"选项，进入"AVAGO<SAS3508>Configuration Utility-07.14.06.02"界面，如图 1.35 所示。选择"Main Menu"选项，进入"Main Menu"界面，如图 1.36 所示。

图 1.35　"AVAGO<SAS3508>Configuration Utility-　　图 1.36　"Main Menu"界面
　　　　　07.14.06.02"界面

（5）在"Main Menu"界面中，选择"Configuration Management"选项，进入"Configuration Management"界面，如图 1.37 所示。选择"View Drive Group Properties"选项，进入"View Drive Group Properties"界面，如图 1.38 所示，可以查看当前磁盘分区情况。

图 1.37　"Configuration Management"界面　图 1.38　"View Drive Group Properties"界面

（6）在"View Drive Group Properties"界面中，按 Esc 键返回"Configuration Management"界面，选择"Clear Configuration"选项，进入"Warning"界面，如图 1.39 所示。选择"Confirm"选项，按 Enter 键，将其状态由"Disabled"变为"Enabled"，如图 1.40 所示，可以查看当前磁盘分区情况。

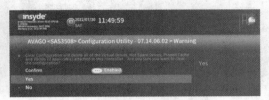

图 1.39 "Warning"界面　　　　　　　图 1.40 "Confirm"选项状态切换

（7）在"Warning"界面中，选择"Yes"选项，进入"Success"界面，如图 1.41 所示。选择"OK"选项，按 Enter 键，返回"Configuration Management"界面，如图 1.42 所示。

图 1.41 "Success"界面　　　　　　　图 1.42 "Configuration Management"界面

（8）在"Configuration Management"界面中，选择"Create Virtual Drive"选项，进入"Create Virtual Drive"界面，如图 1.43 所示。选择"Select RAID Level"选项，进入"Select RAID Level"界面，如图 1.44 所示。

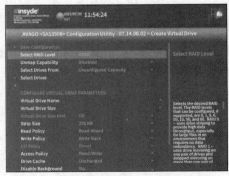

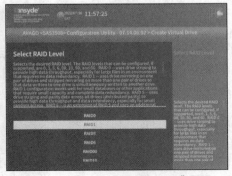

图 1.43 "Create Virtual Drive"界面　　　　图 1.44 "Select RAID Level"界面

（9）在"Select RAID Level"界面中，选择"RAID1"选项，返回"Create Virtual Drive"界面，选择"Select Drives"选项，进入"Select Drives"界面，如图 1.45 所示。选择上面两块

固态硬盘（Solid State Disk，SSD）作为磁盘 RAID1（注：此磁盘分区将作为系统盘 C:\），将磁盘的"Disabled"变为"Enabled"状态，如图 1.46 所示。

图 1.45 "Select Drives"界面

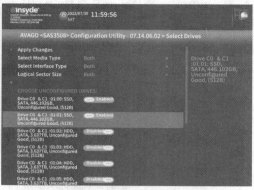
图 1.46 选择作为 RAID1 磁盘的 SSD

（10）在"Select Drives"界面中，选择"Apply Changes"选项，进入"Success"界面，如图 1.47 所示。单击"OK"按钮，返回"Create Virtual Drive"界面，如图 1.48 所示。

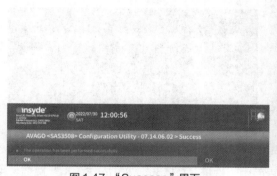
图 1.47 "Success"界面

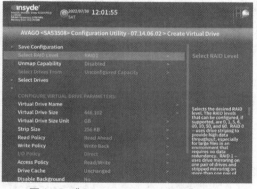
图 1.48 "Create Virtual Drive"界面

（11）在"Create Virtual Drive"界面中，选择"Save Configuration"选项，进入"Warning"界面，选择"Confirm"选项，按 Enter 键，使其状态由"Disabled"变为"Enabled"。选择"Yes"选项，进入"Success"界面，单击"OK"按钮，返回"Create Virtual Drive"界面，完成磁盘RAID1 的保存操作。

（12）将剩余的磁盘作为数据存储盘，磁盘 RAID5 的操作与磁盘 RAID1 的操作类似，在"Create Virtual Drive"界面中，选择"Select RAID Level"选项，进入"Select RAID Level"界面，选择"RAID5"选项，如图 1.49 所示。返回"Create Virtual Drive"界面，选择"Select Drives"选项，进入"Select Drives"界面，选择"Check All"选项，将剩余磁盘的状态由"Disabled"变为"Enabled"，如图 1.50 所示。

（13）在"Select Drives"界面中，选择"Apply Changes"选项，进入"Success"界面；单击"OK"按钮，返回"Create Virtual Drive"界面；选择"Save Configuration"选项，进入"Warning"界面；选择"Confirm"选项，将其状态由"Disabled"变为"Enabled"，选择"Yes"选项，进入"Success"界面，如图 1.51 所示；单击"OK"按钮，进入"Create Virtual Drive"界面，提示虚拟磁盘已经全部创建成功。至此，物理服务器虚拟化分区管理设置已全部完成，按 Esc键，返回"Configuration Management"界面，持续按 Esc 键，最后退出 BIOS 设置界面。

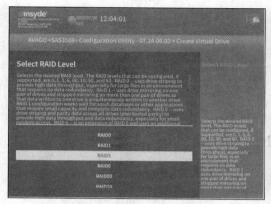

图 1.49 "Select RAID Level"界面

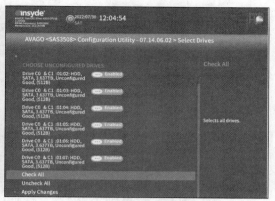

图 1.50 "Select Drives"界面

图 1.51 "Success"界面

3. 服务器 BIOS 配置管理

服务器 BIOS 管理设置操作如下。

（1）进入服务器 BIOS 设置界面，选择"BIOS Configuration"选项，如图 1.52 所示，进入"BIOS Configuration"界面。选择"Security"→"Manage Supervisor Password"选项，如图 1.53 所示，可以设置进入 BIOS 的管理密码。

V1-9 服务器
BIOS 配置管理

图 1.52 选择"BIOS Configuration"选项

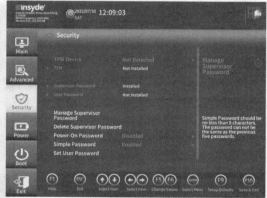

图 1.53 选择"Manage Supervisor Password"选项

（2）根据提示信息输入"Manage Supervisor Password"的旧密码和新密码，单击"OK"按钮，如图 1.54 所示。选择"Boot"→"Boot Sequence"选项，设置系统启动引导顺序，如图 1.55 所示。

（3）在"Boot Sequence"窗口中，按 F5 键或 F6 键改变系统启动引导顺序，如图 1.56 所示。选择"Exit"→"Save Changes & Exit"选项，如图 1.57 所示，或按 F10 键，保存设置后退出 BIOS 设置界面。

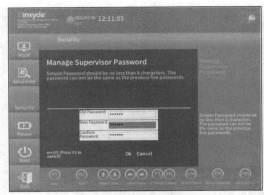

图1.54　设置 BIOS 密码

图1.55　设置系统启动引导顺序

图1.56　改变系统启动引导顺序

图1.57　"Save Changes & Exit"选项

1.3.2　Windows Server 2019 操作系统安装

在物理服务器上安装 Windows Server 2019 操作系统，其安装操作过程如下。

（1）完成物理服务器虚拟化驱动器管理，下载需要安装操作系统的镜像文件，将镜像文件保存在本地磁盘中，单击控制台工具栏中的 ● 图标，查找本地镜像文件。例如，选择操作系统的镜像文件 datacenter_windows_server_2019_x64_dvd_c1ffb46c.iso，单击"连接"按钮，如图 1.58 所示。单击控制台工具栏中的 ● 图标，选择"强制重启"选项，强制重启服务器，如图 1.59 所示。

V1-10　Windows Server 2019 操作系统安装

图1.58　连接镜像文件

图1.59　强制重启服务器

（2）物理服务器重启后，会有相应的提示信息，按 F11 键，进入提示信息界面，可以选择系统的启动顺序，如图 1.60 所示。输入密码并确认后，进入"Boot Manager"界面，如图 1.61 所示。

图 1.60 提示信息界面

图 1.61 "Boot Manager"界面

（3）在"Boot Manager"界面中，选择虚拟光驱"EFI USB Device（Virtual DVD-ROM VM 1.1.0）"选项，按 Enter 键，提示按任意键从 CD 或 DVD 进行安装，如图 1.62 所示。注：可以先进行 BIOS 设置，将光驱启动作为系统的第一引导项。按任意键进行操作系统安装，进入"Windows Boot Manager"界面，如图 1.63 所示。

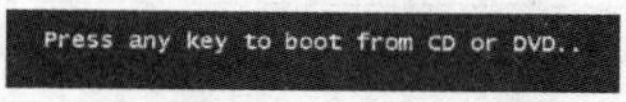

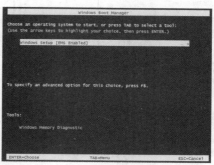

图 1.62 提示按任意键从 CD 或 DVD 进行安装

图 1.63 "Windows Boot Manager"界面

（4）在"Windows Boot Manager"界面中，选择"Windows Setup [EMS Enabled]"选项，按 Enter 键，弹出"Windows 安装程序"窗口，如图 1.64 所示。单击"下一步"按钮，进入"Windows Server 2019"界面，如图 1.65 所示。

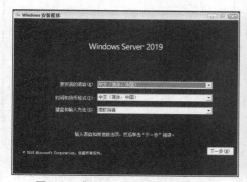

图 1.64 "Windows 安装程序"窗口

图 1.65 "Windows Server 2019"界面

（5）在"Windows Server 2019"界面中，单击"现在安装"按钮，进入"激活 Windows"界面，如图 1.66 所示。输入产品密钥后，单击"下一步"按钮，进入"选择要安装的操作系统"界面，如图 1.67 所示。

图 1.66 "激活 Windows"界面

图 1.67 "选择要安装的操作系统"界面

（6）在"选择要安装的操作系统"界面中，选择要安装的版本，选择完成单击"下一步"按钮，进入"适用的声明和许可条款"界面，如图 1.68 所示。勾选"我接受许可条款"复选框，单击"下一步"按钮，弹出"你想执行哪种类型的安装？"界面，如图 1.69 所示。

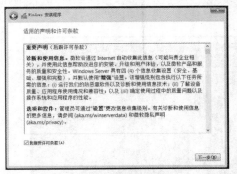

图 1.68 "适用的声明和许可条款"界面

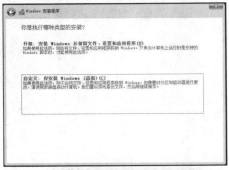

图 1.69 "你想执行哪种类型的安装？"界面

（7）在"你想执行哪种类型的安装？"界面中，选择"自定义：仅安装 Windows（高级）"选项，进入"你想将 Windows 安装在哪里？"界面，如图 1.70 所示。选择相应的分区，单击"下一步"按钮，进入"正在安装 Windows"界面，如图 1.71 所示。

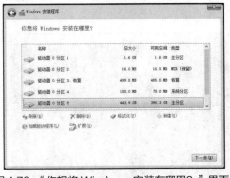

图 1.70 "你想将 Windows 安装在哪里？"界面

图 1.71 "正在安装 Windows"界面

（8）操作系统安装完成后，系统自动重新启动，进入"自定义设置"界面，如图 1.72 所示。设置用户名和密码，单击"完成"按钮，进入 Windows 登录界面，如图 1.73 所示。

（9）在 Windows 登录界面中，将鼠标指针移动到界面的最上方，会自动出现控制台工具栏，单击图标，选择"Ctrl+Alt+Del"选项，进入 Administrator 登录界面，如图 1.74 所示。输入密码，按 Enter 键，进入 Windows Server 2019 操作系统桌面，如图 1.75 所示。

图 1.72 "自定义设置"界面

图 1.73 Windows 登录界面

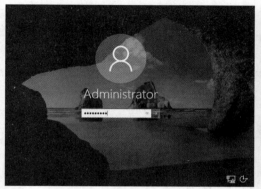

图 1.74 Administrator 登录界面

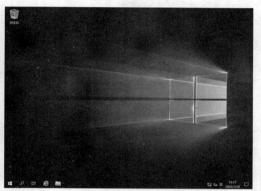

图 1.75 Windows Server 2019 操作系统桌面

项目小结

本项目主要由 8 项【必备知识】和 2 项【项目实施】组成。

必备知识 1.2.1 虚拟化基本概念和应用，主要讲解虚拟化的基本概念、基于 Linux 内核的虚拟化解决方案、Libvirt 套件、虚拟化的应用。

必备知识 1.2.2 虚拟化与虚拟机，主要讲解虚拟化体系结构、Hypervisor 的分类、虚拟机文件、虚拟机的主要特点、虚拟机的应用。

必备知识 1.2.3 虚拟化与数据中心，主要讲解传统数据中心、新一代数据中心、软件定义数据中心、虚拟数据中心。

必备知识 1.2.4 虚拟化与云计算，主要讲解云计算的起源、无处不在的云计算、云计算的基本概念、云计算的主要特点、云计算与虚拟化的关系、云计算中的虚拟化、云计算的优势、云计算的生态系统。

必备知识 1.2.5 虚拟化集群，主要讲解负载均衡、高可用性、易扩容性。

必备知识 1.2.6 企业级虚拟化解决方案，主要讲解 VMware 虚拟化产品、微软 Hyper-V、Linux KVM、Citrix 虚拟化产品。

必备知识 1.2.7 典型的虚拟化厂商及产品，主要讲解华为 FusionCompute、新华三 H3C CAS、中兴 ZXCLOUD iECS、深信服服务器虚拟化、云轴科技 ZStack。

必备知识 1.2.8 虚拟化的优势与发展，主要讲解虚拟化的优势、虚拟化的发展。

项目实施 1.3.1 物理服务器虚拟化安装与配置，主要训练读者管理和设置物理服务器控制台、服务器虚拟化驱动器，以及服务器 BIOS 的能力。

项目实施 1.3.2 Windows Server 2019 操作系统安装，主要讲解在物理服务器上安装 Windows Server 2019 操作系统的过程。

课后习题

1. 选择题

（1）ESXi 产品属于（　　）。

    A. 微软公司   B. Citrix 公司   C. VMware 公司   D. Red Hat 公司

（2）XenServer 产品属于（　　）。

    A. 微软公司   B. Citrix 公司   C. VMware 公司   D. Red Hat 公司

（3）Hyper-V 产品属于（　　）。

    A. 微软公司   B. Citrix 公司   C. VMware 公司   D. Red Hat 公司

（4）KVM 产品属于（　　）。

    A. 微软公司   B. Citrix 公司   C. VMware 公司   D. Red Hat 公司

（5）在虚拟机中，<VMname>.vmx 文件属于（　　）。

    A. 虚拟系统配置文件   B. 虚拟机内存文件

    C. 虚拟磁盘文件   D. 虚拟机状态文件

（6）在虚拟机中，<VMname>.vmdk 文件属于（　　）。

    A. 虚拟系统配置文件   B. 虚拟机内存文件

    C. 虚拟磁盘文件   D. 虚拟机状态文件

（7）在虚拟机中，<VMname>.vmem 文件属于（　　）。

    A. 虚拟系统配置文件   B. 虚拟机内存文件

    C. 虚拟磁盘文件   D. 虚拟机状态文件

（8）云计算服务模式不包括（　　）。

    A. IaaS   B. PaaS   C. SaaS   D. LaaS

（9）PaaS 是指（　　）。

    A. 基础设施即服务 B. 平台即服务   C. 软件即服务   D. 安全即服务

（10）【多选】虚拟化分类包括（　　）。

    A. 资源虚拟化   B. 应用程序虚拟化   C. 存储虚拟化   D. 网络虚拟化

（11）【多选】从部署类型角度可以把云计算分为（　　）3 类。

    A. 公有云   B. 私有云   C. 金融云   D. 混合云

（12）【多选】云计算的生态系统主要涉及（　　）。

    A. 硬件   B. 软件   C. 服务   D. 网络

2. 简答题

（1）简述虚拟化定义及其分类。

（2）简述虚拟机的主要特点及其应用。

（3）简述云计算的定义。

（4）简述云计算的服务模式及其部署类型。

（5）简述企业级虚拟化解决方案。

（6）简述典型虚拟化厂商及产品。

项目2
VMware虚拟机配置与管理

02

【学习目标】

- 了解VMware Workstation概述、VMware Workstation虚拟网络组件、VMware Workstation虚拟网络结构以及VMware Workstation虚拟网络模式等相关理论知识。
- 掌握VMware Workstation安装、CentOS 7安装、系统克隆与快照管理、SecureCRT与SecureFX配置管理、配置和维护虚拟磁盘等相关知识与技能。
- 掌握虚拟机与主机系统之间传输文件以及VMware Tools安装配置等相关知识与技能。

【素养目标】

- 培养工匠精神，要求做事严谨、精益求精、着眼细节、爱岗敬业。
- 树立团队互助、进取合作的意识。

2.1 项目描述

    VMware Workstation 是 VMware 公司开发的一款功能强大的桌面虚拟化软件产品，为用户提供可在单一的桌面上同时运行不同的操作系统和进行开发、测试、部署新的应用程序的极佳解决方案，旨在提供行业内最稳定及最安全的桌面虚拟化平台。VMware Workstation 可在一台实体机器上模拟完整的网络环境，以及可便于携带的虚拟机器，其更好的灵活性与先进的技术胜过了市面上其他的虚拟机软件。对企业的 IT 开发人员和系统管理员而言，VMware Workstation 在虚拟网络、实时快照、拖曳共享文件夹等方面的突出特点使它成为必不可少的工具。作为开发测试平台，它提供了特别广泛的操作系统支持，甚至可以构建跨平台的云级应用，测试不同的操作系统和浏览器的兼容性。本项目讲解 VMware Workstation 概述、VMware Workstation 虚拟网络组件、VMware Workstation 虚拟网络结构以及 VMware Workstation 虚拟网络模式等相关理论知识，项目实施部分讲解 VMware Workstation 安装、CentOS 7 安装、系统克隆与快照管理、SecureCRT 与 SecureFX 配置管理、配置和维护虚拟磁盘、虚拟机与主机系统之间传输文件以及VMware Tools 安装配置等相关知识与技能。

2.2 必备知识

2.2.1 VMware Workstation 概述

VMware Workstation 允许操作系统和应用程序在一个虚拟机内部运行。虚拟机是独立运行主机操作系统的离散环境。在 VMware Workstation 中，用户可以在一个窗口中运行一个虚拟机，它可以运行自己的操作系统和应用程序。用户可以在运行于桌面上的多个虚拟机之间切换，通过一个网络（如某公司局域网）共享。挂起、恢复及退出虚拟机都不会影响用户的主机操作、主机正在运行的应用程序或者其他虚拟机。

VMware Workstation 的开发商为 VMware，中文名为"威睿"。VMware Workstation 就是以开发商 VMware 作为开头名称的，Workstation 的含义为"工作站"，因此 VMware Workstation 中文名称为"威睿工作站"。VMware 成立于 1998 年，为 EMC 公司的子公司，总部设在美国加利福尼亚州帕洛阿尔托市，是全球桌面到数据中心虚拟化解决方案的领导厂商，也是全球虚拟化和云基础架构的领导厂商，还是全球第一大虚拟机软件厂商。多年来，VMware 开发的 VMware Workstation 产品一直受到全球众多用户的认可，该产品可以使用户在一台机器上同时运行两个或更多的操作系统，如 Windows、磁盘操作系统（Disk Operating System，DOS）、Linux、macOS。与多启动系统相比，VMware 采用了完全不同的概念。多启动系统在一个时刻只能运行一个系统，在切换系统时需要重新启动机器。VMware 是真正"同时"运行多个操作系统在主系统的平台上，可像标准 Windows 应用程序那样进行切换。此外，每个操作系统的用户都可以进行虚拟的分区、配置而不影响真实硬盘的数据，用户甚至可以通过网卡将几个虚拟机连接为一个局域网，操作极其方便。因此，VMware 也坐上了全球第四大计算机软件公司的宝座。全球第一大计算机软件提供商微软公司原董事长比尔·盖茨（Bill Gates）表示，VMware Workstation 是一款非常强大的虚拟机软件。

1. VMware Workstation 的优点与缺点

VMware Workstation 的优点与缺点如下。

（1）计算机虚拟能力、性能与物理机隔离效果非常优秀。

（2）功能非常全面，适合计算机专业人员使用。

（3）操作界面简单明了，适合各种计算机领域的用户使用。

（4）体积庞大，安装耗时较久。

（5）使用时占用的物理机资源较多。

2. VMware Workstation 虚拟化提高了 IT 效率和可靠性

业务增长总是要求 IT 基础设施不断扩展，经常需要增加服务器以支持新应用，这会导致许多服务器无法得到充分利用，进而致使网络管理成本增加，灵活性和可靠性降低。

虚拟化可以减缓服务器数量的增加，简化服务器管理，同时明显提高服务器利用率、网络灵活性和可靠性。将多种应用整合到少量企业级服务器上即可实现这一目标。

通过整合及虚拟化，数百台服务器可以减少至数十台。10%甚至更低的服务器利用率将提高到60%或更高。

3. VMware Workstation 安装的系统要求

VMware Workstation 可以创建完全隔离、安全的虚拟机来封装操作系统及其应用。VMware 虚拟化层将物理硬件资源映射为虚拟机的资源，每个虚拟机都有自己的 CPU、内存、磁盘和 I/O 设备，完全等同于一台标准的 x86 计算机。VMware Workstation 安装在主机操作系统上，并通过继承主机的设备支持来提供广泛的硬件支持。能够在标准 PC 上运行的任何应用都可以在 VMware Workstation 中运行。

VMware Workstation 产品涵盖 Windows、Linux 和 macOS 等操作系统，其中 macOS 版本称为 VMware Fusion。VMware Workstation 版本升级到 12.0 时，改称为 VMware Workstation Pro，现在市场上的主流版本为 VMware Workstation 16.2.4。下面将以 VMware Workstation 16 Pro 为例进行讲解。

安装 VMware Workstation 时的系统要求如下。

（1）硬件要求

① 内存至少为 2GB，建议内存为 4GB。

② 1.3GHz 或更高的 CPU 频率。

③ 64 位 x86 Intel Core 2 双核处理器或同等级别的处理器，AMD Athlon 64 FX 双核处理器或同等级别的处理器。

（2）主机操作系统

Windows 版本的 VMware Workstation 16 Pro 要求主机运行在 64 位操作系统上，支持 Windows 8、Windows10、Windows 11 Windows Server 2012～Windows Server 2019。

（3）客户操作系统

支持 200 多种客户操作系统，包括 32 位的 Windows 和 Linux 操作系统。

2.2.2　VMware Workstation 虚拟网络组件

VMware Workstation 可在一台物理机上组建若干虚拟网络，模拟完整的网络环境，非常便于测试网络应用。建议在需要搭建多种网络环境时，使用 VMware Workstation 组建虚拟网络进行测试。

与物理网络一样，要想组建虚拟网络，必须有相应的网络组件。在 VMware Workstation 安装过程中，已在主机系统中安装了用于网络连接配置的软件。在 VMware 虚拟网络中，各种虚拟网络组件由此软件来充当。

1. 虚拟交换机

如同物理网络交换机一样，虚拟交换机用于连接各种网络设备或计算机。在 Windows 主机系统中，VMware Workstation 最多可创建 20 个虚拟交换机，一个虚拟交换机对应一个虚拟网络。虚拟交换机又称为虚拟网络，其名称为 VMnet0、VMnet1、VMnet2，以此类推。VMware Workstation 可将预置的虚拟交换机映射到特定的网络。

2. 虚拟机虚拟网卡

创建虚拟机时自动为虚拟机创建虚拟网卡（虚拟网络适配器），一个虚拟机最多可以安装 20 个虚拟网卡，以连接到不同的虚拟交换机。

3. 主机虚拟网卡

VMware Workstation 主机除了可以安装多个物理网卡外，还可以最多安装 20 个虚拟网卡。主机虚拟网卡连接到虚拟交换机以加入虚拟网络，实现主机与虚拟机之间的通信。主机虚拟网卡与虚拟交换机是一一对应的关系，添加虚拟网络（虚拟交换机）时，在主机系统中自动安装相应的虚拟网卡。

4. 虚拟网桥

通过虚拟网桥，可以将 VMware 虚拟机连接到 VMware Workstation 主机所在的局域网中。这是一种桥接模式，直接将虚拟机连接到主机的物理网卡上。默认情况下，名为 VMnet0 的虚拟网络支持虚拟网桥，虚拟网桥不会在主机中创建虚拟网卡。

5. 虚拟 NAT 设备

虚拟网络地址转换（Network Address Translation，NAT）设备用于实现虚拟网络中的虚拟机共享主机的一个 IP 地址（主机虚拟网卡的 IP 地址），以连接到主机外部网络（Internet）。NAT 还支持端口转发，以使外部网络用户能通过 NAT 访问虚拟网络内部资源。VMware 的虚拟网络 VMnet8 支持 NAT 模式。

6. 虚拟 DHCP 服务器

对于非桥接模式的虚拟机，可通过虚拟动态主机配置协议（Dynamic Host Configuration Protocol，DHCP）服务器自动为它们分配 IP 地址。

2.2.3　VMware Workstation 虚拟网络结构

通过使用各种 VMware Workstation 虚拟网络组件，可以在一台计算机上创建满足不同需求的虚拟网络环境。

1. 虚拟网络结构

一台 Windows 计算机最多可创建 20 个虚拟网络，每个虚拟网络以虚拟交换机为核心。主机通过物理网卡（桥接模式）或虚拟网卡连接到虚拟交换机，虚拟机通过虚拟网卡连接到虚拟交换机。这样就组成了虚拟网络，从而实现主机与虚拟机、虚拟机与虚拟机之间的网络通信。VMware Workstation 虚拟网络结构如图 2.1 所示，图中反映了各个虚拟网络组件之间的关系。

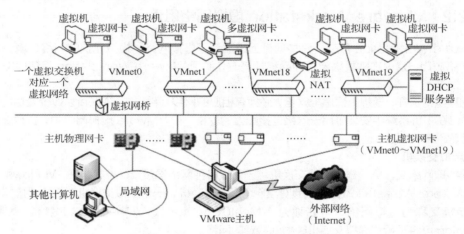

图 2.1　VMware Workstation 虚拟网络结构

在 Windows 主机上，一个虚拟网络可以连接的虚拟设备的数量不受限制，主机和虚拟机都可连接到多个虚拟网络，每个虚拟网络都有自己的 IP 地址范围。

为便于标识虚拟网络，VMware Workstation 将它们统一命名为 VMnet0～VMnet19。每个虚拟交换机对应一个虚拟网络，这实际上是通过主机配置对应的虚拟网卡来实现的，三者的名称都是相同的。虚拟机上的虚拟网卡要连接到某个虚拟网络，也要将其网络连接指向相应的虚拟网络名称。例如，要组建一个虚拟网络 VMnet5，会在主机上添加一个对应于 VMnet5 的虚拟网卡，确保该虚拟网卡连接到网络 VMnet5，并在虚拟机上将虚拟网卡的网络连接指向 VMnet5。

默认情况下，有 3 个虚拟网络由 VMware Workstation 进行特殊配置，它们分别对应 3 种标准的 VMware Workstation 虚拟网络模式，即桥接模式、NAT 模式和仅主机（Host-only）模式。默认桥接模式网络名称为 VMnet0，NAT 模式网络名称为 VMnet8，仅主机模式网络名称为 VMnet1。这 3 种网络在 VMware Workstation 安装时自动创建，VMnet2～VMnet7、VMnet9～

VMnet19 用于自定义虚拟网络。

2. 虚拟网络基本配置

采用 VMware Workstation 虚拟组网技术，可以灵活地创建各种类型的网络，其组网基本流程如下。

（1）规划网络结构，确定选择哪种组网模式。

（2）在 VMware Workstation 主机上设置虚拟网络，配置相应的虚拟网卡。

（3）根据需要在 VMware Workstation 主机上配置虚拟 DHCP 服务器、虚拟 NAT 设备及子网 IP 地址范围。

（4）在 VMware Workstation 虚拟机上配置虚拟网卡，使其连接到相应的虚拟网络。

（5）根据需要为 VMware Workstation 主机配置传输控制协议/互联网协议（Transmission Control Protocol/Internet Protocol，TCP/IP）。

3. 在 VMware Workstation 主机上设置虚拟网络

在为虚拟机配置网络连接之前，应根据需要在主机上对虚拟网络进行配置，这需要使用虚拟网络编辑器。

在 VMware Workstation 主界面中，选择"编辑"→"虚拟网络编辑器"选项，弹出"虚拟网络编辑器"对话框，如图 2.2 所示，其上部区域显示了当前已经创建的虚拟网络列表，默认已经创建了 3 个虚拟网络：VMnet0、VMnet1 和 VMnet8。

实际上，每个虚拟网络都与主机上的物理网卡（桥接模式）或虚拟网卡存在映射关系，添加虚拟网络的同时会在主机上创建对应名称的虚拟网卡。用户可以查看主机的网络连接，如图 2.3 所示，虚拟网络 VMnet1 和 VMnet8 分别与主机上的虚拟网卡 VMnet1 和 VMnet8 连接，VMnet0 没有直接显示，它与物理网卡进行桥接。默认的主机虚拟网卡名称有特殊前缀，如 VMware Virtual Ethernet Adapter for VMnet1。

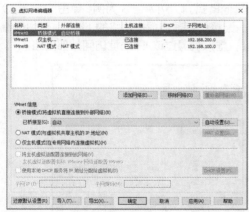

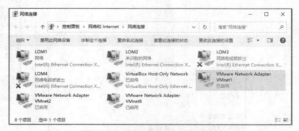

图 2.2 "虚拟网络编辑器"对话框 　　　　　　图 2.3 查看主机的网络连接

在"虚拟网络编辑器"对话框中可以添加或删除虚拟网络，或者修改现有虚拟网络配置，如为虚拟网络配置子网（包括子网 IP 地址和子网掩码）、DHCP 或 NAT。

这里以添加一个虚拟网络为例。在"虚拟网络编辑器"对话框中单击"添加网络"按钮，弹出"添加虚拟网络"对话框，如图 2.4 所示。从"选择要添加的网络"下拉列表中选择要添加的网络名称（如选择"VMnet2"选项），单击"确定"按钮，将该虚拟网络添加到"虚拟网络编辑器"对话框的虚拟网络列表中，如图 2.5 所示。再单击"确定"或"应用"按钮，完成虚拟网络的添加，并自动在主机中添加相应的虚拟网卡。如果删除虚拟网络，则主机中对应的虚拟网卡会被自动删除。

图 2.4 "添加虚拟网络"对话框

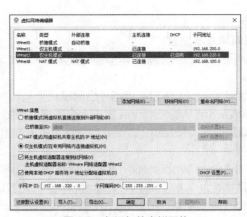

图 2.5 新添加的虚拟网络

在"虚拟网络编辑器"对话框的虚拟网络列表中选择一个虚拟网络，可以在下部区域中对其进行配置，单击"确定"或"应用"按钮使配置生效。这里将新添加的虚拟网络设置为仅主机模式，勾选"将主机虚拟适配器连接到此网络"复选框，表示将该虚拟网络与虚拟网卡关联起来。在"子网 IP"和"子网掩码"文本框中显示该虚拟网络设置 IP 地址的范围，一般根据需要修改其默认设置。

虚拟网络支持虚拟 DHCP 服务器，实现为虚拟机自动分配 IP 地址。勾选"使用本地 DHCP服务将 IP 地址分配给虚拟机"复选框以启用 DHCP，单击"DHCP 设置"按钮，弹出"DHCP 设置"对话框，如图 2.6 所示。从中可配置和管理该虚拟网络的 DHCP，包括可分配的 IP 地址范围和租用时间。

对于 NAT 模式的虚拟网络，可以设置 NAT，实现虚拟网络中的虚拟机共享主机的一个 IP 地址以连接到主机外部网络。只允许有一个虚拟网络采用 NAT 模式，默认是 VMnet8。如果要将其他虚拟网络设置为 NAT 模式，则需要先将 VMnet8 改为其他模式。以 VMnet8 为例，单击"NAT 设置"按钮，弹出"NAT 设置"对话框，如图 2.7 所示。配置和管理该虚拟网络的 NAT，其中最重要的是"网关 IP"，它用于设置所选网络的网关 IP 地址，虚拟机通过该 IP 地址访问外部网络。

图 2.6 "DHCP 设置"对话框

图 2.7 "NAT 设置"对话框

4. 在 VMware Workstation 虚拟机上设置虚拟网卡

通常在创建 VMware Workstation 虚拟机之后，要进入虚拟网络设置界面以进一步设置虚拟网卡的属性。在 VMware Workstation 主界面中选中某个虚拟机，选择"虚拟机"→"设置"选项，弹出"虚拟机设置"对话框，在"硬件"选项卡中可以进行内存、处理器、硬盘（NVMe）、CD/DVD（SATA）、网络适配器、USB 控制器、声卡、打印机、显示器等相关设置，如图 2.8 所示。如果要增加更多的虚拟网卡，则可在"虚拟机设置"对话框中单击"添加"按钮，根据提示选择"网络适配器"硬件类型，并设置网络连接类型。选择"选项"选项卡，可以进行常规、电源、共享文件夹、快照、自动保护、客户机隔离、访问控制、VMware Tools、VNC 连接、Unity、设备视图、自动登录、高级等相关设置，如图 2.9 所示。

图 2.8 "硬件"选项卡

图 2.9 "选项"选项卡

2.2.4 VMware Workstation 虚拟网络模式

VMware Workstation 虚拟网络模式包括桥接模式、NAT 模式和仅主机模式。

1. 桥接模式

基于桥接模式的 VMware Workstation 虚拟网络结构如图 2.10 所示。主机将虚拟网络（默认为 VMnet0）自动桥接到物理网卡，通过虚拟网桥实现网络互联，从而将虚拟网络并入主机所在网络。VMware 虚拟机通过虚拟网卡（默认为 VMnet0）连接到该虚拟网络（VMnet0），经虚拟网桥连接到主机所在网络。

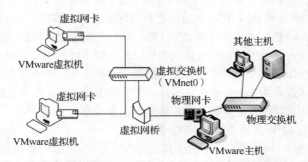

图 2.10 基于桥接模式的 VMware Workstation 虚拟网络结构

虚拟机与主机在该网络中的地位相同，被当作一台独立的物理机。虚拟机可与主机相互通信，透明地使用主机所在局域网中的任何可用服务，包括共享上网。它还可与主机所在网络上的其他计算机相互通信，虚拟机上的资源也可被主机所在网络中的任何主机访问。

如果主机位于以太网中，则这是一种很容易让虚拟机访问主机所在网络的组网模式。采用这种组网模式时，一般要进行如下设置。

（1）在主机上设置桥接

安装 VMware Workstation 时已经自动安装虚拟网桥。默认情况下，主机自动将 VMnet0 虚拟网络桥接到第 1 个可用的物理网卡。一个物理网卡只能桥接一个虚拟网络。如果主机上有多个物理网卡，那么可以自定义其他虚拟网桥以连接其他物理网卡。

在"虚拟网络编辑器"对话框的"已桥接至"下拉列表中选择要桥接的物理网卡。默认选择"自动"选项，单击"自动设置"按钮，可以进一步指定自动桥接的物理网卡（默认是第 1 个网卡）。

（2）在虚拟机上设置虚拟网卡的网络连接模式

将网络连接模式设置为桥接模式时，如果要连接到桥接模式的其他虚拟网络，则可选中"自定义：特定虚拟网络"单选按钮，并从列表中选择虚拟网络名称。

（3）为虚拟机配置 TCP/IP

基于桥接主机的虚拟机是主机所在以太网的一个节点，必须与主机位于同一个 IP 子网。如果网络中部署了 DHCP 服务器，则可以设置虚拟机自动获取 IP 地址及其他选项，否则需要手动设置 TCP/IP。

2. NAT 模式

使用 NAT 模式，就是让虚拟机借助 NAT 功能通过主机所在的网络来访问外网。基于 NAT 模式的 VMware Workstation 虚拟网络结构如图 2.11 所示。使用这种模式，VMware 可以身兼虚拟交换机、虚拟 NAT 设备和虚拟 DHCP 服务器 3 种角色。默认情况下，VMware 虚拟机通过虚拟网卡 VMnet8 连接到虚拟交换机 VMnet8，虚拟网络通过虚拟 NAT 设备共享 VMware 主机上的虚拟网卡 VMnet8，并连接到主机所连接的外部网络。

主机上会配置一个独立的专用网络

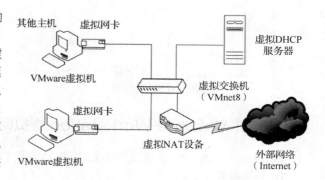

图 2.11　基于 NAT 模式的 VMware Workstation 虚拟网络结构

（虚拟网络 VMnet8），主机作为 VMnet8 的 NAT 网关，在虚拟网络 VMnet8 与主机所连接的网络之间转发数据。可以将虚拟网卡 VMnet8 看作连接到专用网络的网卡，将主机上的物理网卡看作连接到外网的网卡，而虚拟机本身则相当于运行在专用网络上的计算机。VMware NAT 设备可在一个或多个虚拟机与外部网络之间传送网络数据，能识别针对每个虚拟机的传入数据包，并将其发送到正确的目的地。这是一种让虚拟机单向访问主机、外网或本地网络资源的简单方法，但是网络中的其他主机不能访问虚拟机，而且效率比较低。如果希望在虚拟机中不用进行任何手动配置就能直接访问外部网络，则建议采用 NAT 模式。另外，主机系统通过非以太网适配器连接网络时，NAT 模式将非常有用。采用这种模式组网时，一般要进行以下设置。

（1）在主机上设置 DHCP 服务器和 NAT 设备

首先为虚拟网络选择 NAT 模式，然后配置使用虚拟 DHCP 服务器和 NAT 设备。虚拟机可通过虚拟 DHCP 服务器从该虚拟网络获取一个 IP 地址，也可以不使用虚拟 DHCP 服务器手动设置一个 IP 地址。

默认为 NAT 模式虚拟网络启用了 NAT 服务。NAT 设置的网关一定要与虚拟网络位于同一子网，一般采用默认值即可。也可以将 NAT 模式虚拟网络的 IP 子网设置为主机所在物理网络的 IP

子网。例如，主机物理网卡的 IP 地址为 192.168.100.100/24，可将虚拟网络的 IP 子网设置为 192.168.100.0，将子网掩码设置为 255.255.255.0。注意：不要与物理子网的 IP 地址发生冲突。

（2）在虚拟机上设置虚拟网卡的网络连接模式

使用新建虚拟机向导创建虚拟机时，默认使用 NAT 模式。

如果要修改连接模式，将网络连接模式设置为 NAT 模式，则可选中"自定义：特定虚拟网络"单选按钮，并从列表中选择 NAT 模式虚拟网络的名称。

（3）为虚拟机配置 TCP/IP

物理主机与虚拟机之间建立了一个专用网络。默认情况下，虚拟机通过虚拟 DHCP 服务器获得 IP 地址，以及默认网关、DNS 服务器等，这些都可在主机上通过设置 NAT 参数来实现。

如果没有启用虚拟 DHCP 服务器，则需要手动设置虚拟机的 IP 地址、子网掩码、默认网关与 DNS 服务器。默认网关设置为在"NAT 设置"对话框中指定的网关 IP 地址。

3. 仅主机模式

基于仅主机模式的 VMware Workstation 虚拟网络结构如图 2.12 所示。使用这种模式，VMware 身兼虚拟交换机和虚拟 DHCP 服务器两种角色。默认情况下，虚拟机通过 VMnet1 连接到虚拟交换机 VMnet1，主机上的虚拟网卡 VMnet1 连接到虚拟交换机 VMnet1。

虚拟机与主机一起组成一个专用的虚拟网络，但主机所在以太网中的其他主机不能与虚拟机进行网络通信。虚拟机对外只能访问到主机，主机与虚拟机之间以及虚拟机之间都可以相互通信。在默认配置中，这种模式的虚拟机

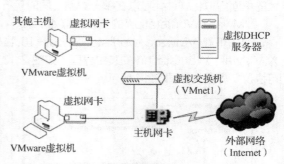

图 2.12　基于仅主机模式的 VMware Workstation 虚拟网络结构

无法连接外部网络。如果主机系统上安装了合适的路由或代理软件，则仍然可以在主机虚拟网卡和物理网卡之间建立连接，从而将虚拟机连接到外部网络。

仅主机模式适合建立一个完全独立于主机所在网络的虚拟网络，以便进行各种网络实验。采用这种模式组网时，一般要进行以下设置。

（1）在主机上设置子网 IP 地址和 DHCP 服务

首先为虚拟网络选择仅主机模式，然后根据需要更改子网 IP 地址设置。这种模式的网络可使用虚拟 DHCP 服务器为网络中的虚拟机（包括主机对应的虚拟网卡）自动分配 IP 地址。可以在主机上建立多个仅主机模式的虚拟网络。

（2）在虚拟机上设置虚拟网卡的网络连接模式

将网络连接模式设置为仅主机模式。选中"自定义：特定虚拟网络"单选按钮，并从列表中选择一个仅主机模式虚拟网络的名称。

（3）为虚拟机配置 TCP/IP

默认情况下，虚拟机通过虚拟 DHCP 服务器获得 IP 地址，也可手动设置 IP 地址。如果要接入外部网络，则需要通过主机上的网络共享来实现。

如果要设计一个更复杂的网络，则要进行自定义配置。这分为两种情况：一种是在上述虚拟网络模式组网的基础上进行调整、更改；另一种是自定义一个或多个虚拟网络。如在主机上安装多个物理网卡，在虚拟机上安装多个虚拟网卡，就可以创建非常复杂的虚拟网络。虚拟网络可以连接到一个或多个外部网络，也可以在主机系统中完整、独立地运行。

服务器虚拟化部署实战中会涉及多台高配置物理服务器、网络存储和核心交换机，只有少数用

户有进行全物理设备实验的环境，多数用户即使拥有 SAN 存储、网络核心交换机和多台服务器的环境，直接用来做实验的机会也不会太多。更多的情形是，使用虚拟化技术组建一个虚拟的实验室以完成实验和测试工作。虚拟实验室的好处有很多，如便于操控，适合重复实验、比较实验和模拟故障，配置环境更改便捷等。在学习和实验过程中，原则上能使用虚拟环境的尽量使用虚拟环境，待熟练掌握相关理论和技能之后再到物理环境中进行实际操作。

2.3 项目实施

2.3.1 VMware Workstation 安装

本书选用 VMware Workstation 16 Pro 软件进行讲解。VMware Workstation 是一款功能强大的桌面虚拟化软件，可以在单一桌面上同时运行不同操作，并完成开发、调试、部署等工作。

VMware Workstation 的安装步骤如下。

（1）下载 VMware-workstation-full-16.1.2-17966106.exe 软件安装包，双击安装包，进入 VMware Workstation 安装主界面，如图 2.13 所示。单击"下一步"按钮，进入"最终用户许可协议"界面，如图 2.14 所示。

图 2.13　VMware Workstation 安装主界面

图 2.14　"最终用户许可协议"界面

（2）在"最终用户许可协议"界面中，勾选"我接受许可协议中的条款"复选框，如图 2.15 所示。单击"下一步"按钮，进入"自定义安装"界面，如图 2.16 所示。

图 2.15　勾选"我接受许可协议中的条款"复选框

图 2.16　"自定义安装"界面

（3）在"自定义安装"界面中，勾选其中的默认复选框，单击"下一步"按钮，进入"用户体验设置"界面，如图 2.17 所示。单击"下一步"按钮，进入"快捷方式"界面，如图 2.18 所示。

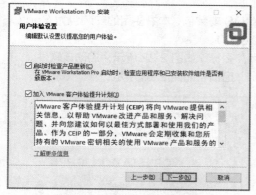 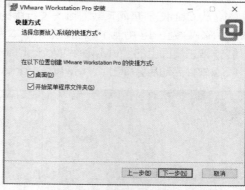

图 2.17　"用户体验设置"界面　　　　　　　图 2.18　"快捷方式"界面

（4）在"快捷方式"界面中，保留默认设置，单击"下一步"按钮，进入"已准备好安装 VMware Workstation Pro"界面，如图 2.19 所示。单击"安装"按钮，进入"正在安装 VMware Workstation Pro"界面，如图 2.20 所示。

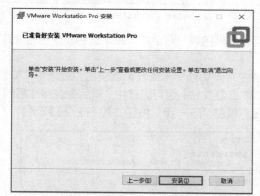 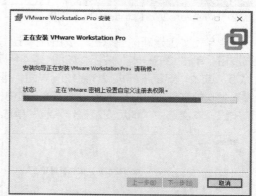

图 2.19　"已准备好安装 VMware Workstation Pro"界面　图 2.20　"正在安装 VMware Workstation Pro"界面

（5）等待进入"VMware Workstation Pro 安装向导已完成"界面，单击"完成"按钮，完成安装，如图 2.21 所示。

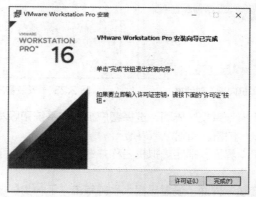

图 2.21　"VMware Workstation Pro 安装向导已完成"界面

2.3.2　CentOS 7 安装

在虚拟机中安装 CentOS 7，其操作安装过程如下。

（1）从 CentOS 官网下载 Linux 发行版的 CentOS 安装包，本书使用的安装包为 CentOS-7-x86_64-DVD-1810.iso"，当前最新版本为 7.9.2009。

（2）双击桌面上的"VMware Workstation Pro"图标，如图 2.22 所示，启动该软件。

（3）软件启动后会弹出"VMware Workstation"窗口，如图 2.23 所示。

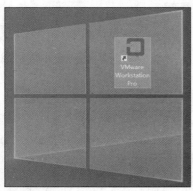

图 2.22　"VMware Workstation Pro"图标　　　图 2.23　"VMware Workstation"窗口

（4）单击"创建新的虚拟机"按钮，弹出"新建虚拟机向导"对话框，默认选中"典型(推荐)"单选按钮，单击"下一步"按钮，如图 2.24 所示。

（5）进入"安装客户机操作系统"界面，可以选中"安装程序光盘"单选按钮，或选中"安装程序光盘映像文件(iso)"单选按钮并浏览、选中相应的 ISO 文件，也可以选中"稍后安装操作系统"单选按钮。本次选中"稍后安装操作系统"单选按钮，单击"下一步"按钮，如图 2.25 所示。

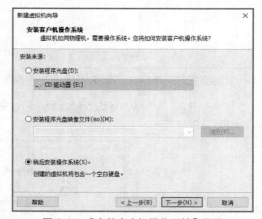

图 2.24　"新建虚拟机向导"对话框　　　图 2.25　"安装客户机操作系统"界面

（6）进入"选择客户机操作系统"界面，选择客户机操作系统和版本，创建的虚拟机将包含一个空白磁盘，单击"下一步"按钮，如图 2.26 所示。

（7）进入"命名虚拟机"界面，指定虚拟机名称并选择系统文件安装位置，单击"下一步"按钮，如图 2.27 所示。

（8）进入"指定磁盘容量"界面，设置磁盘大小并单击"下一步"按钮，如图 2.28 所示。

（9）进入"已准备好创建虚拟机"界面，如图 2.29 所示。

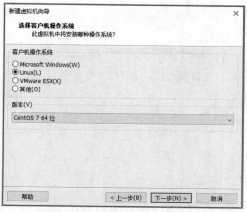

图 2.26 "选择客户机操作系统"界面

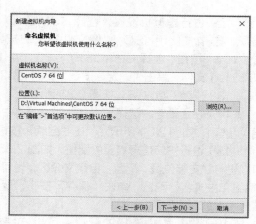

图 2.27 "命名虚拟机"界面

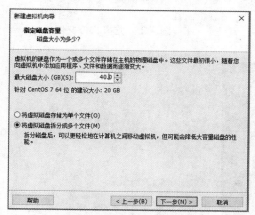

图 2.28 "指定磁盘容量"界面

图 2.29 "已准备好创建虚拟机"界面

（10）单击"自定义硬件"按钮，进行虚拟机硬件相关信息配置，如图 2.30 所示。

（11）单击"关闭"按钮，虚拟机初步配置完成，如图 2.31 所示。

图 2.30 虚拟机硬件相关信息配置

图 2.31 虚拟机初步配置完成

（12）进行虚拟机设置，选择"CD/DVD(IDE)"选项，选中"使用 ISO 映像文件"单选按钮，单击"浏览"按钮，选择 CentOS-7-x86_64-DVD-1810.iso 文件，单击"确定"按钮，如图 2.32 所示。

（13）安装 CentOS，如图 2.33 所示。

（14）设置语言，选择"中文"→"简体中文（中国）"选项，如图 2.34 所示，单击"继续"按钮。

（15）进行安装信息摘要的配置，如图 2.35 所示，可以进行"安装位置"配置，自定义分区，也可以进行"网络和主机名"配置，单击"保存"按钮，返回安装信息摘要的配置界面。

（16）进行软件选择的配置，可以安装桌面化 CentOS，可以选择安装"GNOME 桌面"，并选择相关环境的附加选项，如图 2.36 所示。

图 2.32　选择 ISO 文件

图 2.33　安装 CentOS

图 2.34　设置语言

图 2.35　安装信息摘要的配置

图 2.36　软件选择的配置

（17）单击"完成"按钮，返回 CentOS 7 安装界面，继续进行安装，配置用户设置，如图 2.37 所示。

（18）安装 CentOS 7 的时间较长，请耐心等待。可以选择"ROOT 密码"选项，设置 ROOT 密码，如图 2.38 所示。设置完成后单击"完成"按钮，返回 CentOS 7 安装界面。

图 2.37　配置用户设置

图 2.38　设置 ROOT 密码

（19）此时，CentOS 7 安装完成，如图 2.39 所示。

（20）单击"重启"按钮，系统重启后，进入 CentOS，可以进行系统初始设置，如图 2.40 所示。

图 2.39　CentOS 7 安装完成

图 2.40　系统初始设置

（21）单击"退出"按钮，进入 CentOS 7 Linux EULA 许可协议界面，勾选"我同意许可协议"复选框，如图 2.41 所示。

（22）单击"完成"按钮，进入系统初始设置界面，单击"完成配置"按钮，进入"输入"界面，选择语言为汉语，如图 2.42 所示。

图 2.41　CentOS 7 Linux EULA 许可协议界面

图 2.42　"输入"界面

（23）单击"前进"按钮，进入"时区"界面，在查找栏中输入"上海"，选择"上海，上海，中国"选项，如图 2.43 所示，单击"前进"按钮，进入"在线账号"界面，如图 2.44 所示。

图 2.43 "时区"界面

图 2.44 "在线账号"界面

（24）单击"跳过"按钮，进入"准备好了"界面，如图 2.45 所示。

图 2.45 "准备好了"界面

2.3.3 系统克隆与快照管理

人们经常用虚拟机做各种实验，初学者可能会误操作导致系统崩溃、无法启动。此外，在搭建集群的时候，通常需要使用多台服务器进行测试，如搭建 MySQL 服务器、Redis 服务器、Tomcat 服务器、Nginx 服务器等。搭建一台服务器费时费力，一旦系统崩溃、无法启动，就需要重新安装操作系统或部署多台服务器，这将会浪费很多时间。那么如何进行操作呢？系统克隆可以很好地解决这个问题。

1. 系统克隆

在为虚拟机安装好原始的操作系统后，可进行系统克隆，多克隆出几份系统备用，方便日后多台机器进行实验测试，这样可以避免重新安装操作系统，方便快捷。

V2-1　系统克隆

（1）打开 VMware 虚拟机主窗口，关闭虚拟机中的操作系统，选择要克隆的操作系统，选择"虚拟机"→"管理"→"克隆"选项，如图 2.46 所示。

图 2.46 系统克隆

（2）弹出"克隆虚拟机向导"对话框，如图 2.47 所示。单击"下一步"按钮，进入"克隆源"界面，如图 2.48 所示，可以选中"虚拟机中的当前状态"或"现有快照(仅限关闭的虚拟机)"单选按钮。

图 2.47 "克隆虚拟机向导"对话框

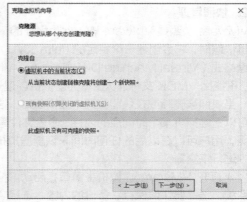

图 2.48 "克隆源"界面

（3）单击"下一步"按钮，进入"克隆类型"界面，如图 2.49 所示。选择克隆方法，可以选中"创建链接克隆"单选按钮，也可以选中"创建完整克隆"单选按钮。

（4）单击"下一步"按钮，进入"新虚拟机名称"界面，如图 2.50 所示，为虚拟机命名并进行安装位置的设置。

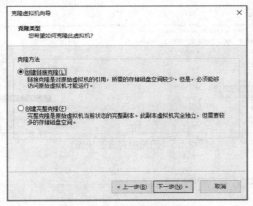

图 2.49 "克隆类型"界面

图 2.50 "新虚拟机名称"界面

（5）单击"完成"按钮，进入"正在克隆虚拟机"界面，如图 2.51 所示。单击"关闭"按钮，返回 VMware 虚拟机主窗口，系统克隆完成，如图 2.52 所示。

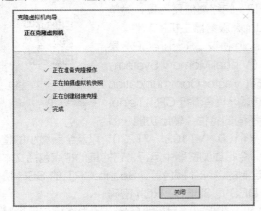

图 2.51 "正在克隆虚拟机"界面

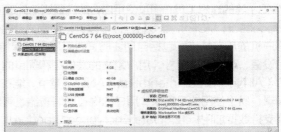

图 2.52 系统克隆完成

2. 快照管理

VMware 快照是 VMware Workstation 的一种特色功能。当用户创建一个虚拟机快照时，它会创建一个特定的 delta 文件。delta 文件是在 VMware 虚拟机磁盘格式（Virtual Machine Disk Format，VMDK）文件上的变更位图，因此，它不能比 VMDK 文件还大。每为虚拟机创建一个快照，就会创建一个 delta 文件。当快照被删除或在快照管理中被恢复时，该文件将自动被删除。

V2-2　快照管理

可以把虚拟机某个时间点的内存、磁盘文件等状态保存为一个快照。通过这个快照，用户可以在以后的任何时间来恢复虚拟机创建快照时的状态。当系统出现问题时，可以从快照中进行恢复。

（1）打开 VMware 虚拟机主窗口，启动虚拟机中的系统，选择要快照保存、备份的内容，选择"虚拟机"→"快照"→"拍摄快照"选项，如图 2.53 所示。弹出拍摄快照对话框，可以命名快照并添加描述，如图 2.54 所示。

（2）单击"拍摄快照"按钮，返回 VMware 虚拟机主窗口，拍摄快照完成。如图 2.55 所示，可以看到已拍摄完成的快照。

图 2.53　拍摄快照

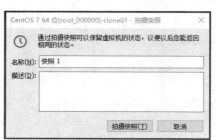

图 2.54　命名快照

图 2.55　已拍摄完成的快照

2.3.4　SecureCRT 与 SecureFX 配置管理

SecureCRT 和 SecureFX 都是由 VanDyke Software 公司出品的安全外壳（Secure Shell，SSH）传输工具。SecureCRT 可以进行远程连接，SecureFX 可以进行远程可视化文件传输。

1. SecureCRT 远程连接管理 Linux 操作系统

SecureCRT 是一种支持 SSH（SSH1 和 SSH2）的终端仿真工具，简单地说，它是在 Windows 操作系统中登录 UNIX 或 Linux 服务器主机的软件。

SecureCRT 支持 SSH，同时支持 Telnet 和 Rlogin 协议。SecureCRT 是一种用于连接运行 Windows、UNIX 和虚拟内存系统（Virtual Memory System，VMS）等的理想工具；通过使用内含的向量通信处理器（Vector Communication Processor，VCP），命令行程序可以进行加密文件的传输；具有流行 CRT Telnet 客户机的所有特点，包括自动注册、对不同主机保持不同的特性、输出功能、颜

V2-3　远程连接
管理 Linux 系统

色设置、可变屏幕尺寸、用户定义的键位图和优良的 VT100、VT102、VT220，以及全新微小的整合（All New Small Integration，ANSI）竞争，能在命令行或浏览器中运行。它的其他特点包括文本编辑、易于使用的工具条、用户的键位图编辑器、可定制的 ANSI 颜色等。SecureCRT 的 SSH 协议支持数据加密标准（Data Encryption Standard，DES）、3DES、RC4 密码。

在 SecureCRT 中配置本地端口转发时，涉及本机、跳板机、目标服务器，因为本机与目标服

务器不能直接进行 ping 操作，所以需要配置端口转发，将本机的请求转发到目标服务器。

（1）为了方便操作，使用 SecureCRT 连接 Linux 服务器，选择相应的虚拟机操作系统。在 VMware 虚拟机主窗口中，选择"编辑"→"虚拟网络编辑器"选项，如图 2.56 所示。

（2）弹出"虚拟网络编辑器"对话框，选择"VMnet8"选项，设置 NAT 模式的子网 IP 地址为 192.168.100.0，如图 2.57 所示。

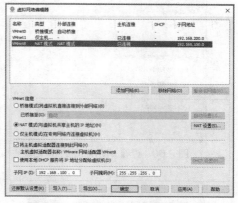

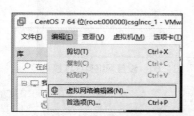

图 2.56　选择"虚拟网络编辑器"选项　　　图 2.57　设置 NAT 模式的子网 IP 地址

（3）在"虚拟网络编辑器"对话框中，单击"NAT 设置"按钮，弹出"NAT 设置"对话框，设置网关 IP 地址，如图 2.58 所示。

（4）在"开始"菜单中选择"控制面板"→"网络和 Internet"→"网络连接"选项，查看 VMware Network Adapter VMnet8 连接，如图 2.59 所示。

图 2.58　设置网关 IP 地址　　　图 2.59　查看 VMware Network Adapter VMnet8 连接

（5）查看 VMnet8 的 IP 地址，如图 2.60 所示。

（6）进入 Linux 操作系统桌面，单击桌面右上角的"启动"按钮 ⚙，选择"有线连接 已关闭"选项，设置网络有线连接，如图 2.61 所示。

（7）选择"有线设置"选项，弹出"设置"窗口，如图 2.62 所示。

（8）在"设置"窗口中单击"有线连接"按钮 ⚙，选择"IPv4"选项卡，设置第 4 版互联网协议（Internet Protocol version 4，IPv4）信息，如 IP 地址、子网掩码、网关、域名服务（Domain Name Service，DNS）相关信息，如图 2.63 所示。

图 2.60　查看 VMnet8 的 IP 地址　　　　　图 2.61　设置网络有线连接

图 2.62　"设置"窗口　　　　　　　　　图 2.63　设置 IPv4 信息

（9）设置完成后，单击"应用"按钮，返回"设置"窗口，单击"关闭"按钮，使按钮变为"打开"状态。单击"有线连接"按钮 ，查看网络配置详细信息，如图 2.64 所示。

（10）在 Linux 操作系统中，使用 Firefox 浏览器访问网站，如图 2.65 所示。

图 2.64　查看网络配置详细信息　　　　　图 2.65　使用 Firefox 浏览器访问网站

（11）按 Win+R 组合键，弹出"运行"对话框，在"打开"文本框中输入"cmd"，单击"确定"按钮，如图 2.66 所示。

（12）使用 ping 命令访问网络主机 192.168.100.100，测试网络连通性，如图 2.67 所示。

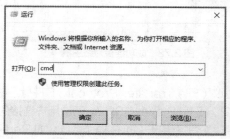

图 2.66 "运行"对话框

图 2.67 测试网络连通性

（13）下载并安装 SecureCRT 工具，如图 2.68 所示。

（14）打开 SecureCRT 工具，单击工具栏中的 ⚡图标，如图 2.69 所示。

图 2.68 安装 SecureCRT 工具

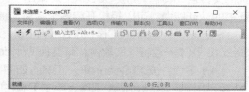

图 2.69 打开 SecureCRT 工具

（15）在"快速连接"对话框中，输入主机名为 192.168.100.100，用户名为 root，单击"连接"按钮进行连接，如图 2.70 所示。

（16）弹出"新建主机密钥"对话框，提示相关信息，如图 2.71 所示。

图 2.70 "快速连接"对话框

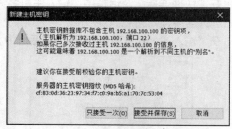

图 2.71 "新建主机密钥"对话框

（17）单击"接受并保存"按钮，弹出"输入 Secure Shell 密码"对话框，输入用户名和密码，如图 2.72 所示。

（18）单击"确定"按钮，若出现图 2.73 所示的结果，则表示已经成功连接网络主机。

图 2.72 "输入 Secure Shell 密码"对话框

图 2.73 成功连接网络主机

2. SecureFX 远程连接文件传送配置

SecureFX 支持 3 种文件传送协议：文件传送协议（File Transfer Protocol，FTP）、安全文件传送协议（Secure File Transfer Protocol，SFTP）和 FTP over SSH2。无论用户连接的是哪种操作系统的服务器，它都能提供安全的文件传送服务。它主要用于 Linux 操作系统，如 Red Hat、Ubuntu 的客户端文件传送。用户可以选择利用 SFTP 通过加密的 SSH2 实现安全传送，也可以利用 FTP 进行标准传送。SecureFX 客户端具有文件资源管理器风格的界面，易于使用，同时提供强大的自动化功能，可以实现自动化的文件安全传送。

SecureFX 可以更加有效地实现文件的安全传送，用户可以使用其新增的拖放功能直接将文件拖放至文件资源管理器或其他程序中；也可以充分利用 SecureFX 的自动化特性，实现无须人为干扰的文件自动传送。新版 SecureFX 采用了一个密码库，符合 FIPS 140-2 加密要求，改进了 X.509 证书的认证能力，可以轻松开启多个会话，提高了 SSH 代理的功能。

总的来说，SecureCRT 是在 Windows 操作系统中登录 UNIX/Linux 服务器主机的软件；而 SecureFX 是一款 FTP 软件，可实现 Windows 和 UNIX/Linux 操作系统的文件互动。

（1）下载并安装 SecureFX 工具，如图 2.74 所示。

（2）打开 SecureFX 工具，单击工具栏中的 ⚡ 图标，如图 2.75 所示。

图 2.74 安装 SecureFX 工具

图 2.75 打开 SecureFX 工具

（3）在"快速连接"对话框中，输入主机名为 192.168.100.100，用户名为 root，单击"连接"按钮进行连接，如图 2.76 所示。

（4）在"输入 Secure Shell 密码"对话框中，输入用户名和密码进行登录，如图 2.77 所示。

图 2.76 "快速连接"对话框

图 2.77 "输入 Secure Shell 密码"对话框

（5）单击"确定"按钮，进入 SecureFX 主界面，中间部分显示乱码，如图 2.78 所示。

（6）在 SecureFX 主界面中，选择"选项"→"会话选项"选项，如图 2.79 所示。

图 2.78　SecureFX 主界面

图 2.79　选择"会话选项"选项

（7）在"会话选项-192.168.100.100（17）"对话框中，选择"外观窗口和文本外观"选项，在"字符编码"下拉列表中选择"UTF-8"选项，如图 2.80 所示。

（8）配置完成后，显示/boot 目录配置结果，如图 2.81 所示。

图 2.80　"会话选项-192.168.100.100（17）"对话框

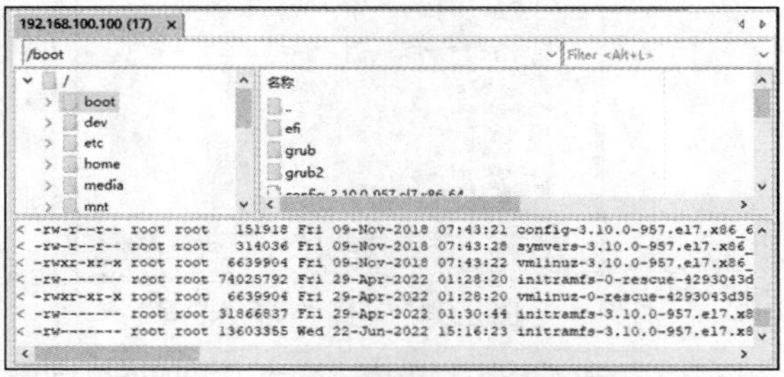

图 2.81　显示/boot 目录配置结果

（9）将 Windows 10 操作系统中 D 盘下的文件 abc.txt，传送到 Linux 操作系统中的/mnt/aaa 目录下。在 Linux 操作系统中的/mnt/目录下新建 aaa 文件夹。选中 aaa 文件夹，同时选择 D 盘下的文件 abc.txt，将其拖放到传输队列中，如图 2.82 所示。

（10）使用 ls 命令，查看网络主机 192.168.100.100 的/mnt/aaa 目录的传送结果，如图 2.83 所示。

图 2.82　使用 SecureFX 传输文件

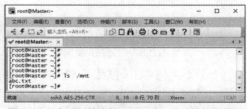

图 2.83　查看网络主机/mnt/aaa 目录的传送结果

2.3.5 配置和维护虚拟磁盘

硬盘是计算机最重要的硬件之一，虚拟硬盘是虚拟化的关键，它为虚拟机提供了存储空间。在虚拟机中，虚拟硬盘相当于物理硬盘，被虚拟机当作物理硬盘使用。虚拟硬盘由一个或一组文件构成，在虚拟机操作系统中显示为物理磁盘。这些文件可以存储在主机系统或远程计算机上。每个虚拟机从其相应的虚拟磁盘文件启动并加载到内存中。随着虚拟机的运行，可通过更新虚拟磁盘文件的方法来反映数据或状态的改变。

新建虚拟机向导可创建具有一个磁盘的虚拟机。用户可以向虚拟机中添加磁盘，从虚拟机中移除磁盘，以及更改现有虚拟磁盘的设置。下面介绍为虚拟机创建一个新的虚拟磁盘的具体操作过程。

V2-4　添加虚拟磁盘

（1）打开 VMware 虚拟机主窗口，选择"虚拟机"→"设置"选项，如图 2.84 所示。

（2）弹出"虚拟机设置"对话框，如图 2.85 所示。

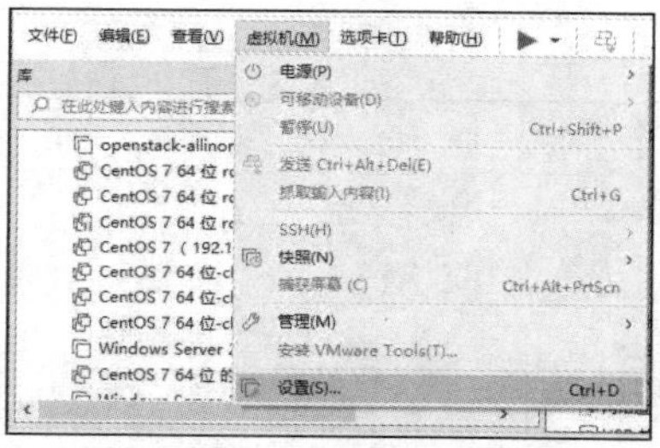

图 2.84　选择"设置"选项

图 2.85　"虚拟机设置"对话框

（3）单击"添加"按钮，弹出"添加硬件向导"对话框，如图 2.86 所示。

（4）在"硬件类型"中，选择"硬盘"选项，单击"下一步"按钮，进入"选择磁盘类型"界面，如图 2.87 所示。

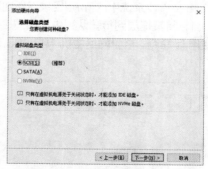

图 2.86　"添加硬件向导"对话框

图 2.87　"选择磁盘类型"界面

（5）选中"SCSI（推荐）"单选按钮，单击"下一步"按钮，进入"选择磁盘"界面，如图 2.88 所示。

（6）选中"创建新虚拟磁盘"单选按钮，单击"下一步"按钮，进入"指定磁盘容量"界面，如图 2.89 所示。

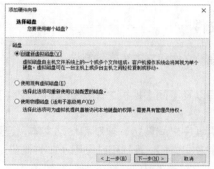

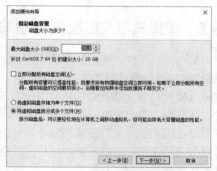

图 2.88　"选择磁盘"界面　　　　　　　　图 2.89　"指定磁盘容量"界面

（7）设置最大磁盘大小，单击"下一步"按钮，进入"指定磁盘文件"界面，如图 2.90 所示。

（8）单击"完成"按钮，完成在虚拟机中添加虚拟磁盘的工作，返回"虚拟机设置"对话框，可以看到刚刚添加的 20GB 的小型计算机系统接口（Small Computer System Interface，SCSI）硬盘，如图 2.91 所示。

图 2.90　"指定磁盘文件"界面　　　　　　图 2.91　添加的 20GB 的 SCSI 硬盘

（9）单击"确定"按钮，返回 VMware 虚拟机主窗口，重新启动 Linux 操作系统，再在 SecureCRT 中同意修改，使用 fdisk -l 命令，查看硬盘分区信息，如图 2.92 所示。可以看到新增加的硬盘 /dev/sdb，系统识别到新的硬盘后，即可在该硬盘中建立新的分区。

图 2.92　查看硬盘分区信息

71

2.3.6 虚拟机与主机系统之间传输文件

在虚拟机与主机系统之间以及不同虚拟机之间传输文件和文本有多种方法。

1. 使用拖放或复制粘贴功能

用户可以使用拖放功能在虚拟机与主机系统之间以及不同虚拟机之间移动文件、文件夹、电子邮件附件、纯文本、带格式文本和图像等。

用户可以在虚拟机之间以及虚拟机中运行的应用程序之间剪切、复制和粘贴文本，还可以在虚拟机中运行的应用程序和主机系统中运行的应用程序之间剪切、复制和粘贴电子邮件附件、纯文本、带格式文本和图像。

2. 将虚拟磁盘映射到主机系统

将虚拟磁盘映射到主机系统，即将主机文件系统中的虚拟磁盘映射为单独的映射驱动器，使得用户无须进入虚拟机就可以连接虚拟磁盘。前提是将使用该虚拟磁盘的虚拟机关机，虚拟磁盘文件未被压缩，且不具有只读权限。

V2-5 将虚拟磁盘映射到主机系统

（1）打开 VMware 虚拟机主窗口，选择"文件"→"映射虚拟磁盘"选项，如图 2.93 所示；弹出"映射或断开虚拟磁盘连接"对话框，如图 2.94 所示。

图 2.93 选择"映射虚拟磁盘"选项

图 2.94 "映射或断开虚拟磁盘连接"对话框

（2）在"映射或断开虚拟磁盘连接"对话框中，单击"映射"按钮，弹出"映射虚拟磁盘"对话框，如图 2.95 所示。单击"浏览"按钮，选择虚拟磁盘文件，选择映射驱动器（Z:），单击"确定"按钮，返回"映射或断开虚拟磁盘连接"对话框，可以查看映射的虚拟磁盘，如图 2.96 所示。

图 2.95 "映射虚拟磁盘"对话框

图 2.96 查看映射的虚拟磁盘

（3）此时查看主机的本地磁盘驱动器，可以看到映射的本地磁盘（Z:），如图 2.97 所示。

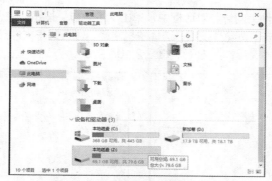

图 2.97 映射的本地磁盘（Z:）

3. 使用共享文件夹

共享文件夹的目录可以位于主机系统中，也可以是主机能够访问的网络目录。要使用共享文件夹，虚拟机必须安装支持此功能的客户机操作系统，Windows XP 和更高版本的 Windows 操作系统，以及内核版本 2.6 或更高版本的 Linux 都支持该功能。

V2-6 使用共享
文件夹

首先，配置虚拟机来启用文件夹共享。在"虚拟机设置"对话框中选择"共享文件夹"选项并启用它，在主机系统或网络共享资源中添加一个共享文件夹（添加共享文件夹向导）。

其次，在该虚拟机中查看和访问共享文件夹。注意，其通用命名规则（Universal Naming Convention，UNC）路径为\\VMware 主机\Shared Folders\共享文件夹名。

下面以虚拟机 Windows Server 2019 操作系统为例进行讲解，其操作步骤如下。

（1）启动虚拟机 Windows Server 2019 操作系统，选择 VMware 虚拟机的"虚拟机"→"设置"选项，弹出"虚拟机设置"对话框，选择"选项"选项卡，如图 2.98 所示。

（2）在"选项"选项卡中，选择"共享文件夹"选项，在右侧"文件夹共享"区域中，选中"总是启用"单选按钮；在"文件夹"区域中，单击"添加"按钮，弹出"添加共享文件夹向导"对话框，如图 2.99 所示。

图 2.98 "选项"选项卡

图 2.99 "添加共享文件夹向导"对话框

（3）在"添加共享文件夹向导"对话框中，单击"下一步"按钮，进入"命名共享文件夹"界面，如图 2.100 所示。单击"浏览"按钮，选择主机路径，输入共享文件夹的名称，单击"下一步"按钮，进入"指定共享文件夹属性"界面，如图 2.101 所示。

图 2.100 "命名共享文件夹"界面

图 2.101 "指定共享文件夹属性"界面

（4）在"指定共享文件夹属性"界面中，在"其他属性"区域中，勾选"启用此共享"复选框，单击"完成"按钮，返回"虚拟机设置"对话框，如图 2.102 所示。

（5）此时，在虚拟机 Windows Server 2019 操作系统的本地磁盘管理器的"网络"选项下查看共享文件夹，或通过 UNC 路径"\\vmware-host\Shared Folders\share01"进行查看访问，如图 2.103 所示。

图 2.102 添加了共享文件夹的"虚拟机设置"对话框

图 2.103 查看共享文件夹

2.3.7 VMware Tools 安装配置

正常情况下，虚拟机中的操作系统主机是无法与普通主机进行数据传输的，那么使用什么方法可以让它们之间进行数据传输呢？可以通过安装 VMware Tools 工具加以实现。

1. 安装 VMware Tools 工具

（1）在虚拟机中选择相应的操作系统并单击鼠标右键，弹出虚拟机快捷菜单，选择"安装 VMware Tools"选项，如图 2.104 所示，弹出"VMware Tools 安装程序"窗口，如图 2.105 所示。

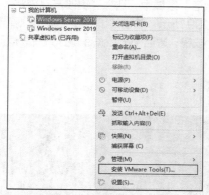

图 2.104　虚拟机快捷菜单

图 2.105　"VMware Tools 安装程序"窗口

（2）单击"下一步"按钮，在"选择安装类型"界面中，选中"典型安装"单选按钮，如图 2.106 所示。单击"下一步"按钮，进入"已准备好安装 VMware Tools"界面，如图 2.107 所示。

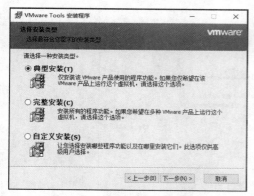

图 2.106　"选择安装类型"界面

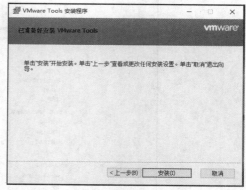

图 2.107　"已准备好安装 VMware Tools"界面

（3）在"已准备好安装 VMware Tools"界面中，单击"安装"按钮，进入"VMware Tools 安装向导已完成"界面，如图 2.108 所示。

图 2.108　"VMware Tools 安装向导已完成"界面

2. 激活 Windows 操作系统

激活 Windows 操作系统的操作过程如下。

在 Windows 操作系统桌面上，选择"此电脑"选项并单击鼠标右键，在弹出的快捷菜单中选择"属性"选项，弹出"系统"窗口，在"Windows 激活"区域中，选择"更改产品密钥"选项，弹出"输入产品密钥"对话框，输入产品密钥，如图 2.109 所示，单击"下一步"按钮，弹出"激活 Windows"对话框，如图 2.110 所示，单击"激活"按钮，激活 Windows 操作系统，返回"系统"窗口，如图 2.111 所示。

图 2.109 "输入产品密钥"对话框　　　　　　　图 2.110 "激活 Windows"对话框

图 2.111 "系统"窗口

项目小结

本项目主要由 4 项【必备知识】和 7 项【项目实施】组成。

必备知识 2.2.1 VMware Workstation 概述，主要讲解 VMware Workstation 的优点与缺点、VMware Workstation 虚拟化提高了 IT 效率和可靠性、VMware Workstation 安装的系统要求。

必备知识 2.2.2 VMware Workstation 虚拟网络组件，主要讲解虚拟交换机、虚拟机虚拟网卡、主机虚拟网卡、虚拟网桥、虚拟 NAT 设备、虚拟 DHCP 服务器。

必备知识 2.2.3 VMware Workstation 虚拟网络结构，主要讲解虚拟网络结构、虚拟网络基本配置、在 VMware Workstation 主机上设置虚拟网络、在 VMware Workstation 虚拟机上设置虚拟网卡。

必备知识 2.2.4 VMware Workstation 虚拟网络模式，主要讲解桥接模式、NAT 模式、仅主机模式。

项目实施 2.3.1 VMware Workstation 安装，主要讲解 VMware Workstation 的安装步骤。

项目实施 2.3.2 CentOS 7 安装，主要讲解在虚拟机中如何安装 CentOS 7。

项目实施 2.3.3 系统克隆与快照管理，主要讲解系统克隆、快照管理。

项目实施 2.3.4 SecureCRT 与 SecureFX 配置管理，主要讲解 SecureCRT 远程连接管理 Linux 操作系统、SecureFX 远程连接文件传送配置。

项目实施 2.3.5 配置和维护虚拟磁盘，主要讲解添加与管理虚拟磁盘。

项目实施 2.3.6 虚拟机与主机系统之间传输文件，主要讲解使用拖放或复制粘贴功能、将虚拟磁盘映射到主机系统、使用共享文件夹实现文件传输。

项目实施 2.3.7 VMware Tools 安装配置，主要讲解安装 VMware Tools 工具、激活 Windows 操作系统。

课后习题

1. 选择题

（1）下面不是 VMware Workstation 优点的是（   ）。

    A. 计算机虚拟能力、性能与物理机隔离效果非常优秀

    B. 功能非常全面，适合计算机专业人员使用

    C. 操作界面简单明了，适合各种计算机领域的用户使用

    D. 使用时占用的物理机资源较多

（2）VMware Workstation 安装系统的内存至少是（   ）。

    A. 1GB   B. 2GB   C. 4GB   D. 8GB

（3）一台 Windows 计算机最多可创建多少（   ）个虚拟网络。

    A. 4   B. 8   C. 16   D. 20

（4）对于 NAT 模式的虚拟网络，可以通过设置 NAT，使虚拟网络中的虚拟机共享主机的一个 IP 地址并连接到主机外部网络，只允许有一个虚拟网络采用 NAT 模式，默认的是（   ）。

    A. VMnet8   B. VMnet2   C. VMnet1   D. VMnet0

（5）【多选】VMware Workstation 虚拟网络模式包括（   ）。

    A. 桥接模式   B. NAT 模式   C. 路由模式   D. 仅主机模式

2. 简答题

（1）简述 VMware Workstation 虚拟网络组件。

（2）简述 VMware Workstation 虚拟网络结构。

（3）简述 VMware Workstation 虚拟网络模式。

项目3
桌面虚拟化技术

03

【学习目标】

- 掌握桌面虚拟化技术概述、云桌面基础知识、云桌面基本架构以及远程桌面服务基础知识等相关理论知识。
- 掌握安装RDS服务器、发布应用程序的方法。
- 掌握客户端使用RD Web访问RDS服务器、远程桌面管理服务器等相关知识与技能。

【素质目标】

- 培养实践动手能力，解决工作中遇到的实际问题，树立爱岗敬业精神。
- 培养学生团队互助、进取合作的意识。

3.1 项目描述

桌面虚拟化是指将计算机的桌面进行虚拟化，以达到桌面使用的安全性和灵活性。可以通过任何设备，在任何地点、任何时间访问存储在网络上的属于我们个人的桌面系统。作为虚拟化的一种方式，桌面虚拟化将所有的计算都放在服务器上，因此对终端设备的要求将大大降低。云桌面的核心技术是桌面虚拟化。桌面虚拟化不是给每个用户都配置一台运行 Windows 的桌面 PC，而是在数据中心部署桌面虚拟化服务器来运行个人操作系统，通过特定的传输协议将用户在终端设备上的键盘和鼠标的动作传输给服务器，并在服务器接收指令后将运行的屏幕变化传输回终端设备。本项目讲解桌面虚拟化技术概况、云桌面基础知识、云桌面系统基本架构以及远程桌面服务基础知识等相关理论知识，项目实施部分讲解安装 RDS 服务器、发布应用程序、客户端使用 RD Web 访问 RDS 服务器以及远程桌面管理服务器等相关知识与技能。

3.2 必备知识

3.2.1 桌面虚拟化技术概述

通过桌面虚拟化技术这种管理架构，用户可以获得改进的服务，并拥有充分的灵活性。例如，在办公室或出差时可以通过不同的客户端使用存放在数据中心的虚拟机展开工作，IT 管理人员通过桌面虚拟化架构能够简化桌面管理，提高数据的安全性，降低运维成本。总的来说，桌面虚拟化的特性如下。

（1）很多设备可以成为桌面虚拟化的终端载体。

（2）一致的用户体验。在任何地点所接触到的用户接口都是一致的，这才是真正一致的用户体验。

（3）按需提供的应用。应用不是全部先装在虚拟机中，而是使用时随时安装。

（4）对不同类型的桌面虚拟化，能够满足用户需求。

（5）采用集成的方案，通过模块化的功能单元实现应用虚拟化，满足不同场景的用户需求。

（6）开放的体系架构能够让用户自己去选择。从虚拟机的管理程序到维护系统，再到网络系统，用户都可以自由选择。

用户对于类似虚拟桌面的体验并不陌生，其前身可以追溯到微软公司在其操作系统产品中提供的终端服务和远程桌面，但是它们在实际应用中存在着不足。例如，之前的终端服务只能够对应用进行操作，而远程桌面则不支持桌面的共享。提供桌面虚拟化解决方案的主要厂商包括微软、VMware、Citrix。

根据云桌面不同的实现机制，从实现架构角度来说，目前主流云桌面技术可分为两类：虚拟桌面基础架构（Virtual Desktop Infrastructure，VDI）和虚拟操作系统架构（Virtual OS Infrastructure，VOI）。

1. 虚拟桌面基础架构

存储虚拟化技术是云存储的核心技术。通过存储虚拟化技术，可把不同厂商、不同型号、不同通信技术、不同类型的存储设备连接起来，将系统中各种异构的存储设备映射为一个统一的存储资源池。存储虚拟化技术既可以对存储资源进行统一分配管理，又可以屏蔽存储实体间的物理位置以及异构特性，实现了资源对用户的透明性，降低了构建、管理和维护资源的成本，从而提升了云存储系统的资源利用率。VDI 会在数据中心通过虚拟化技术为用户准备好安装 Windows 或其他操作系统和应用程序的虚拟机。

用户从客户端设备使用桌面显示协议与远程虚拟机进行连接，每个用户独享一个远程虚拟机。所有桌面应用和运算均发生在服务器上，远程终端通过网络将鼠标、键盘信号传输给服务器，而服务器则通过网络将输出的信息传到远程终端的输出设备（通常只是输出屏幕信息），用户感受、图形显示效率以及终端外部设备兼容性成为其发展瓶颈。VDI 典型架构示意如图 3.1 所示。

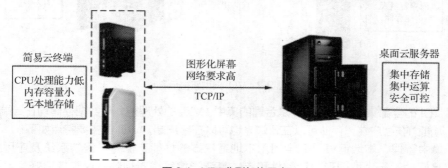

简易云终端

CPU处理能力低
内存容量小
无本地存储

图形化屏幕
网络要求高

TCP/IP

桌面云服务器

集中存储
集中运算
安全可控

图 3.1　VDI 典型架构示意

基于 VDI 的虚拟桌面解决方案的原理是在服务器上为每个用户准备其专用的虚拟机并在其中部署用户所需的操作系统和各种应用，然后通过桌面显示协议在云终端设备上将完整的虚拟桌面交付给远程的用户。

VDI 桌面云解决方案采用"集中计算，分布显示"的原则，支持将客户端桌面工作负载（操作系统、应用程序、用户数据）托管在数据中心的服务器上，用户通过使用支持远程桌面协议的客户端设备与虚拟桌面进行通信。每个用户都可以通过终端设备来访问个人桌面，从而大大改善桌面使用的灵活性。VDI 解决方案的基础是服务器虚拟化。服务器虚拟化主要有完全虚拟化和部分虚拟化两种方法：完全虚拟化能够为虚拟机中的操作系统提供一个与物理硬件完全相同的虚拟硬件环境；部分虚拟化则需要在修改操作系统后再将其部署到虚拟机中。

VDI 旨在为智能分布式计算带来出色的响应能力和定制化的用户体验，并通过基于服务器的模式提供管理和安全优势，它能够为整个桌面镜像提供集中化的管理。VDI 的主要特点如下。

（1）集中管理、集中运算。VDI 是目前的云桌面主流部署方式，但对网络、服务器资源、存储资源压力较大，部署成本相对较高。

（2）安全可控。数据集中存储，保证数据安全；丰富的外部设备重定向策略，使所有的外部设备使用均在管理员的控制之下，具有多重安全保证。

（3）多种接入方式。具有云终端、计算机、智能手机等多种接入方式，可随时随地接入，获得比笔记本电脑更便捷的移动性。

（4）降低运维成本。云终端小巧，绿色节能；集中、统一化及灵活的管理模式，可实现终端运维的简捷化，大大降低了 IT 管理人员日常维护工作量。

2. 虚拟操作系统架构

虚拟操作系统架构也称为物理 PC 虚拟化或虚拟终端管理。VOI 充分利用用户本地客户端（利旧 PC 或高端云终端），将桌面操作系统和应用软件集中部署在云端，启动时云端以数据流的方式将操作系统和应用软件按需传送到客户端，并在客户端执行运算。

VOI 中的计算发生在本地，桌面管理服务器仅供管理使用。桌面需要的应用被收集到服务器集中管理，在客户端需要时将系统环境传送到本地供其使用，充分利用客户端自身硬件的性能优势实现本地运算，用户感受、图形显示效率以及外部设备兼容性均与本地 PC 一致，且对服务器要求极低。VOI 典型架构示意如图 3.2 所示。

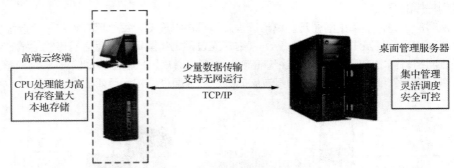

图 3.2　VOI 典型架构示意

相对 VDI 的全部集中来说，VOI 是合理的集中。VDI 的处理能力与数据存储均在云端；而 VOI 的处理计算能力在客户端，存储可以在云端，也可以在客户端。VOI 的主要特点如下。

（1）集中管理、本地运算。完全利用本地客户端的性能，保障了终端系统及应用的运行速度；能够良好地运行大型图形设计软件和支持高清影像等，对视频会议支持良好，全面兼容各种业务应用；提升用户的连续性，实现终端离线应用，即使断网，终端也可继续使用，不会出现黑屏；单用户镜像异构桌面交付，可在单一用户镜像中支持多种桌面环境，为用户按需提供桌面环境。

（2）灵活调度、安全可控。安装简易、维护方便、应用灵活，可以在线更新或添加新的应用，客户机无须关机，业务可保持连续性；系统可实现终端系统的重启恢复，从根本上保障终端系统及应用的安全；丰富的终端安全管理功能，如应用程序控制、外部设备控制、资产管理等，保障终端安全；良好的信息安全管理，系统可实现终端数据的集中、统一存储，也可实现分散的本地存储；可利用系统的磁盘加密等功能防止终端数据外泄，保障终端数据安全。

（3）降低运维成本。集中统一化及灵活的管理模式，可实现终端运维的简洁化，大大降低 IT 管理人员日常维护工作量；软件授权费用降低，不需要额外购买版权；无须用户改变使用习惯，也无须对用户进行相关培训。

VDI 与 VOI 在终端桌面交付、硬件差异等方面的对比如表 3.1 所示。

表 3.1　VDI 与 VOI 对比

项目	VDI	VOI
终端桌面交付	分配虚拟机作为远程桌面	分配虚拟系统镜像
硬件差异	无视	驱动分享、即插即用等技术
远程部署及使用	原生支持（速度慢）	盘网双待、全盘缓存
窄带环境下使用	原生支持	离线部署、全盘缓存
离线使用	不支持	盘网双待、全盘缓存
终端图形图像处理	不理想	支持
移动设备支持	支持	不支持
使用终端本地资源	不支持	支持
同时利用服务器资源及本地资源	不支持	不支持

VOI 可获得和本地 PC 相同的使用效果，也可改变 PC 无序管理的状态，具有和 VDI 相同的管理能力和安全性。

VOI 支持各种计算机外部设备以适应复杂的应用环境及未来的应用扩展，同时，对网络和服务器的依赖性大大降低，即使网络中断或服务器宕机，终端也能继续使用，数据可实现在云端集中存储，也可实现在终端本地加密存储，且终端应用数据不会因网络或服务器故障而丢失。VDI 的大量使用给用户带来了便利与安全，VOI 补足了高性能应用及网络状况不佳时的应用需求，并实现了对原有 PC 的统一管理。所以桌面虚拟化最理想的方案是 VDI 与 VOI 融合，将两种主流桌面虚拟化技术结合，实现资源合理的集中，如高性能桌面等场景使用 VOI，占用网络带宽小、接入方式多样、接入终端配置低、硬件产品年代久、用户需要快速接入桌面等场景使用 VDI。

总体来说，在 VDI+VOI 融合解决方案中，VOI 补充了 VDI 所缺失的高计算能力、3D 设计场景，VDI 补充了 VOI 移动办公、弹性计算、高度集中管控的场景，融合解决方案使得用户可以在任意终端、任意地点、任意时间接入使用云桌面，满足各行业用户移动办公需求。

3. 桌面云应用场景

许多行业可以通过搭建桌面云平台来体验全新的办公模式，既可告别 PC 采购的成本、能耗的居高不下，又可享受与 PC 同样流畅的体验。只要能看到办公计算机的地方，PC 主机都可以用精致小巧、功能强大的桌面云终端来替换。桌面云的应用如下。

（1）用于日常办公，成本更低、运维更少。

① 桌面云应用在办公室中，噪声小、能耗低、故障少，多终端随时随地开展移动办公。

② 桌面云应用在会议室或者培训室中，提供管理简便、绿色环保的工作环境。

③ 桌面云应用在工厂车间中，出现 IT 故障可实时解决，打造高标准的数字化车间。

（2）搭建教学云平台，统一管理教学桌面、快速切换课程内容。

① 桌面云应用在多媒体教室中，实现桌面移动化，可随时随地备课、教学。

② 桌面云应用在学生机房、电子阅览室中，可使管理员运维工作更少、桌面环境切换更快。

（3）用于办事服务大厅或营业厅，提升工作效率和服务质量。

桌面云应用在柜台业务单一化的办事服务大厅或营业厅中，可使工作人员共享同一套桌面或应用，满足快速办公需求。

（4）实现多网隔离，轻松实现内网办公、互联网安全访问。

桌面云能实现多网的物理隔离或者逻辑隔离，适合对桌面安全性要求极高的组织单位使用。

3.2.2 云桌面基础知识

计算机桌面是指启动计算机并登录到操作系统后看到的主屏幕区域。就像我们实际工作台的桌面一样，它是用户工作的平面。用户可以将一些项目（如文件和文件夹）放在桌面上，并且随意排列它们。

云桌面也是一个显示在用户终端屏幕上的桌面，但云桌面不是由本地一台独立的计算机提供的，而是由网络中的服务器提供的。云桌面是一种将用户桌面操作系统与实际终端设备相分离的全新计算模式。它将原本运行在用户终端上的桌面操作系统和应用程序托管到服务器，并由终端设备通过网络远程访问，而终端本身仅实现 I/O 与界面显示功能。通过桌面云可实现桌面操作系统的标准化和集中化管理。

在桌面云系统中，云桌面是由服务器提供的，所有的数据计算都转移到服务器上，用户终端通过网络连接服务器获取云桌面并显示桌面内容，同时接收本地键盘、鼠标等外部设备的输入操作。桌面云系统中的服务器能同时为不同的终端提供不同类型的桌面（如 Windows 桌面、Linux 桌面等）。

桌面云是通过桌面的终端设备来访问云端的应用程序或者访问云端整个虚拟桌面的形式。云桌面的构建一般需要依托于桌面虚拟化技术。在 IBM 云计算智能商务桌面的介绍中，对于桌面云的定义如下："可以通过瘦客户端或者其他任何与网络相连的设备来访问跨平台的应用程序，以及整个用户桌面。"云桌面系统中的终端用户借助于客户端设备（或其他任何可以连接网络的移动设备），通过浏览器或者专用程序访问驻留在服务器的个人桌面，就可以获得和传统的本地计算机相同的用户体验。云桌面的实施可显著提高数据安全管理水平、降低软硬件管理和维护成本、降低终端能源消耗，是目前云计算产业链的重要发展方向。

1. 云桌面优势

据 IDC 统计，近年来 PC 出货量持续下滑，流失的 PC 出货量主要流向两个方向，个人市场流向了移动平板电脑，企业市场流向了云桌面。相对来说，云桌面（瘦客户端）的市场稳步增长，年复合增长率大于 7%。可以预见，云桌面会掀起未来 PC 行业的改革浪潮，是近年乃至未来数年的热点。

与传统本地计算机桌面工作方式相比，基于桌面虚拟化技术的云桌面具有以下优势。

（1）工作桌面集中维护和部署，桌面服务能力和工作效率都得以提高。

（2）业务数据远程隔离，有效保护数据安全。

（3）多终端、多操作系统的接入，方便用户使用。

云桌面和传统 PC 在硬件要求、网络要求、可管理性、安全性等方面的对比，如表 3.2 所示。

表 3.2 云桌面与传统 PC 的对比

项目	云桌面	传统 PC
硬件要求	客户端要求很低，仅需要简单终端设备、显示设备和 I/O 设备；服务器需要较高配置	终端对于硬件要求较高，需要强大的处理器、内存及硬盘支持；服务器需要根据实际业务弹性变化

续表

项目	云桌面	传统 PC
网络要求	单个云桌面的网络带宽需求低；但如果没有网络，则独立用户终端将无法使用	对于网络带宽属于非稳定性需求，当进行数据交换时带宽要求较高；在没有网络的情况下，可独立使用
可管理性	可管理性强。终端用户对应用程序的使用可通过权限管理；采用后台集中式管理，客户端设备趋于零管理；远程集中系统升级与维护，只需要安装升级虚拟机与桌面系统模板，瘦客户端自动更新桌面	用户自由度比较大。用户的管理主要是通过行政手段进行的；客户端设备管理工作量大；客户端配置不统一，无统一管理平台，不利于统一管理；系统安装与升级不方便
安全性	本地不存储数据，不进行数据处理，数据不在网络中流动，没有被截获的危险，且传输的屏幕信息经过高位加密；没有内部软驱、光驱等，可防止病毒从内部对系统的侵害；采用专用的安全协议，实现设备与操作人员身份双认证	数据在网络中流动，被截获的可能性大；本机面临计算机病毒、各类威胁和破坏，病毒传入容易，对病毒的监测不易；没有统一的日志和行为记录，不利于安全审计；操作系统和通信协议漏洞多，认证系统不完善
升级压力	终端设备没有性能不足的压力，升级要求小，整个网络只有服务器需要升级，生命周期为 5 年左右，升级压力小	由于机器硬件性能不足而引起硬件升级或淘汰，生命周期为 3 年左右，设备升级压力大，对于网络带宽也有升级要求
维护成本	没有易损部件，硬件出现故障的可能性极低；远程技术支持或者更换新的瘦客户端设备；通过策略部署，出现问题时可实时响应	维护、维修费用高；安装系统与软件修复及硬件更换周期长；自主维护或外包服务响应均需较长时间
节能减排	云终端电量消耗很小，环境污染减少	独立 PC 电量消耗很大，集中开启还需要空调制冷

2. 桌面云的业务价值

桌面云的业务价值很多，除了前面所提到的用户可以随时随地访问桌面以外，还有以下重要的业务价值。

（1）集中管理。在桌面云解决方案里，管理是集中化的，IT 工程师通过控制中心管理成百上千的虚拟桌面，所有的更新、打补丁都只需要更新一个基础镜像。修改镜像只需要在几个基础镜像上进行，这样就大大节约了管理成本。

（2）安全性高。在桌面云解决方案里，所有的数据以及运算都在服务器上进行，客户端只是显示其变化的影像而已，所以不需要担心客户端非法窃取资料。IT 部门根据安全挑战制作出各种各样的新规则，这些新规则可以迅速地作用于每个桌面。

（3）低碳环保。采用桌面云解决方案以后，每个瘦客户端的电量消耗只有原来传统个人桌面电量消耗的 8%，所产生的热量也大大减少，低碳环保的特点非常明显。

（4）成本减少。相比传统个人桌面而言，桌面云在整个生命周期的管理、维护和能量消耗等方面的成本大大降低了。在硬件成本方面，桌面云应用初期硬件上的投资是比较大的，但从长远来看，与传统桌面的硬件成本相比，桌面云的总成本相比传统桌面的总成本可以减少约 40%。

3. 普通桌面、虚拟化桌面和移动化桌面

普通桌面、虚拟化桌面和移动化桌面的特点如下。

（1）普通桌面。以 PC 或便携机为代表，终端作为 IT 服务提供的载体，每个用户拥有单独的桌面终端，大部分用户数据保存在终端设备上。终端拥有比较强的计算、存储能力，基于个人实现便捷、灵活的业务处理和服务访问。

（2）虚拟化桌面。通过虚拟化的方式访问应用和桌面，数据统一存放在云计算数据中心，终端设备可以是非常简单、标准的云盒。IT 服务覆盖后端和前端，可提高端到端 IT 服务的效率，通过社

交与工作的有效融合，实现应用和桌面"永远在线"。

（3）移动化桌面。将企业 IT 应用与移动终端融合，把数据存放在企业沙盒中，进行安全管控。通过企业和个人移动终端 App 交付、应用和内容管理，实现随时随地、无缝的业务访问，从而带来更多的服务创新和增值。

3.2.3　云桌面系统基本架构

V3-1　云桌面基本架构

云桌面系统不是简单的一款产品，而是一种基础设施，其组成架构较为复杂，也会根据具体应用场景的差异以及云桌面提供商的不同呈现不同的形式。通常云桌面系统可以分为终端设备层、网络接入层、云桌面控制层、虚拟化平台层、硬件资源层和应用层 6 个部分。云桌面系统基本架构示意如图 3.3 所示。

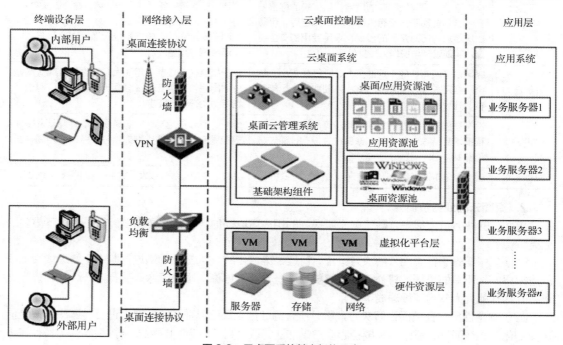

图 3.3　云桌面系统基本架构示意

1. 终端设备层

终端设备层主要包括通过内部网络和外部网络访问云桌面的各类终端，通常有瘦客户端、移动设备、办公 PC 和利旧 PC 等。

2. 网络接入层

网络接入层主要负责将远程桌面输出到终端用户的显示器上，并将终端用户通过键盘、鼠标以及语音输入设备等输入的信息传送到云桌面。云桌面提供了各种接入方式供用户选择。

3. 云桌面控制层

云桌面控制层以企业作为独立的管理单元为企业管理员提供管理桌面的能力，管理单元则由云桌面的系统级管理员统一管理。云桌面控制层包括桌面云管理系统、基础架构组件、桌面/应用资源池。其安全要求包括网络安全要求和系统安全要求。网络安全要求是对云桌面系统应用中与网络相关的安全功能的要求，包括传输加密、访问控制、安全连接等；系统安全要求是对云桌面系统软件、物理服务器、数据保护、日志审计、防病毒等方面的要求。

4. 虚拟化平台层

虚拟化平台层是云计算平台的核心，也是云桌面的核心，承担着云桌面的"主机"功能。对于云计算平台上的服务器，我们通常是将相同或者相似类型的服务器组合在一起作为资源分配的母体，即所谓的服务器资源池。在服务器资源池上，可通过安装虚拟化软件，让计算资源能以一种虚拟服务器的方式被不同的应用使用。

5. 硬件资源层

硬件资源层由多台服务器、存储和网络设备组成。为了保证云桌面系统正常工作，硬件基础设施应该同时满足 3 个要求：高性能、大规模、低开销。

6. 应用层

根据企业特定的应用场景，云桌面系统中可以根据企业的实际需要部署相应的应用，如 Office 软件、财务应用软件、Photoshop 等，确保给特定的用户（群）提供同一种标准桌面和标准应用。云桌面通过提供共享服务的方式来提供桌面和应用，以确保在特定的服务器上提供更多的服务。

3.2.4　远程桌面服务基础知识

在企业中部署大量的计算机，不仅投资大，维护也十分困难。通过在终端服务的基础上将桌面和应用程序虚拟化，可以极大地提高员工的工作效率，降低企业成本。

1. 远程桌面服务简介

微软公司推出的远程桌面服务（Remote Desktop Service，RDS）是微软公司的桌面虚拟化解决方案的统称。管理员在 RDS 服务器上集中部署应用程序，以虚拟化的方式为用户提供访问，用户不用在自己的计算机上安装应用程序。

RDS 是云桌面技术之一，属于共享云桌面，所有人共用一个操作系统。当用户在远程桌面调用位于 RDS 服务器上的应用程序时，就像在自己的计算机上运行应用程序一样，但实际上使用的是服务器的资源。即使用户计算机的配置较低，也不用更换计算机，这样就节约了企业的成本，减少了维护成本和复杂性。RDS 分为终端和中心服务器，中心服务器为终端提供服务及资源终端。

RDS 的终端主要包含以下类型。

（1）瘦客户端。这是一种小型计算机，没有高速的 CPU 和大容量的内存，也没有硬盘，使用固化的小型操作系统，通过网络使用服务器的计算和存储资源。

（2）PC。通过安装并运行终端仿真程序，PC 可以连接并使用服务器的计算和存储资源。

（3）手机终端。这是一种手机无线网络收发端的简称，包含发射器（手机）、接收器（网络服务器）。通过手机使用远程桌面协议（Remote Desktop Protocol，RDP）连接 PC，只要输入相应的登录账号、密码、端口等信息，连接后就可以控制家里或企业中的计算机并处理事务了。

RDS 是很流行的云桌面技术，其应用场景众多。RDS 是 RDP 服务的升级版，其所连接 Windows 操作系统桌面的体验效果、稳定性、安全性总体比 RDP 连接的好，适用于简单办公、教学、展厅、阅览室、图书馆等无软件兼容要求且网络稳定的场景。

2. RDS 的组件及其功能介绍

RDS 包括 6 个组件，即远程桌面连接代理（Remote Desktop Connection Broker，RDCB）、远程桌面网关（Remote Desktop Gateway，RDG）、远程桌面 Web 访问（Remote Desktop Web Access，RDWA）、远程桌面虚拟化主机（Remote Desktop Virtualization Host，RDVH）、远程桌面会话主机（Remote Desktop Session Host，RDSH）及远程桌面授权服务器（Remote Desktop License Server，RDLS）。

（1）RDCB 负责管理到 RDSH 集合的远程桌面连接，以及控制到 RDVH 集合和 RemoteApp 的连接。

（2）RDG 使得来自互联网的用户可以安全地访问内部的 Windows 桌面和应用程序。

（3）RDWA 为用户提供一个单一的 Web 入口，使得用户可以通过该入口访问 Windows 桌面和发布出来的应用程序。使用 RDWA 可以将 Windows 桌面和应用程序发布给各种 Windows 及非 Windows 客户端，还可以选择性地将 Windows 桌面和应用程序发布给特定的用户组。

（4）RDVH 提供个人或池化 Windows 桌面宿主服务，使得用户可以像使用 PC 一样使用其上的虚拟机，可以提供管理员权限，给用户带来更大的自由度。

（5）RDSH 提供基于会话的远程桌面和应用程序集合，使得众多用户可以同时使用一台服务器，但用户不具备管理权限。

（6）RDLS 提供远程桌面连接授权，授权方式可以是"每设备"或"每用户"。在不激活授权服务器的情况下，提供 120 天试用期。试用期过后，客户端将不能访问远程桌面。

除了以上 RDS 组件以外，根据不同的部署模型，还会应用到 SQL Server、File Server、网络负载均衡服务等。RDS 部署的前提条件是安装活动目录。

3.3 项目实施

3.3.1 安装 RDS 服务器

安装 RDS 服务器的操作步骤如下。

（1）以管理员身份登录域控制器 server-01，在"服务器管理器"窗口中，选择"管理"→"添加角色和功能"选项，弹出"添加角色和功能向导"窗口，单击"下一步"按钮，进入"选择安装类型"界面，如图 3.4 所示。选中"远程桌面服务安装"单选按钮，单击"下一步"按钮，进入"选择部署类型"界面，如图 3.5 所示。

图 3.4 "选择安装类型"界面

图 3.5 "选择部署类型"界面

（2）在"选择部署类型"界面中，选中"快速启动"单选按钮，单击"下一步"按钮，进入"选择部署方案"界面，如图 3.6 所示。选中"基于会话的桌面部署"单选按钮，单击"下一步"按钮，进入"选择服务器"界面，如图 3.7 所示。

（3）在"选择服务器"界面中，选择服务器，单击"下一步"按钮，进入"确认选择"界面，如图 3.8 所示。勾选"需要时自动重新启动目标服务器"复选框，单击"部署"按钮，进入"查看进度"界面，如图 3.9 所示。安装完成后，单击"关闭"按钮即可。

图 3.6 "选择部署方案"界面

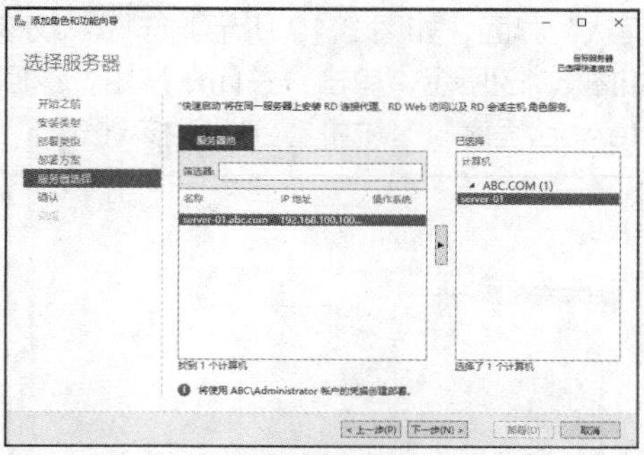

图 3.7 "选择服务器"界面

图 3.8 "确认选择"界面

图 3.9 "查看进度"界面

3.3.2 发布应用程序

利用远程网络可以建立一个安全隔离的移动办公环境，利用 RDS 的 RemoteApp 功能可以执行远程 RDS 服务器上的应用程序，并将应用程序画面反映到客户端显示屏上。远程登录权限按用户级别分类，仅允许一般用户访问 RemoteApp 应用，允许高级用户访问 RDS 服务器的桌面。

这里以谷歌发布的浏览器为例进行介绍，其操作步骤如下。

（1）以管理员身份登录域控制器 server-01，打开"服务器管理器"窗口，选择"远程桌面服务"  →"集合"→"QuickSessionCollection"选项，如图 3.10 所示。在右侧的"RemoteApp程序"区域中，在"任务"下拉列表中选择"发布 RemoteApp 程序"选项，弹出"发布 RemoteApp程序"窗口，如图 3.11 所示。

图 3.10 "QuickSessionCollection"选项

图 3.11 "发布 RemoteApp 程序"窗口

（2）在"发布 RemoteApp 程序"窗口中，勾选"双核浏览器"复选框，单击"下一步"按钮，进入"确认"界面，如图 3.12 所示。选择"双核浏览器"选项，单击"发布"按钮，进入"完成"界面，如图 3.13 所示。单击"关闭"按钮，返回"服务器管理器"窗口，如图 3.14 所示，可以在"RemoteApp 程序"区域中看到"双核浏览器"在 RD Web 访问中可见。

图 3.12 "确认"界面　　　　　　　　　　　　　　图 3.13 "完成"界面

图 3.14 "服务器管理器"窗口

3.3.3　客户端使用 RD Web 访问 RDS 服务器

配置好 RDS 服务器后，可以在客户端主机（Win10-user01）上通过 RD Web 访问服务器分发的程序，就像访问本地应用程序一样。

1. 访问 RDS 服务器

在客户端主机（Win10-user01）上使用 RD Web 访问 RDS 服务器，其操作步骤如下。

（1）打开客户端浏览器，在地址栏中输入"https://192.168.100.100/RDweb"，192.168.100.100 是 RDS 服务器（server-01）的 IP 地址，跳转后会进入"此站点不安全"界面，如图 3.15 所示。选择"转到此网页（不推荐）"选项，继续浏览该网站，连接 RDS 服务器，进入"Work Resources"登录界面，如图 3.16 所示。

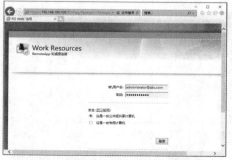

图 3.15 "此站点不安全"界面　　　　　　　图 3.16 "Work Resources"登录界面

（2）在"Work Resources"登录界面中，输入域\用户名和密码，单击"登录"按钮，进入"Work Resources"资源访问界面，如图 3.17 所示。单击"双核浏览器"按钮，进入"正在启动你的应用"界面，如图 3.18 所示。

图 3.17 "Work Resources"资源访问界面

图 3.18 "正在启动你的应用"界面

2. 分发程序的权限设置

利用 RDS 的 RemoteApp 功能可以执行远程 RDS 服务器上的应用程序，并将应用程序画面反映到客户端显示屏上，还可以给用户分配不同的远程访问权限。

（1）以管理员身份登录域控制器 server-01，打开"服务器管理器"窗口，选择"工具"→"Active Directory 用户和计算机"选项，弹出"Active Directory 用户和计算机"窗口，选择"abc.com"选项并单击鼠标右键，在弹出的快捷菜单中选择"组织单位"选项，输入组织单位的名称，创建组织单位 RemoteApp User，并创建用户 rds-user01、rds-user02，如图 3.19 所示。

图 3.19 创建组织单位和用户

（2）打开"服务器管理器"窗口，选择"远程桌面服务"→"集合"→"QuickSessionCollection"选项，在右侧的"RemoteApp 程序"区域中，选择"计算器"选项并单击鼠标右键，弹出"编辑属性"菜单，如图 3.20 所示；选择"编辑属性"选项，进入"计算器（QuickSessionCollection 集合）"界面，选择"用户分配"选项，选中"仅指定的用户和组"单选按钮，单击"添加"按钮，将其分配给用户 rds-user01，如图 3.21 所示。选择"双核浏览器"选项并单击鼠标右键，弹出"编辑属性"菜单，如图 3.22 所示；选择"编辑属性"选项，进入"双核浏览器（QuickSessionCollection 集合）"界面，选择"用户分配"选项，选中"仅指定的用户和组"单选按钮，单击"添加"按钮，将其分配给用户 rds-user02，如图 3.23 所示。

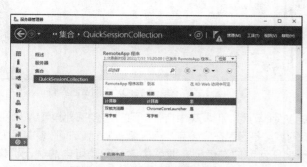

图 3.20 计算器"编辑属性"菜单

图 3.21 分配给用户 rds-user01

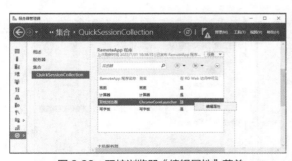
图 3.22　双核浏览器"编辑属性"菜单

图 3.23　分配给用户 rds-user02

（3）通过客户端主机（Win10-user01）访问"https://192.168.100.100/RDweb"，分别以用户 rds-user01、rds-user02 的身份进行登录，观察实验结果。用户 rds-user01 登录界面如图 3.24 所示，rds-user01 访问资源界面如图 3.25 所示。用户 rds-user02 登录界面如图 3.26 所示，rds-user02 访问资源界面如图 3.27 所示。可以发现 rds-user01 可以访问计算器程序，rds-user02 不可以访问计算器程序；rds-user02 可以访问双核浏览器程序，rds-user01 不可以访问双核浏览器程序。

图 3.24　用户 rds-user01 登录界面

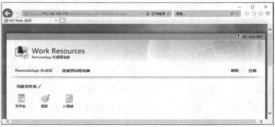
图 3.25　rds-user01 访问资源界面

图 3.26　用户 rds-user02 登录界面

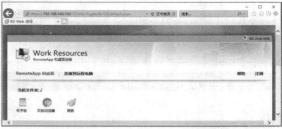
图 3.27　rds-user02 访问资源界面

以上操作可以看到搭建的 RemoteApp 的 Web 访问，但是其中有一个问题是客户端访问 Web 的时候提示证书错误，为什么会出现这个错误呢？其实是因为在安装完"远程桌面 Web 访问"功能后默认使用了一张自签名的证书，而这张证书不被任何客户端信任。要解决这个问题可申请认证机构（Certification Authority，CA）证书，再将其与 RD Web 的网站进行绑定，这里不赘述。

3.3.4 远程桌面管理服务器

在管理服务器时，通常会选择使用远程桌面管理服务器，这样可以方便管理员管理服务器，其操作步骤如下。

1. 服务器配置

服务器具体操作步骤如下。

（1）以管理员的身份登录需要远程管理的服务器，在桌面上选择"此电脑"选项并单击鼠标右键，在弹出的快捷菜单中选择"属性"选项，弹出"系统"窗口，如图 3.28 所示。

V3-2 远程桌面
管理服务器

图 3.28 "系统"窗口

（2）在"系统"窗口中，选择"高级系统设置"选项，弹出"系统属性"对话框，选择"远程"选项卡，如图 3.29 所示。在"远程协助"区域中，勾选"允许远程协助连接这台计算机"复选框；在"远程桌面"区域中，选中"允许远程连接到此计算机"单选按钮，勾选"仅允许运行使用网络级别身份验证的远程桌面计算机连接（建议）"复选框。单击"选择用户"按钮，选择要远程登录的用户，此处以管理员账户 Administrator 为例，如图 3.30 所示。

图 3.29 "远程"选项卡

图 3.30 选择要远程登录的用户

2. 客户端配置

客户端具体操作步骤如下。

（1）按 Win+R 组合键，弹出"运行"对话框，在"打开"文本框中输入"mstsc"命令，如图 3.31 所示。单击"确定"按钮，弹出"远程桌面连接"窗口，如图 3.32 所示。

图 3.31 "运行"对话框　　　　　　　　　图 3.32 "远程桌面连接"窗口

（2）在"远程桌面连接"窗口中，选择"显示选项"选项，可以对远程桌面连接进行更多设置，如图 3.33 所示，在各选项卡中可以进行相应的操作。在"常规"选项卡中，选择"编辑"选项，进入"更新你的凭据"界面，可以输入登录用户的密码；也可以选择"更多选项"选项，选择其他用户进行登录，如图 3.34 所示。单击"确定"按钮，返回"远程桌面连接"窗口，输入要连接的计算机的 IP 地址，单击"连接"按钮，可以实现与远程桌面服务器的连接，如图 3.35 所示。

图 3.33　对远程桌面连接进行更多设置　　　　图 3.34 "更新你的凭据"界面

图 3.35　与远程桌面服务器的连接

项目小结

本项目主要由 4 项【必备知识】和 4 项【项目实施】组成。

必备知识 3.2.1 桌面虚拟化技术概述，主要讲解虚拟桌面基础架构、虚拟操作系统架构、桌面云应用场景。

必备知识 3.2.2 云桌面基础知识，主要讲解云桌面的优势、桌面云的业务价值，以及普通桌面、虚拟化桌面和移动化桌面。

必备知识 3.2.3 云桌面系统基本架构，主要讲解终端设备层、网络接入层、云桌面控制层、虚拟化平台层、硬件资源层、应用层。

必备知识 3.2.4 远程桌面服务基础知识，主要包括远程桌面服务简介、RDS 的组件及其功能介绍。

项目实施 3.3.1 安装 RDS 服务器，主要讲解 RDS 服务器的安装。

项目实施 3.3.2 发布应用程序，主要讲解应用程序的发布。

项目实施 3.3.3 客户端使用 RD Web 访问 RDS 服务器，主要讲解访问 RDS 服务器、分发程序的权限设置。

项目实施 3.3.4 远程桌面管理服务器，主要讲解服务器配置、客户端配置。

课后习题

1. 选择题

（1）【多选】桌面虚拟化的特性有（　　　）。

　　A. 很多设备都可以成为桌面虚拟化的终端载体

　　B. 一致的用户体验

　　C. 按需提供的应用

　　D. 对不同类型的桌面虚拟化，能够满足用户需求

（2）【多选】VDI 的主要特点有（　　）。

　　A. 集中管理、集中运算　　　　　　　　B. 安全可控

　　C. 多种接入方式　　　　　　　　　　　D. 降低运维成本

（3）【多选】VOI 的主要特点有（　　）。

　　A. 集中管理、本地运算　　　　　　　　B. 灵活管理、安全保障

　　C. 降低运维成本　　　　　　　　　　　D. 安装简易、维护方便

（4）【多选】云桌面的优势有（　　）。

　　A. 工作桌面集中维护和部署，桌面服务能力和工作效率提高

　　B. 集中管理、安全性高

　　C. 低碳环保、成本减少

　　D. 多终端多操作系统的接入，方便用户使用

2. 简答题

（1）简述虚拟桌面基础架构。

（2）简述虚拟操作系统架构。

（3）简述云桌面的优势。

（4）简述云桌面基本架构。

（5）简述远程桌面服务基础知识。

项目4
Hyper-V虚拟化技术

04

【学习目标】

- 了解Hyper-V基础知识、Hyper-V功能特性、Hyper-V系统架构及其优势等相关理论知识。
- 掌握Hyper-V的安装、Hyper-V虚拟机管理的方法。
- 掌握Hyper-V虚拟机硬盘管理及Hyper-V虚拟机存储管理等相关知识与技能。

【素养目标】

- 培养解决实际问题的能力，树立团队协助、团队互助等意识。
- 培养工匠精神，要求做事严谨、精益求精、着眼细节、爱岗敬业。

4.1 项目描述

Hyper-V 是微软的一款虚拟化产品，是微软的第一款类似 VMware ESXi 和 Citrix Xen 的基于 Hypervisor 的系统管理程序虚拟化产品，它的主要作用就是管理、调度虚拟机的创建和运行，能够实现桌面虚拟化。这意味着微软会更加直接地与市场先行者 VMware 展开竞争，但竞争的方式会有所不同。Windows Server 是领先的服务器操作系统，可为全球中小企业提供帮助，特别是 Windows Server 2019 操作系统，它在虚拟化和安全等方面都有较大的提升，无论是桌面界面设计，还是特色功能选项，都更加人性化，是一个不可多得的服务器操作系统。本项目讲解 Hyper-V 基础知识、Hyper-V 功能特性、Hyper-V 系统架构及其优势等相关理论知识，项目实施部分讲解 Hyper-V 的安装、Hyper-V 虚拟机管理、Hyper-V 虚拟机硬盘管理以及 Hyper-V 虚拟机存储管理等相关知识与技能。

4.2 必备知识

4.2.1 Hyper-V 基础知识

Hyper-V 的设计目的是为众多用户提供更为熟悉及成本效益更高的虚拟化基础设施，使用 Hyper-V 可以降低运作成本、提高硬件利用率、优化基础设施并提高服务器的可用性。在微软的 Hyper-V 虚拟机创建过程中，最大虚拟硬盘大小可以达到 2040GB，当然，即使创建 2TB 的硬盘，也不会立刻就占用 2TB 的物理空间。

Hyper-V 是基于 Hypervisor 的虚拟化技术，适用于某些 x64 版本的 Windows 操作系统。虚拟机监控程序是虚拟化的核心，它是特定于处理器的虚拟化平台，允许多个独立的操作系统共享单个硬件平台。Hyper-V 支持按分区隔离，分区是虚拟机监控程序支持的逻辑隔离单元，其中会运行操作系统。微软虚拟机监控程序至少具有一个运行 Windows 的父分区或根分区。虚拟化管理堆栈在父分区中运行，并且可以直接访问硬件设备。父分区使用虚拟化调用 API 来创建子分区，子分区用以托管操作系统。分区无法访问物理处理器，也无法处理处理器中断，但它们具有处理器虚拟视图，并可在专用于每个分区的虚拟内存地址区域中运行。虚拟机监控程序会处理处理器中断，并且会将中断重定向到各自的分区。Hyper-V 还可以使用独立于 CPU 所用的内存管理硬件运行的输入/输出内存管理单元（Input/Output Memory Management Unit，I/OMMU），以对各个虚拟地址空间之间的地址转换进行硬件加速，I/OMMU 用于将物理内存地址重新映射到子分区所使用的地址。

1. Windows Server 2019 操作系统简介

Windows Server 2019 是由微软公司在 2018 年 11 月 13 日正式推出的服务器操作系统。该系统基于 Windows Server 2016 开发而成，是对 Windows NT Server 的进一步拓展和延伸，是 Windows 服务器体系中的重量级产品。Windows Server 2019 与 Windows 10 同宗同源，提供图形用户界面（Graphical User Interface，GUI），包含大量服务器相关新特性，也是微软提供长达十年技术支持的新一代产品，向企业和服务提供商提供先进、可靠的服务。Windows Server 2019 主要用于虚拟专用服务器（Virtual Private Server，VPS）或物理服务器，可用于架设网站或者提供各类网络服务。它提供了四大新特性：混合云、安全、应用程序平台和超融合基础架构。Windows Server 2019（1809 版）将会作为下一个长期服务频道（Long-Term Servicing Channel，LTSC）版本为企业提供服务，同时新版将继续提高安全性并提供比以往更强大的性能。

Windows Server 2019 拥有全新的用户界面（User Interface，UI），强大的管理工具、改进的 Windows PowerShell 支持，在网络、存储和虚拟化方面增加了大量的新特性，并且底层特意为云设计，提供了创建私有云和公有云的基础设施。Windows Server 2019 规划了一套完备的虚拟化平台，不仅可以应对多工作负载、多应用程序、高强度和可伸缩的架构，还可以简单、快捷地进行平台管理。另外，其在保障数据和信息的高安全性、可靠性、省电、整合方面，也进行了诸多改进。

Windows Server 2019 的特点如下。

（1）超越虚拟化。Windows Server 2019 提供了一系列新增和改进的技术，使云计算的潜能得到了充分发挥，其中最大的亮点就是私有云的创建。在 Windows Server 2019 的开发过程中，对 Hyper-V 的功能与特性进行了大幅的改进，从而能为企业组织提供动态的多租户基础架构。企业组织可在灵活的 IT 环境中部署私有云，并能动态响应不断变化的业务需求。

（2）功能强大、管理简单。Windows Server 2019 可帮助 IT 专业人员在针对云进行优化的同时，提供高度可用、易于管理的多服务器平台，更快捷、更高效地满足业务需求，并且可以通过基于软件的策略控制技术更好地管理系统，从而获得各类收益。

（3）跨越云端的应用体验。Windows Server 2019 是一套全面、可扩展、适应性强的 Web 与应用程序平台，能为用户提供足够的灵活性，可供用户在内部、云端、混合式环境中构建和部署应用程序，并能提供一致性的开放式工具。

（4）现代化的工作方式。Windows Server 2019 在设计上可以满足现代化工作风格的需求，帮助管理员使用智能并且高效的方法提升企业环境中的用户生产力，尤其是涉及集中化桌面的场景。

2. Hyper-V 网络基本概念

Hyper-V 提供建立多台虚拟机使用虚拟网络的能力，它可使虚拟机具有更好的伸缩性，并且可以提高网络的资源利用率。

Windows Server 2019 提供了基于策略且由软件控制的网络虚拟化，这样当企业扩大专用 IaaS 云时可降低面临的管理开销。网络虚拟化还为云托管提供商提供了更好的灵活性，为管理虚拟机提供了更好的伸缩性及更高的资源利用率。Hyper-V 通过模拟一个应用标准的国际标准化组织/开放系统互连参考模型（International Organization for Standardization/Open System Interconnection Reference Model，ISO/OSI Reference Model）的二层交换机来支持以下 3 种虚拟网络。

（1）External（外部虚拟网络）：虚拟机和物理网络都希望能通过本地主机通信。当允许子分区（虚拟机或客户端）与外部服务器的父分区（管理操作系统或主机）通信时，可以使用此类型的虚拟网络。此类型的虚拟网络还允许位于同一物理服务器上的虚拟机互相通信。

（2）Internal（内部虚拟网络）：虚拟机之间互相通信，并且虚拟机能和本机通信。当允许同一物理服务器上的子分区与子分区之间或子分区与父分区之间进行通信时，可以使用此类型的虚拟网络。内部虚拟网络是未绑定到物理网络适配器的虚拟网络，它通常在测试环境中用于实现操作系统到虚拟机的连接管理。

（3）Private（专用虚拟网络）：仅允许运行在这台物理机上的虚拟机之间互相通信。当只允许同一物理服务器上的子分区与子分区之间进行通信时，可以使用此类型的虚拟网络。专用虚拟网络是一种无须在父分区中安装虚拟网络适配器的虚拟网络。在希望将子分区从父分区及外部虚拟网络的网络通信中分离出来时，通常会使用专用虚拟网络。

Windows Server 2019 的 Hyper-V 虚拟交换机（vSwitch）引入了很多用户要求的功能，如实现租户隔离、通信调整、防止恶意虚拟机、更轻松地排查问题等，能够支持非 Microsoft 扩展的开放可扩展性和可管理性方面的改进，可以编写非 Microsoft 扩展，以及模拟基于硬件的交换机的全部功能，支持更复杂的虚拟环境和解决方案。

Hyper-V vSwitch 是第 2 层虚拟网络交换机，它以编程方式提供管理和扩展功能，从而将虚拟机连接到物理网络。Hyper-V vSwitch 为安全、隔离及服务级别提供强制策略。通过支持网络设备接口规格筛选器驱动程序和 Windows 筛选平台标注驱动程序，Hyper-V vSwitch 允许使用增强网络和具有安全功能的非 Microsoft 可扩展插件。

Hyper-V vSwitch 扮演的角色与物理网络交换机为物理设备提供与虚拟机类似的功能，因此可以轻松管理、排查及解决网络问题。为此，Windows Server 2019 提供了 Windows PowerShell Cmdlets，可以用来构建命令行工具或者启用脚本自动执行，以便进行设置、配置、监视和问题排查。统一的跟踪配置已扩展到 Hyper-V vSwitch 中，用来支持两个级别的问题排查。在第一个级别中，Windows 事件跟踪能够通过 Hyper-V vSwitch 和扩展跟踪数据包事件。第二个级别允许捕获数据包，以便实现事件和通信数据包的完全跟踪。

Hyper-V vSwitch 是一个开放的平台，该平台通过使用标准 Windows API 框架和减少各种功能所需的非 Microsoft 代码提高了扩展的可用性，并通过认证计划保证了可靠性。通过使用 Windows PowerShell Cmdlets 或者 Hyper-V 管理器来管理 Hyper-V vSwitch 及其扩展。

4.2.2　Hyper-V 功能特性

Hyper-V 是 Windows Server 中的一个功能组件，可以提供基本的虚拟化平台，让用户能够实现向云端迁移。Windows Server 2019 对 Hyper-V 集群具有很好的支持，它可以将多达 63 台 Hyper-V 主机、4000 个虚拟机创建在一个集群中。Windows Server 2019 拥有的其他功能，如集群感知的修补、重复数据删除和 BitLocker 加密，使得管理和维护 Hyper-V 集群更容易。与 Windows Server 2008 搭载的 Hyper-V 2.0 相比，Windows Server 2019 搭载的新版本 Hyper-V 更新并增加了很多功能和特性。

Windows Server 2019 很好地改进了虚拟化平台的可扩展性和性能，使有限的资源借助 Hyper-V 的管理能够更快地运行更多的工作负载，并能够帮助用户卸载特定的软件。通过 Windows Server 2019 可生成一个高密度、高度可扩展的环境，该环境可根据客户需求适应最优级别的平台。当虚拟机移动到云中时，Hyper-V 网络虚拟化保持本身的 IP 地址不变，同时提供与其他租户虚拟机的隔离性，即使虚拟机使用相同的 IP 地址。

Hyper-V 提供了可扩展的交换机，通过该交换机可实现多租户的安全性选项、隔离选项、流量模型、网络流量控制、防范恶意虚拟机的内置安全保护机制、QoS 和带宽管理功能，可以提高虚拟环境的整体表现和资源使用量，同时可使计费更详细、准确。Hyper-V 具有大规模部署和高性能特性，每台主机支持高达 160 个逻辑处理器、2TB 内存以及 32 个虚拟机处理器。每台虚拟机的下一代虚拟磁盘（Virtual Hard Disk，VHDX）格式虚拟硬盘支持高达 16TB 的磁盘扇区，下一代硬盘将会支持更大的磁盘容量。当客户操作系统支持 Hyper-V 直通磁盘时，其没有容量限制。

Hyper-V 网卡虚拟化技术——单根 I/O 虚拟化（Single Root I/O Virtualization，SR-IOV）支持将网卡映射到虚拟机中以便扩展工作负载。对 10GB 以上的工作负载来说，SR-IOV 显得尤为重要。Hyper-V 卸载式数据传输（Offloaded Data Transfer，ODX）技术使虚拟磁盘、阵列与数据中心之间的数据传输更加安全，同时几乎不占用 CPU 负载。客户机光纤通道（Fiber Channel，FC）增加了虚拟机存储选项以支持光纤通道 SAN，通过 FC 支持客户机集群，支持多客户机、多路径 I/O。

在实时迁移方面，Hyper-V 提供无共享实时迁移功能（其他虚拟化技术迁移往往依赖共享存储），只需一个网络连接便可实时地迁移虚拟机，支持零宕机时间存储服务和存储负载均衡。并发实时迁移和并发实时存储迁移使企业能够按照需要实时迁移虚拟机或虚拟存储，因此，Hyper-V 实时迁移的唯一限制是企业提供的硬件数量的多少。Hyper-V 支持 Live Migrations 优先级别，支持基于服务器信息块（Server Message Block，SMB）2.2 的文件存储，使得管理员更容易配置和管理存储，以及利用现有的网络资源。

Windows Server 2019 的 Hyper-V 可以实时迁移虚拟机的任何部分，也可以选择是否需要高可用性。

4.2.3　Hyper-V 系统架构及其优势

一般来说，在 Hyper-V 之前，Windows 平台常见的操作系统虚拟化技术一般采用了两种架构，即 Type 2 架构和 Hybrid 架构。

1. Hyper-V 系统架构

Hyper-V 系统架构具体内容如下。

（1）Type 2 架构

Type 2 架构的特点如下：物理机的硬件上运行操作系统，操作系统上运行 VMM。VMM 作为这个架构当中的虚拟化层（Virtualization Layer），其主要工作是创建和管理虚拟机，分配总体资源给各虚拟机，并且保持各虚拟机的独立性，也可以把它看作一个管理层。在 VMM 上面运行的就是各 Guest 虚拟机。但这个架构有一个很大的问题，Guest 虚拟机要穿越 VMM 和 HostOS（宿主机操作系统）这两层来访问硬件资源，这样就损失了很多的性能，效率不高。采用这种架构的典型产品就是 Java Virtual Machine 及.NET CLR Virtual Machine。

（2）Hybrid 架构

Hybrid 架构和 Type 2 架构不同的是，VMM 和 HostOS 处于同一个层面上，也就是说，VMM和 HostOS 同时运行在内核中，交替地使用 CPU。这种架构比 Type 2 架构的运算速度快很多，因为在 Type 2 架构下 VMM 通常运行在用户模式中，而 Hybrid 运行在内核模式中。

Hyper-V 没有使用上面所说的两种架构，而是采用了一种全新的基于 Type 1 的架构，也就是 Hypervisor 架构。和以前的架构相比，它直接用 VMM 代替了 HostOS。HostOS 从这个架构当中彻底消失，将 VMM 直接嵌入在硬件里面，所以 Hyper-V 要求 CPU 必须支持虚拟化。这种做法带来了虚拟机 OS 访问硬件的性能的直线提升。VMM 在这个架构中就是 Hypervisor，它处于硬件和很多虚拟机之间，其主要目的是提供多个孤立的执行环境。这些执行环境被称为分区（Partition），每一个分区都被分配了自己独有的一套硬件资源，即内存、CPU、I/O 设备，并且包含 GuestOS。以 Hyper-V 为基础的虚拟化技术拥有强劲的潜在性能。Hyper-V 系统架构如图 4.1 所示。

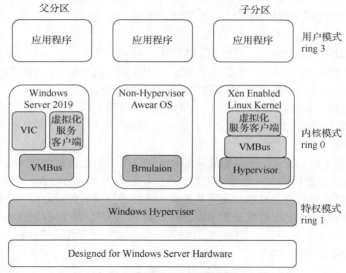

图 4.1　Hyper-V 系统架构

2. Hyper-V 系统架构的优势

Hyper-V 采用了微内核的架构，兼顾了安全性和性能的要求。Hyper-V 底层的 Hypervisor 运行在最高的特权级别下，微软将其称为 ring 1（Intel 则将其称为 root mode），而虚拟机的 OS 内核和驱动运行在 ring 0，应用程序运行在 ring 3 下。这种架构不需要采用复杂的二进制特权指令翻译技术，可以进一步提高安全性。

VPS 技术是将一台服务器设置成多个 VPS 的优质服务。实现 VPS 的技术分为容器技术和虚拟化技术。在容器或虚拟机中，每个 VPS 都可选配独立公网 IP 地址、独立操作系统，实现不同 VPS 间磁盘空间、内存、CPU 资源、进程和系统配置的隔离，为用户和应用程序模拟出"独占"计算资源的体验。VPS 可以像独立服务器一样，重装操作系统、安装程序、单独重启服务器。VPS 为使用者提供了管理、配置的自由，可用于企业虚拟化，也可以用于 IDC 资源租用。

Hyper-V 系统架构的优势如下。

（1）高效率的 VMBus 架构

因为 Hyper-V 底层的 Hypervisor 代码量很小，不包含任何第三方的驱动，非常精简，所以安全性更高。Hyper-V 采用基于 VMBus（虚拟机总线）的高速内存总线架构，来自虚拟机的硬件（显卡、鼠标、磁盘、网络）请求可以直接经过虚拟化服务客户端（Virtualization Service Client，VSC）或经过虚拟指令集（Virtual Instruction Set，VIC），通过 VMBus 发送到根分区的 VPS，VPS 调用对应的设备驱动，直接访问硬件，中间不需要 Hypervisor 的帮助。这种架构效率很高，不再像以前的 Virtual Server，每个硬件请求都需要经过用户模式、内核模式的多次切换、转移。Hyper-V 可以支持虚拟对称多处理（Symmetrical Multi-Processing，SMP），而 Windows Server 2019 虚拟机最多可以支持 4 个虚拟 CPU。每个虚拟机最多可以使用 64GB 内存，还可以支持 x64 操作系统。

（2）完美支持 Linux 操作系统

Hyper-V 可以很好地支持 Linux。我们可以安装支持 Xen 的 Linux 内核，这样 Linux 就可以知道自己运行在 Hyper-V 之上；还可以安装专门为 Linux 设计的 Integrated Components，其中包含磁盘和网络适配器的 VMBus 驱动，这样 Linux 虚拟机也能拥有高性能。这对采用 Linux 操作系统的企业非常友好，这样我们就可以把所有的服务器，包括 Windows 服务器和 Linux 服务器，全部迁移到 Windows Server 2019 平台上，不仅可以充分利用 Windows Server 2019 带来的新高级特性，还可以保证原来的 Linux 关键应用不会受到影响。

和之前的 Virtual PC、Virtual Server 类似，Hyper-V 也是微软的一套虚拟化技术解决方案，但在各方面都取得了长足的发展。Hyper-V 可以采用半虚拟化和全虚拟化两种方式创建虚拟机。半虚拟化方式要求虚拟机与物理主机的操作系统（通常是版本相同的 Windows）相同，以使虚拟机达到高性能；全虚拟化方式要求 CPU 支持全虚拟化技术（如 Intel VT 或 AMD-V），以便能够创建使用不同的操作系统（如 Linux 和 macOS）的虚拟机。从架构上讲，Hyper-V 只有"硬件—Hyper-V—虚拟机"3 层，本身非常小巧，代码简单，且不包含任何第三方驱动，所以安全可靠、执行效率高，能充分利用硬件资源，使虚拟机系统性能更接近真实系统性能。

（3）实现服务器零宕机，确保每个 VPS 独占资源

为什么用户往往会钟情于独立主机服务呢？最重要的原因之一就是其对服务器有完全的控制权并且不受外界其他因素的干扰。而 VPS 则具有同样的功能，VPS 实现了两个隔离，即软件和硬件的隔离以及客户之间的隔离。

① 软件和硬件的隔离

VPS 采用操作系统虚拟化技术实现了软件和硬件的隔离，因而封锁了恶意程序经常利用的攻击入口，从而增强了服务器的安全性，这同时意味着 VPS 可以被快速而容易地从一台服务器迁移至另一台服务器。事实上，VPS 甚至比独立的服务器更加安全可靠。由于基于操作系统虚拟化技术，VPS 完全与底层硬件隔离，通过操作系统模板可轻松实现 VPS 的开通，可以通过拖曳方式瞬间实现 VPS 迁移，从而真正实现服务器维护和更新时零宕机。

② 客户之间的隔离

每一个 VPS 都拥有独立的服务器的资源（包括驱动器、CPU、内存、硬盘和网络 I/O 设备）。由于 Hyper-V 采用动态的分区隔离，VPS 可实现不同客户之间的完全隔离。客户之间的隔离确保每个 VPS 都能独占自己的服务器资源，没有人可以影响同一物理服务器下的其他客户。

（4）安全可靠

虚拟化服务器比独立服务器更安全。Hyper-V 底层架构改变了攻击节点并阻止了类似拒绝服务的攻击。

4.3 项目实施

4.3.1 Hyper-V 的安装

V4-1 Hyper-V 的
安装

Hyper-V 的安装方式不同于其他虚拟化平台的安装方式，需要服务器硬件支持虚拟化，需要在服务器 BIOS 中进行相应的设置。例如，在 VMware Workstation 中安装 Windows Server 2019 时，需要在虚拟机 VMware Workstation 的菜单中进行相应的设置。

（1）选择"虚拟机"→"设置"选项，如图 4.2 所示。弹出"虚拟机设置"对话框，如图 4.3 所示，在"虚拟化引擎"区域中，勾选相应的复选框。

图 4.2 选择"设置"选项

图 4.3 "虚拟机设置"对话框

（2）在 Windows Server 2019 操作系统桌面上，选择"此电脑"选项并单击鼠标右键，弹出快捷菜单，如图 4.4 所示。选择"管理"选项，弹出"服务器管理器"窗口，如图 4.5 所示。

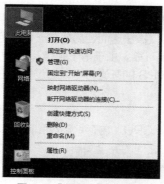

图 4.4 "此电脑"快捷菜单

图 4.5 "服务器管理器"窗口

（3）在"服务器管理器"窗口中，选择"管理"→"添加角色和功能"选项，弹出"添加角色和功能向导"窗口，如图 4.6 所示。单击"下一步"按钮，进入"选择安装类型"界面，如图 4.7 所示。

图 4.6 "添加角色和功能向导"窗口

图 4.7 "选择安装类型"界面

（4）在"选择安装类型"界面中，选中"基于角色或基于功能的安装"单选按钮，单击"下一步"按钮，进入"选择目标服务器"界面，如图 4.8 所示。选中"从服务器池中选择服务器"单选按钮，选择相应的服务器，单击"下一步"按钮，进入"选择服务器角色"界面，如图 4.9 所示。

图 4.8 "选择目标服务器"界面

图 4.9 "选择服务器角色"界面

（5）在"选择服务器角色"界面中，勾选"Hyper-V"复选框，弹出"添加角色和功能向导"对话框。勾选"包括管理工具（如果适用）"复选框，单击"添加功能"按钮，返回"选择服务器角色"界面，如图 4.10 所示，单击"下一步"按钮，进入"选择功能"界面，如图 4.11 所示。

图 4.10 返回"选择服务器角色"界面

图 4.11 "选择功能"界面

（6）在"选择功能"界面中，保留默认设置，单击"下一步"按钮，进入"Hyper-V"界面，如图 4.12 所示。单击"下一步"按钮，进入"创建虚拟交换机"界面，如图 4.13 所示。

（7）在"创建虚拟交换机"界面中，选择相应的网络适配器，单击"下一步"按钮，进入"虚拟机迁移"界面，如图 4.14 所示。保留默认设置，单击"下一步"按钮，进入"默认存储"界面，如图 4.15 所示。

图 4.12 "Hyper-V" 界面

图 4.13 "创建虚拟交换机" 界面

图 4.14 "虚拟机迁移" 界面

图 4.15 "默认存储" 界面

（8）在"默认存储"界面中，选择"虚拟硬盘文件的默认位置"和"虚拟机配置文件的默认位置"的路径，单击"下一步"按钮，进入"确认安装所选内容"界面，如图 4.16 所示。保留默认设置，单击"安装"按钮，进入"安装进度"界面，如图 4.17 所示。安装完成后，单击"关闭"按钮，返回"服务器管理器"窗口，重新启动虚拟机完成 Hyper-V 相应设置。

图 4.16 "确认安装所选内容" 界面

图 4.17 "安装进度" 界面

4.3.2 Hyper-V 虚拟机管理

Hyper-V 虚拟机管理的操作步骤如下。

（1）打开"服务器管理器"窗口，选择"工具"→"Hyper-V 管理器"选项，如图 4.18 所示，弹出"Hyper-V 管理器"窗口。

V4-2 Hyper-V
虚拟机管理

（2）在"Hyper-V 管理器"窗口中，选择相应的服务器并单击鼠标右键，在弹出的快捷菜单中选择"新建"→"虚拟机"选项，如图 4.19 所示，弹出"新建虚拟机向导"窗口，如图 4.20 所示。单击"下一步"按钮，进入"指定名称和位置"界面。

图 4.18　选择"Hyper-V 管理器"选项

图 4.19　"Hyper-V 管理器"窗口

（3）在"指定名称和位置"界面中，设置相应的虚拟机的名称和位置，如图 4.21 所示，单击"下一步"按钮，进入"指定代数"界面，如图 4.22 所示。在"选择此虚拟机的代数"区域中，选中"第二代"单选按钮，单击"下一步"按钮，进入"分配内存"界面。

图 4.20　"新建虚拟机向导"窗口

图 4.21　"指定名称和位置"界面

（4）在"分配内存"界面中，输入分配内存的容量大小，如图 4.23 所示，单击"下一步"按钮，进入"配置网络"界面，如图 4.24 所示。选择相应的网络适配器，单击"下一步"按钮，进入"连接虚拟硬盘"界面。

图 4.22　"指定代数"界面

图 4.23　"分配内存"界面

（5）在"连接虚拟硬盘"界面中，选中"创建虚拟硬盘"单选按钮，输入相应设置，如图 4.25 所示，单击"下一步"按钮，进入"安装选项"界面。选中"从可启动的映像文件安装操作系统"单选按钮，单击"浏览"按钮，选择相应的文件，如图 4.26 所示，单击"下一步"按钮，进入"正在完成新建虚拟机向导"界面，如图 4.27 所示。

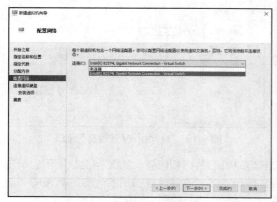

图 4.24　"配置网络"界面

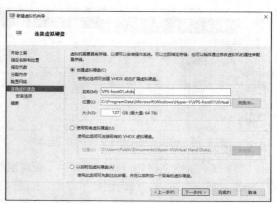

图 4.25　"连接虚拟硬盘"界面

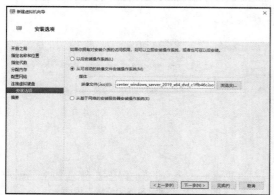

图 4.26　"安装选项"界面

图 4.27　"正在完成新建虚拟机向导"界面

（6）在"正在完成新建虚拟机向导"界面中，单击"完成"按钮，返回"Hyper-V 管理器"窗口。

（7）在"Hyper-V 管理器"窗口中，选择刚刚创建的虚拟机并单击鼠标右键，在弹出的快捷菜单中选择"启动"选项，如图 4.28 所示，再选择"连接"选项，弹出"虚拟机连接"窗口，如图 4.29 所示。按任意键，进行操作系统安装，弹出"Windows 安装程序"窗口，如图 4.30 所示，Windows Server 2019 操作系统的安装过程这里不赘述。

图 4.28　启动虚拟机

（8）Windows Server 2019 操作系统安装完成后，操作系统自动重新启动，如图 4.31 所示。进入登录系统界面后，选择"操作"→"Ctrl+Alt+Delete"选项，发送命令以登录系统，如图 4.32 所示。输入相应的用户名的密码，进入 Windows Server 2019 操作系统桌面，如图 4.33 所示。

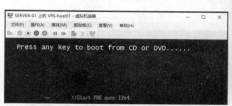

图 4.29 "虚拟机连接"窗口

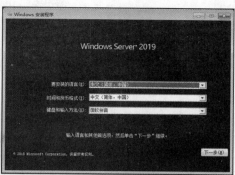

图 4.30 "Windows 安装程序"窗口

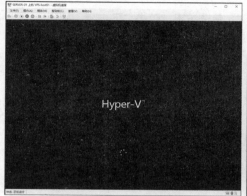

图 4.31 操作系统自动重新启动

图 4.32 登录系统

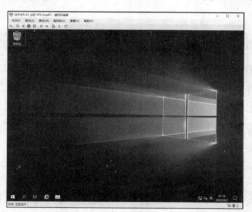

图 4.33 Windows Server 2019 操作系统桌面

4.3.3 Hyper-V 虚拟机硬盘管理

Hyper-V 虚拟机硬盘管理的操作步骤如下。

（1）在"Hyper-V 管理器"窗口中，选择相应的服务器并单击鼠标右键，在弹出的快捷菜单中选择"新建"→"硬盘"选项，弹出"新建虚拟硬盘向导"对话框，如图 4.34 所示，单击"下一步"按钮，进入"选择磁盘格式"界面，如图 4.35 所示。

V4-3 Hyper-V
虚拟机硬盘管理

图 4.34 "新建虚拟硬盘向导"对话框

图 4.35 "选择磁盘格式"界面

（2）在"选择磁盘格式"界面中，选中"VHDX"单选按钮，单击"下一步"按钮，进入"选择磁盘类型"界面，如图 4.36 所示。选中"动态扩展"单选按钮，单击"下一步"按钮，进入"指定名称和位置"界面，如图 4.37 所示。

图 4.36 "选择磁盘类型"界面

图 4.37 "指定名称和位置"界面

（3）在"指定名称和位置"界面中，输入指定虚拟硬盘文件的名称和位置，单击"下一步"按钮，进入"配置磁盘"界面。选中"新建空白虚拟硬盘"单选按钮，输入硬盘容量大小，如图 4.38 所示，单击"下一步"按钮，进入"正在完成新建虚拟硬盘向导"界面，如图 4.39 所示。

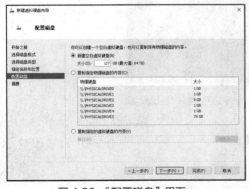

图 4.38 "配置磁盘"界面

图 4.39 "正在完成新建虚拟硬盘向导"界面

（4）在"正在完成新建虚拟硬盘向导"界面中，单击"完成"按钮，返回"Hyper-V 管理器"窗口，在该窗口的右侧"操作"区域中，选择"编辑磁盘"选项，弹出"编辑虚拟硬盘向导"对话框，如图 4.40 所示。单击"下一步"按钮，进入"查找虚拟硬盘"界面，如图 4.41 所示。

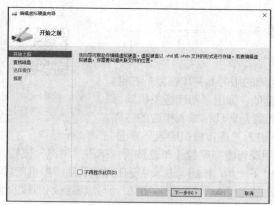

图 4.40 "编辑虚拟硬盘向导"对话框

图 4.41 "查找虚拟硬盘"界面

（5）在"查找虚拟硬盘"界面中，单击"浏览"按钮，选择虚拟硬盘文件，单击"下一步"按钮，进入"选择操作"界面，如图 4.42 所示。选中"压缩"单选按钮，单击"下一步"按钮，进入"正在完成编辑虚拟硬盘向导"界面，如图 4.43 所示，单击"完成"按钮。

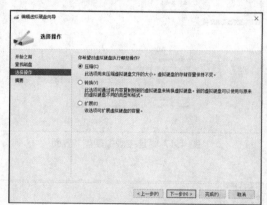

图 4.42 "选择操作"界面

图 4.43 "正在完成编辑虚拟硬盘向导"界面

（6）在"Hyper-V 管理器"窗口右侧的"操作"区域中，选择"检查磁盘"选项，弹出"打开"对话框，如图 4.44 所示。选择要检测的磁盘（如 vh01.xhdx），单击"打开"按钮，弹出"虚拟硬盘属性"窗口，如图 4.45 所示，可以查看虚拟硬盘的相关信息，单击"关闭"按钮，返回"Hyper-V管理器"窗口。

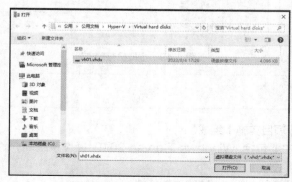

图 4.44 "打开"对话框

图 4.45 "虚拟硬盘属性"窗口

4.3.4 Hyper-V 虚拟机存储管理

Hyper-V 虚拟机存储管理的操作步骤如下。

（1）在"Hyper-V 管理器"窗口中，选择相应的服务器并单击鼠标右键，在弹出的快捷菜单中选择"新建"→"虚拟机"选项，弹出"新建虚拟机向导"窗口，单击"下一步"按钮，进入"指定名称和位置"界面，输入相应的名称，如图 4.46 所示。持续单击"下一步"按钮，直到进入"连接虚拟硬盘"界面。

（2）在"连接虚拟硬盘"界面中，选中"使用现有虚拟硬盘"单选按钮，单击"浏览"按钮，选择相应的虚拟硬盘文件，如图 4.47 所示，单击"下一步"按钮，进入"正在完成新建虚拟机向导"界面，如图 4.48 所示。单击"完成"按钮，返回"Hyper-V 管理器"窗口，可以看到刚创建的虚拟机存储主机，如图 4.49 所示。

V4-4 Hyper-V
虚拟机存储管理

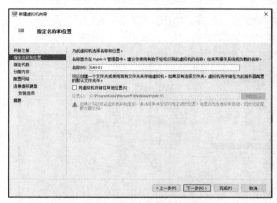

图 4.46 "指定名称和位置"界面

图 4.47 "连接虚拟硬盘"界面

图 4.48 "正在完成新建虚拟机向导"界面

图 4.49 虚拟机存储主机

项目小结

本项目主要由 3 项【必备知识】和 4 项【项目实施】组成。

必备知识 4.2.1 Hyper-V 基础知识，主要包括 Windows Server 2019 操作系统简介、Hyper-V 网络基本概念。

必备知识 4.2.2 Hyper-V 功能特性，主要讲解 Hyper-V 的功能特性。

必备知识 4.2.3 Hyper-V 系统架构及其优势，主要讲解 Hyper-V 系统架构、Hyper-V 系统架构的优势。

项目实施 4.3.1 Hyper-V 的安装，主要讲解如何安装 Hyper-V。

项目实施 4.3.2 Hyper-V 虚拟机管理，主要讲解 Hyper-V 虚拟机的管理。

项目实施 4.3.3 Hyper-V 虚拟机硬盘管理，主要讲解 Hyper-V 虚拟机硬盘的管理。

项目实施 4.3.4 Hyper-V 虚拟机存储管理，主要讲解 Hyper-V 虚拟机存储的管理。

课后习题

1. 选择题

（1）Hyper-V 二层交换机支持的虚拟网络为（　　）。

    A. External（外部虚拟网络）   B. Internal（内部虚拟网络）

    C. Private（专用虚拟网络）   D. 以上均可以

（2）【多选】Windows Server 2019 的特点有（　　）。

    A. 超越虚拟化   B. 功能强大、管理简单

    C. 跨越云端的应用体验   D. 现代化的工作方式

（3）【多选】Hyper-V 系统架构的优势有（　　）。

    A. 高效率的虚拟机总线 VMBus 架构

    B. 完美支持 Linux 操作系统

    C. 实现了服务器零宕机，确保每个 VPS 独占资源

    D. 软件和硬件的隔离

2. 简答题

（1）简述 Windows Server 2019 的特点。

（2）简述 Hyper-V 二层交换机支持的 3 种虚拟网络。

（3）简述 Hyper-V 功能特性。

（4）简述 Hyper-V 系统架构。

（5）简述 Hyper-V 系统架构的优势。

项目5
Docker容器技术

05

【学习目标】

- 理解Docker技术基础知识、Docker镜像基础知识、Docker常用命令、Dockerfile相关知识、Docker容器基础知识、Docker容器实现原理等相关理论知识。
- 理解Docker Compose基础知识、Docker Compose文件基础知识、Docker Compose常用命令以及Docker仓库基础知识等相关理论知识。
- 掌握Docker安装与部署，离线环境下导入镜像，通过docker commit命令创建镜像，利用Dockerfile创建镜像，Docker容器创建和管理，安装Docker Compose并部署WordPress，从源代码开始构建、部署和管理应用程序等相关知识与技能。
- 掌握私有镜像仓库Harbor部署、Harbor项目配置与管理以及Harbor系统管理与维护等相关知识与技能。

【素养目标】

- 培养自我学习的能力、习惯。
- 培养实践动手能力，能解决工作中遇到的实际问题，树立爱岗敬业精神。

5.1 项目描述

随着信息技术的飞速发展，人类进入云计算时代，云计算时代孕育出众多的云平台。但众多的云平台的标准、规范不统一，每个云平台都有各自独立的资源管理策略、网络映射策略和内部依赖关系，导致各个平台无法做到相互兼容、相互连接。同时，应用的规模越来越庞大、逻辑越来越复杂，任何一款应用产品都难以顺利地从一个云平台迁移到另外一个云平台。但 Docker 的出现打破了这种局面。Docker 利用容器弥合了各个平台之间的差异，通过容器来打包应用、解耦应用和运行平台。在进行产品迁移的时候，在新的服务器上启动所需的容器即可，大大降低了迁移成本。本项目讲解 Docker 技术基础知识、Docker 镜像基础知识、Docker 常用命令、Dockerfile 相关知识、Docker 容器基础知识、Docker 容器实现原理、Docker Compose 基础知识、Docker Compose 文件基础知识、Docker Compose 常用命令及 Docker 仓库基础知识等相关理论知识；项目实施部分讲解 Docker 安装与部署，离线环境下导入镜像，通过 docker commit 命令创建镜像，利用 Dockerfile 创建镜像，Docker 容器创建和管理，安装 Docker Compose 并部署 WordPress，从源代码开始构建、部署和管理应用程序，私有镜像仓库 Harbor 部署，Harbor 项目配置与管理以及

Harbor 系统管理与维护等相关知识与技能。

5.2 必备知识

5.2.1 Docker 技术基础知识

Docker 产品的 Logo 如图 5.1 所示，它轻便、快速的特性可以使应用快速迭代。在 Docker 中，每次进行小变更后，马上就能看到效果，而不用将若干个小变更积攒到一定程度再进行变更。每次变更一小部分其实是一种非常安全的方式，在开发环境中能够快速提高工作效率。

图 5.1　Docker 产品的 Logo

Docker 容器能够帮助开发人员、系统管理员和项目工程师在一个生产环节中协同工作。制定一套容器标准能够使系统管理员在更改容器的时候，不需要关心容器的变化，只需要专注于自己的应用程序代码。这样做的好处是隔离了开发和管理，简化了重新部署、调试等琐碎的工作，减小了开发和部署的成本，极大地提高了工作效率。

1. Docker 的发展历程

Docker 公司位于美国加利福尼亚州。Docker 公司起初是一家名为 dotCloud 的 PaaS 提供商。底层技术上，dotCloud 公司采用了一种基于容器的操作系统层次的虚拟化技术（Linux Container，LXC）。为了方便创建和管理容器，dotCloud 公司开发了一套内部工具，之后将其命名为 Docker，Docker 就这样诞生了。

2013 年，dotCloud 公司的 PaaS 业务不景气，公司需要寻求新的突破，于是聘请了本·戈卢布（Ben Golub）作为新的 CEO，将公司重命名为 Docker，放弃 dotCloud PaaS 平台。怀揣着将 Docker 和容器技术推向全世界的使命，本·戈卢布开启了一段新的征程。

2013 年 3 月，Docker 开源版本正式发布；2013 年 11 月，RHEL 6.5 正式版本集成了对 Docker 的支持；2014 年 4 月至 6 月，亚马逊、谷歌、微软等公司的云计算服务相继宣布支持 Docker；2014 年 6 月，随着 DockerCon 2014 大会的召开，Docker 1.0 正式发布；2015 年 6 月，Linux 基金会在 DockerCon 2015 大会上与亚马逊、思科、Docker 等公司共同宣布成立开放容器项目（Open Container Project，OCP），旨在实现容器标准化，该组织后更名为开放容器标准（Open Container Initiative，OCI）；2015 年，浙江大学实验室携手华为、谷歌、Docker 等公司，成立了云原生计算基金会（Cloud Native Computing Foundation，CNCF），共同推进面向云原生应用的云平台发展。

如今 Docker 公司被普遍认为是一家创新型科技公司。2022 年 3 月 31 日，Docker 公司完成了 1.05 亿美元的 C 轮融资，估值达到 21 亿美元。Docker 公司已经经过了多轮融资，几乎所有的融资都发生在公司更名为 Docker 之后。

早期的 Docker 代码实现直接基于 LXC，LXC 可以提供轻量级的虚拟化，以便隔离进程和资源，而且不需要提供指令解释机制以及支持全虚拟化的其他复杂性，相当于 C++ 中的全名空间。容器可有效地将由单个操作系统管理的资源划分到孤立的组中，以更好地在孤立的组之间平衡有冲突的资源使用需求。Docker 底层使用了 LXC 来实现，LXC 将 Linux 进程沙盒化，使得进程之间相互隔离，并且能够控制各进程的资源分配。在 LXC 的基础之上，Docker 提供了一系列更强大的功能。

然而，对于 Docker 来说，对 LXC 的依赖自始至终都是一个问题。首先，LXC 是基于 Linux 的，这对一个立志于跨平台的项目来说是一个问题；其次，如此核心的组件依赖于外部工具，会给项目带来巨大风险，甚至影响其发展。因此，Docker 公司开发了名为 Libcontainer 的工具，用于替代 LXC。

Libcontainer 的目标是成为与平台无关的工具，可基于不同内核为 Docker 上层提供必要的容器交互功能。从 Docker 0.9 开始，Libcontainer 取代 LXC 成为默认的执行驱动。

Docker 引擎主要有两个版本：企业版（Enterprise Edition，EE）和社区版（Community Edition，CE）。每个季度，企业版和社区版都会发布一个稳定版本，社区版会提供 4 个月的支持，而企业版会提供 12 个月的支持。

2. Docker 的定义

目前，Docker 的官方定义如下：Docker 是以 Docker 容器为资源分割和调度的基本单位，封装了整个软件运行时的环境，为开发者和系统管理员设计，用于构建、发布和运行分布式的应用平台。它是一套跨平台、可移植且简单易用的容器解决方案。Docker 的源代码托管在 GitHub 上，基于 Go 语言开发，并遵从 Apache 2.0 协议。Docker 可在容器内部快速、自动化地部署应用，并通过操作系统内核技术为容器提供资源隔离与安全保障。

Docker 借鉴集装箱装运货物的场景，让开发人员将应用程序及其依赖打包到一个轻量级、可移植的容器中，然后将其发布到任何运行 Docker 容器引擎的环境中，以容器方式运行该应用程序。与装运集装箱时不用关心其中的货物一样，Docker 在操作容器时不关心容器中有什么软件。采用这种方式部署和运行应用程序非常方便。Docker 为应用程序的开发、发布提供了一个基于容器的标准化平台，容器运行的是应用程序，Docker 平台用来管理容器的整个生命周期。使用 Docker 时不必担心开发环境和生产环境之间的不一致，也不局限于任何平台或编程语言。Docker 可以用于整个应用程序的开发、测试和研发周期。Docker 通过一致的用户界面进行管理，具有为用户在各种平台上安全、可靠地部署可伸缩服务的能力。

3. Docker 的优势

Docker 容器的运行速度很快，可以在秒级时间内实现系统启动和停止，比传统虚拟机要快很多。Docker 解决的核心问题是如何利用容器来实现类似虚拟机的功能，从而利用更少的硬件资源给用户提供更多的计算资源。Docker 容器除了运行其中的应用之外，基本不消耗额外的系统资源，在保证应用性能的同时，减小了系统开销，这使得在一台主机上同时运行数千个 Docker 容器成为可能。Docker 操作方便，通过 Dockerfile 配置文件可以进行灵活的自动化创建和部署。

Docker 重新定义了应用程序在不同环境中的移植和运行方式，为跨不同环境运行的应用程序提供了新的解决方案，其优势表现在以下几个方面。

（1）更快的交付和部署

容器消除了线上和线下的环境差异，保证了应用生命周期环境的一致性和标准化。Docker 开发人员可以使用镜像来快速构建一套标准的开发环境，开发完成之后，测试和运维人员可以直接部署软件镜像来进行测试和发布，以确保开发、测试过的代码可以在生产环境中无缝运行，大大简化了持续集成、测试和发布的过程。Docker 可以快速创建和删除容器，实现快速迭代，节约了大量开发、测试、部署的时间。此外，整个过程全程可见，使团队更容易理解应用的创建和工作过程。

容器非常适合持续集成和持续交付的工作流程，如开发人员可以在本地编写应用程序代码，通过 Docker 与同事进行共享；开发人员可以通过 Docker 将应用程序推送到测试环境中，执行自动测试和手动测试；开发人员发现程序错误时，可以在开发环境中进行修复，然后将程序重新部署到测试环境中，以进行测试和验证；完成应用程序测试之后，向客户提供补丁程序的方法非常简单，只需要将更新后的镜像推送到生产环境中。

（2）高效的资源利用和隔离

Docker 容器不需要额外的 VMM 以及 Hypervisor 的支持，它使用内核级的虚拟化，与底层共享操作系统，系统负载更低，性能更加优异，在同等条件下可以运行更多的实例，更充分地利用系统资源。虽然 Docker 容器共享主机资源，但是每个容器所使用的 CPU、内存、文件系统、进程、网络等都是相互隔离的。

（3）高可移植性、扩展性与轻量级特性

基于容器的 Docker 平台支持具有高度可移植性和扩展性的工作环境，Docker 容器几乎可以在所有平台上运行，包括物理机、虚拟机、公有云、私有云、混合云、服务器等，并且支持主流的操作系统发行版本，这种兼容性可以让用户在不同平台之间轻松地迁移应用。Docker 的可移植性和轻量级特性也使得动态管理工作负载变得非常容易，管理员可以近乎实时地根据业务需要增加或缩减应用程序和服务。

（4）更简单的维护和更新管理

Docker 的镜像与镜像之间不是相互隔离的，它们有松耦合的关系。镜像采用了多层文件的联合体，通过这些文件层，可以组合出不同的镜像，利用基础镜像进一步扩展镜像变得非常简单。Docker 秉承了开源软件的理念，因此所有用户均可以自由地构建镜像，并将其上传到 Docker Hub 上供其他用户使用。使用 Dockerfile 时，只需要进行少量的配置修改，就可以替代以往大量的更新工作，且所有修改都以增量的方式被分布和更新，从而实现高效、自动化的容器管理。

Docker 是轻量级的应用，且运行速度很快。Docker 针对基于 VMM 的虚拟机平台提供切实可行且经济高效的替代解决方案。因此，在同样的硬件平台上，用户可以使用更多的计算能力来实现业务目标。Docker 适合在需要使用更少资源实现更多任务的高密度环境和中小型应用部署中使用。

（5）环境标准化和版本控制

Docker 可以保证应用程序在整个生命周期中的一致性，保证环境的一致性和标准化。Docker 可以像 GitHub 一样，按照版本对提交的 Docker 镜像进行管理。当出现因组件升级导致环境损坏的情况时，Docker 可以快速地回滚到该镜像的前一个版本。相对虚拟机的备份或镜像创建流程而言，Docker 可以快速地进行复制和实现冗余。此外，启动 Docker 就像启动一个普通进程一样快速，启动时间可以达到秒级甚至毫秒级。

Docker 对软件及其依赖进行标准化打包，在开发和运维之间搭建了一座"桥梁"，旨在解决开发和运维之间的矛盾，这是实现 DevOps 的理想解决方案。DevOps 一词是 Development（开发）和 Operation（运维）的组合词，可译为开发运维一体化，它强调开发人员和运维人员的沟通合作，并通过自动化流程使得软件的构建、测试、发布更加快捷、频繁和可靠。在容器模式中，应用程序以容器的形式存在，所有和该应用程序相关的依赖都在容器中，因此移植非常方便，不会存在传统模式中环境不一致的问题。对于容器化的应用程序，项目的团队全程参与开发、测试和生产环节，项目开始时，根据项目预期创建需要的基础镜像，并将 Dockerfile 分发给所有开发人员，所有开发人员根据 Dockerfile 创建的容器或从内部仓库下载的镜像进行开发，实现开发环境的一致；若开发过程中需要添加新的软件，则申请修改基础镜像的 Dockerfile 即可；当项目任务结束之后，可以调整 Dockerfile 或者镜像，然后将其分发给测试部门，测试部门就可以进行测试，解决了部署困难等问题。

4. 容器与虚拟机

Docker 之所以拥有众多优势，与操作系统虚拟化自身的特点是分不开的。传统的虚拟机需要有额外的 VMM 和虚拟机操作系统，而 Docker 的容器是直接在操作系统层面之上实现的虚拟化。容器与传统虚拟机的特性比较如表 5.1 所示。

表 5.1　容器与传统虚拟机的特性比较

特性	容器	传统虚拟机
启动速度	秒级	分钟级
计算能力损耗	几乎没有	损耗 50%左右
性能	接近原生	弱于原生
内存代价	很小	较大
占用磁盘空间	一般为 MB 级	一般为 GB 级
系统支持量（单机）	上千个	几十个
隔离性	资源限制	完全隔离
迁移性	优秀	一般

应用程序的传统运维方式部署慢、成本高、资源浪费、难以迁移和扩展，可能还会受限于硬件设备。而如果改用虚拟机，则一台物理机可以部署多个应用程序，应用程序独立运行在不同的虚拟机中。

容器在本地主机上运行，并与其他容器共享主机的操作系统内核。容器运行一个独立的进程，不会比其他程序占用更多的内存，这就使得它具备轻量化的优点。

相比之下，每个虚拟机运行一个完整的客户机操作系统，通过 VMM 以虚拟方式访问主机资源。主机要为每个虚拟机分配资源，当虚拟机数量增大时，操作系统本身消耗的资源势必增多。总体来说，虚拟机提供的环境包含的资源超出了大多数应用程序的实际需要。

容器引擎将容器作为进程在主机上运行，各个容器共享主机的操作系统，使用的是主机操作系统的内核，因此容器依赖于主机操作系统的内核版本。虚拟机有自己的操作系统，且独立于主机操作系统，其操作系统内核可以与主机的不同。

容器在主机操作系统的用户空间内运行，并且与操作系统的其他进程相互隔离，启动时也不需要启动操作系统内核空间。因此，与虚拟机相比，容器启动快、开销小，且迁移更便捷。

就隔离特性来说，容器提供应用层面的隔离，虚拟机提供物理资源层面的隔离。当然，虚拟机也可以运行容器，此时的虚拟机充当主机。Docker 与传统虚拟机架构的对比如图 5.2 所示。

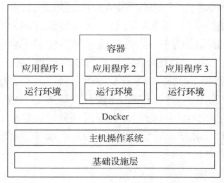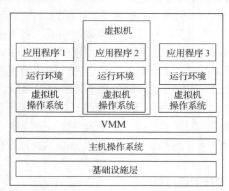

图 5.2　Docker 与传统虚拟机架构的对比

5. Docker 的三大核心概念

镜像、容器、仓库是 Docker 的三大核心概念。

（1）镜像

Docker 的镜像（Image）是创建容器的基础，类似虚拟机的快照，可以理解为一个面向 Docker 容器引擎的只读模板。例如，一个镜像可以是一个完整的 CentOS 环境，称为一个 CentOS 镜像；也可以是一个安装了 MySQL 的应用程序，称为一个 MySQL 镜像。Docker 提供了简单的机制来创建和更新现有的镜像，用户也可以从网上下载已经创建好的镜像直接使用。

（2）容器

镜像和容器（Container）的关系，就像是面向对象程序设计中的类和实例一样。镜像是静态的定义，容器是镜像运行时的实体，Docker 的容器是镜像创建的应用程序运行实例，它可以被启动、停止和删除。每一个容器都是互相隔离、互不可见的，以保证平台的安全性。可以将容器看作简易版的 Linux 环境，Docker 利用容器来运行和隔离应用。Docker 使用客户机/服务器模式和远程 API 来管理及创建 Docker 容器。

（3）仓库

仓库（Repository）可看作代码控制中心，Docker 仓库是用来集中保存镜像的地方。当开发人员创建了自己的镜像之后，可以使用 push 命令将它上传到公有（Public）仓库或者私有（Private）仓库。下次要在另外一台机器上使用这个镜像时，只需要从仓库中获取即可。仓库注册服务器（Registry）是存放仓库的地方，其中包含多个仓库，每个仓库集中存放了数量庞大的镜像供用户下载使用。

6. Docker 引擎

Docker 引擎是用来运行和管理容器的核心软件，它是目前主流的容器引擎，如图 5.3 所示，通常人们会简单地将其称为 Docker 或 Docker 平台。Docker 引擎由如下主要组件构成：Docker 客户端（Docker Client）、Docker 守护进程（Docker Daemon）、描述性状态迁移（Representational State Transfer，REST）API，它们共同负责容器的创建和运行，包括容器管理、网络管理、镜像管理和卷管理等。

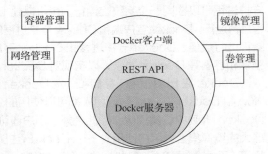

图 5.3　Docker 引擎的组件

Docker 客户端：即命令行接口，可使用 Docker 命令进行操作。命令行接口又称命令行界面，可以通过命令或脚本使用 Docker 的 REST API 来控制 Docker 守护进程，或者与 Docker 守护进程进行交互。当用户使用 docker run 命令时，客户端将这些命令发送给 Docker 守护进程来执行。Docker 客户端可以与多个 Docker 守护进程进行通信。许多 Docker 应用程序会使用底层的 API 和命令行接口。

Docker 服务器：Docker 服务器中运行 Docker 守护进程，是 Docker 的后台应用程序，可使用 dockerd 命令进行管理。随着时间的推移，Docker 守护进程的整体性带来了越来越多的问题。Docker 守护进程难以变更、运行越来越慢，这并非用户和 Docker 公司所期望的。Docker 公司意识到了这些问题，开始努力着手拆解这个大而全的 Docker 守护进程，并将其模块化。这项任务的目标是尽可能拆解出 Docker 守护进程中的功能特性，并用小而专的工具来实现它。这些小工具可以是可替换的，也可以被第三方用于构建其他工具。Docker 守护进程的主要功能包括镜像管理、镜像构建、REST API 支持、身份认证、安全管理、核心网络编排等。

REST API：定义程序与 Docker 守护进程交互的接口，便于编程操作 Docker 平台和容器，是一个目前比较成熟的互联网 API 架构。

7. Docker 的架构

Docker 的架构如图 5.4 所示。Docker 客户端是 Docker 用户与 Docker 交互的主要途径。当用户使用 docker build（创建）、docker pull（拉取）、docker run（运行）等命令时，Docker 客户端就将这些命令发送到 Docker 守护进程来执行，客户端可以与多个 Docker 守护进程通信。

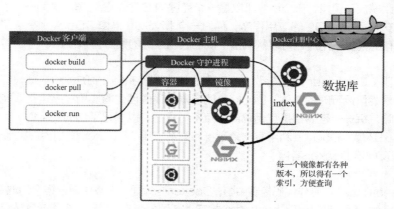

图 5.4　Docker 的架构

一台主机运行一个 Docker 守护进程，称为 Docker 主机，Docker 客户端与 Docker 守护进程通信，Docker 守护进程充当 Docker 服务器，负责构建、运行和分发容器。Docker 客户端与 Docker 守护进程可以在同一个系统上运行，也可以让 Docker 客户端连接到远程主机上的 Docker 守护进程后再运行。Docker 客户端和 Docker 守护进程使用 REST API 通过 Linux 套接字（Socket）或网络接口进行通信。Docker 守护进程和 Docker 客户端属于 Docker 引擎的一部分。Docker 主机管理镜像和容器等 Docker 对象，以实现对 Docker 服务的管理。

Docker 注册中心用于存储和分发 Docker 镜像，可以理解为代码控制中的代码仓库。Docker Hub 和 Docker Cloud 是任何人都可以使用的公开注册中心，默认情况下，Docker 守护进程会到 Docker Hub 中查找镜像。除此之外，用户还可以使用自己的私有注册中心。Docker Hub 提供了庞大的镜像集合供用户使用。一个 Docker 注册中心中可以包含多个仓库，每个仓库可以包含多个标签（Tag），每个标签对应一个镜像。通常，一个仓库会包含同一款软件不同版本的镜像，而标签就常用于对应该软件的各个版本。当 Docker 客户端用户使用 docker pull 或 docker run 命令时，如果所请求的镜像不在本地 Docker 主机上，则会从所配置的 Docker 注册中心通过数据库索引（Index）的方式拉取（下载）镜像到本地 Docker 主机。当用户使用 docker push 命令时，镜像会被推送（上传）到所配置的 Docker 注册中心。

8. Docker 底层技术

Docker 使用了以下几种底层技术。

（1）命名空间

命名空间（Name Space）是 Linux 内核针对容器虚拟化而引入的一个强大特性。每个容器都可以拥有自己单独的命名空间，运行在其中的应用都像在独立的操作系统中运行一样。命名空间保证了容器之间互不影响。

（2）控制组

控制组（Control Group）是 Linux 内核的一个特性，主要用来对共享资源进行隔离、限制、审计等。只有对分配到容器的资源进行控制，才能避免多个容器同时运行时对宿主机系统的资源竞争。每个控制组是一组对资源的限制，支持层级化结构。Linux 上的 Docker 引擎正是依赖这种底层技术来限制容器对资源的使用的。控制组提供如下功能。

① 资源限制：可为组设置一定的内存限制。例如，内存子系统可以为进程组设定一个内存使用上限，一旦进程组使用的内存达到限额，再申请内存时，就会发出内存溢出（Out of Memory）警告。

② 优先级：通过优先级让一些组优先得到 CPU 等资源。

③ 资源审计：用来统计系统实际上把多少资源用到适合的目的上，可以使用 cpuacct 子系统记录某个进程组使用的 CPU 时间。

④ 隔离：为组隔离命名空间，这样使得一个组不会看到另一个组的进程、网络连接和文件系统。

⑤ 控制：执行挂起、恢复和重启动等操作。

（3）联合文件系统

联合文件系统（Union File System）是一种轻量级的高性能分层文件系统，它支持将文件系统中的修改信息作为一次提交，层层叠加，同时可以将不同目录挂载到同一个虚拟文件系统下，应用看到的是挂载的最终结果。联合文件系统是实现 Docker 镜像的技术基础。

Docker 镜像可以通过分层来进行继承。例如，用户基于基础镜像来制作各种不同的应用镜像。这些镜像共享同一个基础镜像，提高了存储效率。此外，当用户改变了一个 Docker 镜像（如升级程序到新的版本）时，会创建一个新的层。因此，用户不用替换或者重新建立整个原镜像，只需要添加新层。用户分发镜像的时候，也只需要分发被改动的新层内容（增量部分）。这让 Docker 的镜像管理变得十分轻量和快速。

（4）容器格式

Docker 引擎将命名空间、控制组和联合文件系统打包到一起时所使用的就是容器格式（Container Format）。最初，Docker 采用了 LXC 中的容器格式。自 1.20 版本开始，Docker 也开始支持新的 Libcontainer 格式，并将其作为默认选项。

（5）Linux 网络虚拟化

Docker 的本地网络实现其实利用了 Linux 上的网络命名空间和虚拟网络设备（特别是 veth pair）。要实现网络通信，机器需要至少一个网络接口（物理接口或虚拟接口）与外界相通，并可以收发数据包；此外，如果不同子网之间要进行通信，则需要额外的路由机制。对于本地系统和容器内的系统，虚拟接口与正常的以太网卡相比并无区别，而且虚拟接口的数据交换速度要快得多。这是因为 Linux 通过在内核中进行数据复制来实现虚拟接口之间的数据转发，即发送接口的发送缓存中的数据包将被直接复制到接收接口的接收缓存中，而无须通过外部物理网络设备进行交换。Docker 中的网络接口默认都是虚拟接口。Docker 容器网络就很好地利用了 Linux 虚拟网络技术，它在本地主机和容器内分别创建一个虚拟接口 veth，并连通这样的一对虚拟接口（veth pair）来进行通信。

9. Docker 的功能

与传统虚拟机不同，Docker 提供的是轻量的虚拟化容器。可以在单台主机上运行多个 Docker 容器，每个容器中都有一个微服务或独立应用。例如，用户可以在一个 Docker 容器中运行 MySQL 服务，在另一个 Docker 容器中运行 Tomcat 服务，两个容器可以运行在同一个服务器或多个服务器上。目前，Docker 容器能够提供以下几种功能。

（1）快速部署

在虚拟机出现之前，引入新的硬件资源需要消耗几天的时间，虚拟化技术将这个时间缩短到了分钟级，而 Docker 通过为进程仅仅创建一个容器而无须启动一个操作系统，再次将这个时间缩短到了秒级。通常数据中心的资源利用率只有 30%，而使用 Docker 可以进行有效的资源分配，提高资源的利用率。

（2）多租户环境

Docker 能够作为云计算的多租户容器，为每一个租户的应用层的多个实例创建隔离的环境，不仅操作简单，而且成本较低，这得益于 Docker 灵活的环境及高效的 diff 命令。

（3）隔离应用

有很多种原因会让用户选择在一台机器上运行不同的应用，Docker 允许开发人员选择较为适合各种服务的工具或技术，隔离服务以消除任何潜在的冲突。容器可以独立于应用的其他服务组件，轻松地实现共享、部署、更新和瞬间扩展。

（4）简化配置

传统虚拟机最大的好处之一是基于用户的应用配置能够无缝运行在任何一个平台上，而 Docker 在降低额外开销的情况下提供了同样的功能。它能将运行环境和配置放入代码中部署，同一个 Docker 的配置可以在不同的环境中使用，这样就降低了硬件要求和应用环境之间的耦合度。

（5）整合服务器

使用 Docker 可以整合多个服务器以降低成本。空闲内存可以跨实例共享，无须占用过多操作系统内存空间，因此，相比传统虚拟机，Docker 可以提供更好的服务器整合解决方案。

（6）调试能力

Docker 提供了众多的工具，它们提供了很多功能，包括可以为容器设置检查点、设置版本、查看两个容器之间的差别等，这些功能可以帮助消除容器的缺陷与错误。

（7）提高开发效率

在开发过程中，开发者都希望能够快速搭建尽量贴近生产环境的开发环境。使用 Docker 可以轻易地让几十个服务在容器中运行起来，可以在单机上最大限度地模拟分布式部署的环境。

（8）代码管道化管理

Docker 能够对代码以流式管道化的方式进行管理。代码从开发者的机器到生产环境机器的部署，需要经过很多的中间环境，而每一个中间环境都有微小的差别。Docker 跨越这些异构的中间环境，给应用提供了一个从开发到上线均一致的环境，保证了应用的流畅发布。

10. Docker 的应用

目前，Docker 的应用涉及许多领域，根据 Docker 官网的相关资料，现在对主要的应用进行如下说明。

（1）云迁移

Docker 便于执行云迁移策略，可以随时随地将应用程序交付到任何云端。大多数大型企业具有混合云或多云战略，但是有许多企业在云迁移目标上落后了。跨供应商和地理位置重新构建应用程序比预期更具挑战性。使用 Docker 标准化应用程序，能使它们在任何基础设施上以同样的方式运行。Docker 可以跨越多个云环境容器化，并在这些环境中部署传统应用程序和微服务。Docker 企业版通过可移植的打包功能和统一的运维模式加速云迁移，其具有以下优势。

① 简化运维。统一的运维模式能简化不同基础架构的安全、策略管理和应用程序运维流程。

② 灵活选择混合云和多云。与基础设施无关的容器平台可以运行在任何云环境上，包括公有云、私有云、混合云和多云的环境。Docker 可以对跨云端的联合应用程序和内部部署的应用程序进行管理。

③ 使软件发布更安全。通过集成的私有注册中心解决方案验证容器化应用程序的来源，在部署之前扫描已知的漏洞，发现新漏洞时及时反馈。

（2）大数据应用

Docker 能够释放数据的信息，将数据分析为可操作的观点和结果。从生物技术研究到自动驾驶汽车，再到能源开发，许多领域都在使用像 Hadoop、TensorFlow 这样的数据科技助推科学发现和决策。使用 Docker 企业版仅需要数秒就能部署复杂的隔离环境，从而帮助数据专家创建、分享和再现他们的研究成果。Docker 使数据专家能够快速地迭代模型，具体表现在以下几个方面。

① 便于安全协作。平台和生命周期中的集成安全性有利于数据业务的协作，避免数据被篡改和

数据完整性被破坏的风险。

② 独立于基础设施的 Docker 平台使得数据专家能够对应用程序进行最优化的数据分析，数据专家可以选择并使用适合研究项目的工具和软件包构建模型，无须担心应用程序与环境的冲突。

③ 确保研究的可再现性。Docker 使用不可变容器消除环境不同带来的问题，可以确保数据分析和研究的可再现性。

（3）边缘计算

Docker 将容器安全地扩展到网络的边缘，直达数据源头。边缘计算指靠近数据源头的计算，常用于收集来自数百甚至数千个物联网设备的数据。使用容器可以将软件安全地发布到网络边缘，在易于修补和升级的轻量级框架上运行容器化的应用程序。

Docker 企业版提供安全的应用程序运维功能来支持边缘计算。Docker 是轻量级的应用程序平台，所支持的应用程序的可移植性能确保从核心到云，再到边缘设备的无障碍容器部署。Docker 提供具有粒度隔离功能的轻量级架构，可以缩小边缘容器和设备的攻击面。

Docker 提供安全的软件发布，能加快容器发布到边缘的速度，并通过 Docker 注册中心的镜像和缓存架构提高可用性；Docker 确保应用程序开发生命周期的安全，通过数字签名、边缘安全扫描和签名验证保证从核心到边缘的信任链完整。

（4）现代应用程序

构建和设计现代应用程序应以独立于平台的方式进行。现代应用程序支持所有类型的设备，从手机到便携式计算机，到台式计算机，再到其他不同的平台，这样可以充分利用现有的后端服务以及公有云或私有云基础设施。Docker 可以较完美地容器化应用程序，在单一平台上构建、分享和运行现代应用程序。

现代应用程序包括新的应用程序和需要新功能的现有应用程序。它们是分布式的，需要基于微服务架构实现敏捷性、灵活性，并提供对基于云的服务的访问；它们还需要一组用于开发的不同工具、语言和框架，以及面向运营商的云和 Kubernetes 环境。Kubernetes 是一个开源的容器集群管理系统，提供了应用部署、规划、更新、维护的一种机制，目标是让部署容器化的应用简单并且高效。

现在应用程序对数字化转型至关重要，但是这些程序与构建、分享和运行它的组织一样复杂。现代应用程序是创新的关键，它能够帮助开发人员和运营商快速创新。Docker 对软件构建、分享和运行的方式进行标准化，使用渐进式创新来解决应用开发和基础设施方面的复杂问题。Docker 是独立容器平台，可以通过人员、系统、合作伙伴的广泛组合来构建、分享和运行所有的现代应用程序。

（5）数字化转型

Docker 通过容器化实现数字化转型，与现有人员、流程和容器平台一起推动业务创新。Docker 企业版支持现有应用程序的数字化转型，其具体措施如下。

① 自由选择实现技术。Docker 可以在不受厂商限定的基础结构上构建和部署绝大多数应用程序，可以使用大部分操作系统、编程语言和技术栈构建应用程序。

② 保证运维敏捷性。Docker 通过新的技术和创新服务来加快产品上线速度，实现较高客户服务水平的敏捷运维，快速实现服务交付、补救、恢复和服务的高可用性。

③ 保证集成安全性。Docker 确保法规遵从性并在动态 IT 环境中提供安全保障。

（6）微服务

Docker 通过容器化微服务激发开发人员的创造力，使开发人员更快地开发软件。微服务用于替代大型的单体应用程序，其架构是一个独立部署的服务集合，每个服务都有自己的功能。这些服务可使用不同的编程语言和技术栈来实现，部署和调整时不会对应用程序中的其他组件产生负面影响。单体应用程序使用一个单元将所有服务绑定在一起，创建依赖、执行伸缩规则和故障排除之类的任务比较烦琐及耗时，而微服务充分利用独立的功能组件来提高生产效率和速度，通过微服务可在数小时内完成新应用的部署和更新，而不是以前的数周或是数月。

微服务是模块化的，在整个架构中每个服务独立运行自己的应用。容器能提供单独的微服务，它们有彼此隔离的工作负载环境，能够独立部署和伸缩。以任何编程语言开发的微服务都可以在任何操作系统上以容器方式快速可靠地部署到基础设施中，包括公有云和私有云。

Docker 为容器化微服务提供通用平台，Docker 企业版可以使基于微服务架构的应用程序的构建、发布和运行标准化、自动化，其主要优势如下。

① 受开发人员欢迎。开发人员可以为每个服务选择合适的工具和编程语言，Docker 的标准化打包功能可以简化测试和开发环节。

② 具有内在安全性。Docker 验证应用程序的可信度，构建从开发环境到生产环境的安全通道，通过标准化和自动化配置减少容易出错的手动设置来降低风险。

③ 有助于高速创新。Docker 支持快速编码、测试和协作，保证开发环境和生产环境的一致性，能够减少应用程序生命周期中的问题和故障。

④ 在软件日趋复杂的情况下，微服务架构是弹性扩展、快速迭代的主流方案。微服务有助于负责单个服务的小团队降低沟通成本、提高效率。众多的服务会使整个运维工作复杂度剧增，而使用Docker 提前进行环境交付，开发人员只要多花 5%的时间，就能节省两倍于传统运维的工作量，并且能大大提高业务运行的稳定性。

5.2.2 Docker 镜像基础知识

镜像是 Docker 的核心技术之一，也是应用发布的标准格式。Docker 镜像类似于虚拟机中的镜像，是一个只读的模板，也是一个独立的文件系统，包括运行容器所需的数据。Docker 镜像是按照 Docker 要求制作的应用程序，安装 Docker 镜像就像安装软件包一样。一个 Docker 镜像可以包括一个应用程序以及能够运行它的基本操作系统环境。

1. Docker 镜像

镜像又译为映像，在 IT 领域通常是指一系列文件或一个磁盘驱动器的精确副本。例如，一个 Linux 镜像可以包含一个基本的 Linux 操作系统环境，其中仅安装了 Nginx 应用程序和用户需要的其他应用，可以将其称为一个 Nginx 镜像；一个 Web 应用程序的镜像可能包含一个完整的操作系统（如 Linux）环境、一款 Apache HTTP Server 软件，以及用户开发的 Web 应用程序。Ghost是使用镜像文件的经典软件，其镜像文件可以包含一个分区甚至是一块硬盘的所有信息。在云计算环境下，镜像就是虚拟机模板，它预先安装基本的操作系统和其他软件，创建虚拟机时首先需要准备一个镜像，然后启动一个或多个镜像的实例即可。与虚拟机类似，Docker 镜像用于创建容器的只读模板，它包含文件系统，而且比虚拟机更轻巧。

Docker 镜像是 Docker 容器的静态表示，包括 Docker 容器所要运行的应用的代码及运行时的配置。Docker 镜像采用分层的方式构建，每个镜像均由一系列的镜像层和一层容器层组成，镜像一旦被创建就无法再被修改。一个运行中的 Docker 容器是一个 Docker 镜像的实例，当需要修改容器的某个文件时，只能对处于最上层的可写层（容器层）进行变动，而不能覆盖其下只读层（镜像层）的内容。如图 5.5 所示，可写层位于若干只读层之上，运行Docker 容器时的所有变化，包括对数据和文件的写

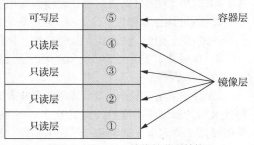

图 5.5　Docker 镜像的分层结构

操作及更新操作，都会保存在可写层中。同时，Docker 镜像采用了写时复制策略，多个容器共享镜像。每个容器在启动的时候并不需要单独复制一份镜像文件，而是将所有镜像层以只读的方式挂载到一个挂载点，在上面覆盖一个可写的容器层。写时复制策略配合分层结构的应用，减少了镜像占用的磁盘空间和容器启动时间。

Docker 镜像采用统一文件系统对各层进行管理，统一文件系统技术能够将不同的层整合成一个文件系统，为这些层提供一个统一的视角，这样就可以隐藏这些层，从用户的角度来看，只存在一个文件系统。

操作系统分为内核空间和用户空间。对 Linux 操作系统而言，内核启动后，会挂载 root 文件系统，为其提供用户空间支持。而 Docker 镜像就相当于 root 文件系统，是特殊的文件系统，除了提供容器运行时所需要的程序、库、资源等文件外，还包含为运行准备的一些配置参数。镜像不包含任何动态数据，其内容在创建容器之后也不会被改变。镜像是创建容器的基础，通过版本管理和联合文件系统，Docker 提供了一种非常简单的机制来创建镜像和更新现有的镜像。运行容器时，如果使用的镜像在本地计算机中不存在，则 Docker 会自动从 Docker 镜像仓库中下载镜像，默认从 Docker Hub 公开镜像源下载镜像。

2. Docker 镜像仓库

Docker 架构中的镜像仓库是非常重要的，镜像会因业务需求的不同以不同的形式存在，这就需要一种很好的机制对这些镜像进行管理，而镜像仓库就很好地解决了这个问题。

镜像仓库是集中存放镜像的地方，分为公有仓库和私有仓库。Docker 注册服务器是存放仓库的地方，可以包含多个仓库，各个仓库根据不同的标签和镜像名管理各种 Docker 镜像。

一个镜像仓库中可以包含同一款软件的不同镜像，利用标签进行区分，可以利用<仓库名>:<标签名>的格式来指定相关软件镜像的版本。例如，CentOS 7.6 和 CentOS 8.4 中，镜像名为 CentOS ，利用标签 7.6 和 8.4 来区分版本。如果忽略标签，则默认会使用 latest 进行标记。

仓库名通常以两段路径形式出现，以斜线为分隔符，可包含可选的主机名前缀。主机名必须符合标准的 DNS 规则，不能包含下画线。如果存在主机名，则可以在其后加一个端口号，否则，使用默认的公有仓库。

例如，CentOS/nginx:version3.1.test 表示仓库名为 CentOS、镜像名为 nginx、标签名为 version3.1.test 的镜像。如果要将镜像推送到一个私有仓库，而不是公有仓库，则必须指定一个仓库的主机名和端口来标记此镜像，如 10.1.1.1:8000/nginx:version3.1.test。

（1）公有仓库

公有仓库（Docker Hub）是默认的 Docker Registry，由 Docker 公司维护，其中拥有大量高质量的官方镜像，供用户免费上传、下载和使用。也存在其他提供收费服务的仓库。Docker Hub 具有如下特点。

① 仓库名称前没有命名空间。

② 稳定、可靠、干净。

③ 数量大、种类多。

由于跨地域访问和源地址不稳定等原因，在国内访问 Docker Hub 时，存在访问速度比较慢且容易报错的问题，可以通过配置 Docker 镜像加速器来解决这个问题。加速器表示镜像代理，只代理公共镜像。通过配置 Docker 镜像加速器可以从国内的地址下载 Docker Hub 的镜像，比直接从官方网站下载快得多。国内常用的镜像加速器来自华为、中科大和阿里云等公司或机构。常用的配置镜像加速器的方法有两种：一种是手动执行命令，如使用 docker pull 命令直接下载镜像；另一种是通过修改 Docker Daemon 的配置文件手动配置 Docker 镜像加速器。

（2）私有仓库

虽然公有仓库有很多优点，但是也存在一些问题。例如，一些企业级的私有镜像，涉及一些机密的数据和软件，私密性比较强，因此不太适合放在公有仓库中。此外，出于安全考虑，一些公司不允许通过公司内网服务器环境访问外网，因此无法下载公有仓库的镜像。为了解决这些问题，可以根据需要搭建私有仓库，存储私有镜像。私有仓库具有如下特点。

① 自主控制、方便存储和可维护性高。

② 安全性和私密性高。

③ 访问速度快。

私有仓库可以通过 docker-registry 项目来实现，通过超文本传输安全协议（Hypertext Transfer Protocol Secure，HTTPS）服务完成镜像的上传、下载。

3. 镜像描述文件 Dockerfile

Linux 应用开发使用 Makefile 文件描述整个软件项目的所有文件的编译顺序和编译规则，用户只需使用 make 命令就能完成整个项目的自动化编译和构建。Docker 使用 Dockerfile 文件来描述镜像，采用与 Makefile 同样的机制，定义了如何构建 Docker 镜像。Dockerfile 是一个文本文件，包含用来构建镜像的所有命令。Docker 通过读取 Dockerfile 中的指令自动构建镜像。

在验证 Docker 是否成功安装时已经获取了 hello-world 镜像，这是 Docker 官方提供的一个最小的镜像，它的 Dockerfile 内容只有 3 行，具体如下所示。

```
FROM scratch
COPY hello/
CMD ["/hello"]
```

其中，第 1 行的 FROM 指令定义了所有的基础镜像，即该镜像从哪个镜像开始构建，scratch 表示空白镜像，即该镜像不依赖其他镜像，从"零"开始构建；第 2 行表示将 hello 文件复制到镜像的根目录下；第 3 行意味着通过镜像启动容器时执行/hello 这个可执行文件。

对 Makefile 文件使用 make 命令可以编译并构建应用。相应的，对 Dockerfile 文件使用 build 命令可以构建镜像。

4. 基础镜像

一个镜像的父镜像（Parent Image）是指该镜像的 Dockerfile 文件中由 FROM 指定的镜像。所有后续的指令都应用到这个父镜像中。例如，一个镜像的 Dockerfile 包含以下定义，说明其父镜像为"CentOS:8.4"。

```
FROM CentOS:8.4
```

基于提供 FROM 指令，或提供 FROM scratch 指令的 Dockerfile 所构建的镜像被称为基础镜像（Base Image）。大多数镜像是从一个父镜像开始扩展的，这个父镜像通常是一个基础镜像，基础镜像不依赖其他镜像。

Docker 官方提供的基础镜像通常都是各种 Linux 发行版的镜像，如 CentOS、Debian、Ubuntu 等，这些 Linux 发行版镜像一般提供最小化安装的操作系统发行版。这里以 Debian 操作系统为例分析基础镜像，先使用 docker pull debian 命令拉取 Debian 镜像，再使用 docker images debian 命令查看该镜像的基本信息，可以发现该镜像的大小为 100MB 左右，比 Debian 发行版小。Linux 发行版是在 Linux 内核的基础上增加应用程序形成的完整操作系统，不同发行版的 Linux 内核差别不大。Linux 操作系统的内核启动后，会挂载根文件系统（rootfs）为其提供用户空间支持。对 Debian 镜像来说，底层直接共享主机的 Linux 内核，自己只需要提供根文件系统即可，而根文件系统上只安装基本的软件，这样可以节省空间。下面以 Debian 镜像的 Dockerfile 内容为例进行介绍。

```
FROM scratch
ADD rootfs.tar.xz/
```

```
CMD ["bash"]
```

其中，第 2 行表示将 Debian 的 rootfs 压缩包添加到容器的根目录下。在使用该压缩包构建镜像时，这个压缩包会自动解压到根目录下，生成/dev、/proc、/bin 等基本目录。Docker 提供多种 Linux 发行版镜像来支持多种操作系统环境，便于用户基于这些基础镜像定制自己的应用镜像。

5. 基于联合文件系统的镜像分层

早期镜像分层结构是通过联合文件系统实现的，联合文件系统将各层的文件系统叠加在一起，向用户呈现一个完整的文件系统，如图 5.6 所示。

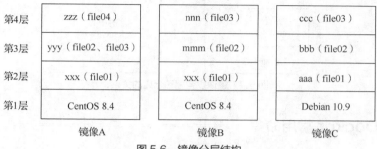

图 5.6　镜像分层结构

以镜像 A 为例，用户可以访问 file01、file02、file03、file04 这 4 个文件，即使它们位于不同的层中。镜像 A 的最底层（第 1 层）是基础镜像，通常表示操作系统。

这种分层结构的优点如下。

① 方便资源共享。具有相同环境的应用程序的镜像共享同一个环境镜像，不需为每个镜像都创建一个底层环境，运行时也只需要加载同一个底层环境。镜像相同部分作为一个独立的镜像层，只需要存储一份，从而节省磁盘空间。在图 5.6 所示的结构中，如果本地已经下载了镜像 A，则下载镜像 B 时就不需要重复下载其中的第 1 层和第 2 层了，因为第 1 层和第 2 层已经存在于镜像 A 中。

② 便于镜像的修改。一旦其中某层出现了问题，不需要修改整个镜像，只需要修改该层的内容。

这种分层结构的缺点如下。

① 上层的镜像都基于相同的底层基础镜像，当基础镜像需要修改（如安全漏洞修补），而基于它的上层镜像通过容器生成时，维护工作量会变得相当大。

② 镜像的使用者无法对镜像进行审查，存在一定的安全隐患。

③ 会导致镜像的层数越来越多，而联合文件系统所允许的层数是有限的。

④ 当需要修改大文件时，以文件为粒度的写时复制需要复制整个大文件再对其进行修改，这会影响操作效率。

6. 基于 Dockerfile 文件的镜像分层

为弥补上述镜像分层结构的不足，Docker 推荐选择 Dockerfile 文件逐层构建镜像。大多数 Docker 镜像是在其他镜像的基础上逐层建立起来的，采用这种方式构建镜像时，每一层都由镜像的 Dockerfile 指令所决定。除了最后一层外，每层都是只读的。

7. 镜像、容器和仓库的关系

Docker 的三大核心概念是镜像、容器和仓库，它们贯穿 Docker 虚拟化应用的整个生命周期。容器是镜像创建的运行实例，Docker 应用程序以容器方式部署和运行。一个镜像可以用来创建多个容器，容器之间都是相互隔离的。Docker 仓库又称镜像仓库，类似于代码仓库，是集中存放镜像文件的场所。可以将制作好的镜像推送到仓库以发布应用程序，也可以将所需要的镜像从仓库拉取到本地以创建容器来部署应用程序。注册中心用于存放镜像仓库，一个注册中心可以提供很多仓库。镜像、容器和仓库的关系如图 5.7 所示。

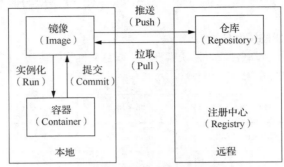

图 5.7　镜像、容器和仓库的关系

5.2.3　Docker 常用命令

Docker 提供了若干镜像操作命令，如 docker pull 用于拉取（下载）镜像，docker image 用于生成镜像列表等，这些命令可看作 docker 命令的子命令。被操作的镜像对象可以使用镜像 ID、镜像名称或镜像摘要值进行标识。有些命令可以操作多个镜像，镜像之间使用空格分隔。

V5-1　Docker
常用命令

Docker 新版本提供了一个统一的镜像操作命令 docker image，其基本语法如下。

```
docker image 子命令
```

docker image 子命令用于实现镜像的各类管理操作功能，其大多与传统的镜像操作 docker 子命令相对应，功能和语法也类似，只有个别不同。完整的 Docker 镜像操作命令如表 5.2 所示。

表 5.2　完整的 Docker 镜像操作命令

docker image 子命令	docker 子命令	功能说明
docker image build	docker build	根据 Dockerfile 文件构建镜像
docker image history	docker history	显示镜像的历史记录
docker image import	docker import	从 Tarball 文件中导入内容以创建文件系统镜像
docker image inspect	docker inspect	显示一个或多个镜像的详细信息
docker image load	docker load	从 .tar 文件或 STDIN 中装载镜像
docker image ls	docker images	输出本地镜像列表
docker image pull	docker pull	从注册中心拉取镜像或镜像仓库
docker image push	docker push	将镜像或镜像仓库推送到注册中心
docker image rm	docker rm	删除一个或多个镜像
docker image prune	—	删除未使用的镜像
docker image save	docker save	将一个或多个镜像保存到 .tar 文件中
docker image tag	docker tag	为指向源镜像的目标镜像添加一个名称

1. 显示本地的镜像列表

可以使用 docker images 命令来列出本地主机上的所有镜像，其语法格式如下。

```
docker images [选项] [仓库[:标签]]
```

可使用--help 命令查询命令参数，执行命令如下。

```
[root@localhost ~]# docker  images  --help
```

命令执行结果如下。

```
Usage:  docker images [OPTIONS] [REPOSITORY[:TAG]]
List images
Options:
 -a, --all              Show all images (default hides intermediate images)
     --digests          Show digests
 -f, --filter filter    Filter output based on conditions provided
     --format string    Pretty-print images using a Go template
     --no-trunc         Don't truncate output
 -q, --quiet            Only show image IDs
[root@localhost ~]#
```

该命令不带任何选项或参数时会列出全部镜像，使用仓库、标签作为参数时将列出指定的镜像。docker images 命令常用选项及其功能说明如表 5.3 所示。

表 5.3　docker images 命令常用选项及其功能说明

选项	功能说明
-a, --all	表示列出本地所有镜像
-- digest	表示可显示内容寻址标识符
-f, --filter filter	表示显示符合过滤条件的镜像，如果有超过一个镜像，那么使用多个-f 选项
--no-trunc	表示显示完整的镜像信息
-q, --quiet	表示只显示镜像 ID

命令执行结果如图 5.8 所示。

docker images 命令显示信息中各字段的说明如下。

（1）REPOSITORY：镜像的仓库源。

（2）TAG：镜像的标签。

（3）IMAGE ID：镜像 ID。

（4）CREATED：镜像创建时间。

（5）SIZE：镜像大小。

```
[root@localhost ~]# docker images -a
REPOSITORY    TAG       IMAGE ID       CREATED        SIZE
fedora        latest    055b2e5ebc94   2 weeks ago    178MB
debian        latest    4a7a1f401734   3 weeks ago    114MB
hello-world   latest    d1165f221234   2 months ago   13.3kB
centos        latest    300e315adb2f   5 months ago   209MB
[root@localhost ~]#
```

图 5.8　查看本地镜像列表

2. 拉取镜像

在本地运行容器时，若使用一个不存在的镜像，则 Docker 会自动下载这个镜像。如果需要预先下载这个镜像，则可以使用 docker pull 命令，也就是将它从镜像仓库（默认为 Docker Hub 上的公有仓库）下载到本地，完成之后可以直接使用这个镜像来运行容器。例如，拉取一个 debian:latest 版本的镜像，命令执行结果如图 5.9 所示。

```
[root@localhost ~]# docker pull debian:latest
latest: Pulling from library/debian
d960726af2be: Pull complete
Digest: sha256:acf7795dc91df17e10effee064bd229580a9c34213b4dba578d64768af5d8c51
Status: Downloaded newer image for debian:latest
docker.io/library/debian:latest
[root@localhost ~]#
```

图 5.9　拉取镜像

使用 docker pull 命令从镜像的仓库源拉取镜像，或者从一个本地不存在的镜像创建容器时，镜像的每层都是单独拉取的，并将镜像保存在 Docker 的本地存储区域（在 Linux 主机上通常是/var/lib/docker 目录）中。

3. 设置镜像标签

每个镜像仓库可以有多个标签，而多个标签可能对应的是同一个镜像。标签常用于描述镜像的版本信息。可以使用 docker tag 命令为镜像添加一个新的标签，也就是给镜像命名，这实际上是为指向源镜像的目标镜像添加一个名称，其语法格式如下。

```
docker tag 源镜像[:标签]  目标镜像[:标签]
```

一个完整的镜像名称的结构如下。

```
[主机名:端口]/命名空间/仓库名称:[标签]
```

一个镜像名称由以斜线分隔的名称组件组成，名称组件通常包括命名空间和仓库名称，如 centos/httpd-centos8.4。名称组件可以包含小写字母、数字和分隔符。分隔符可以是句点、一个或两个下画线、一个或多个破折号，一个名称组件不能以分隔符开始或结束。

标签是可选的，可以包含小写字母和大写字母、数字、下画线、句点和破折号，但不能以句点和破折号开头，且最长支持 128 个字符，如 centos8.4。

名称组件前面可以加上主机名前缀，主机名是提供镜像仓库的注册服务器的域名或 IP 地址，必须符合标准的 DNS 规则，但不能包含下画线。主机名后面还可以加一个提供镜像注册服务器的端口，如 ":8000"，如果不提供主机名，则默认使用 Docker Hub。

一个镜像可以有多个镜像名称，相当于有多个别名。但无论采用何种方式保存和分发镜像，首先都要给镜像设置标签（重命名），这对镜像的推送特别重要。

为以镜像 ID 标识的镜像加上标签，这里以 centos:version8.4 为例进行介绍，命令执行结果如图 5.10 所示。

```
[root@localhost ~]# docker tag 300e315adb2f centos:version8.4
[root@localhost ~]# docker images | grep centos
centos            latest        300e315adb2f    5 months ago    209MB
centos            version8.4    300e315adb2f    5 months ago    209MB
[root@localhost ~]#
```

图 5.10　设置镜像标签

4. 查找镜像

使用 docker search 命令可以搜索 Docker Hub 中的镜像。例如，查找名为 centos 的镜像，可以使用 docker search centos 命令，命令执行结果如图 5.11 所示。

```
[root@localhost ~]# docker search centos
NAME                             DESCRIPTION                                     STARS   OFFICIAL   AUTOMATED
centos                           The official build of Centos.                   6570    [OK]
ansible/centos7-ansible          Ansible on Centos7                              134                [OK]
consol/centos-xfce-vnc           Centos container with "headless" VNC session... 129                [OK]
jdeathe/centos-ssh               OpenSSH / Supervisor / EPEL/IUS/SCL Repos -...  118                [OK]
imagine10255/centos6-lnmp-php56  centos6-lnmp-php56                              58                 [OK]
tutum/centos                     Simple CentOS docker image with SSH access      48                 [OK]
kinogmt/centos-ssh               CentOS with SSH                                 29                 [OK]
pivotaldata/centos-gpdb-dev      CentOS image for GPDB development. Tag names...  13
guyton/centos6                   From official centos6 container with full up... 10                 [OK]
centos/tools                     Docker image that has systems administration... 7                  [OK]
drecom/centos-ruby               centos ruby                                     6                  [OK]
pivotaldata/centos               Base Centos, freshened up a little with a Do... 5
mamohr/centos-java               Oracle Java 8 Docker image based on Centos 7    3                  [OK]
darksheer/centos                 Base Centos Image -- Updated hourly             3                  [OK]
pivotaldata/centos-gcc-toolchain CentOS with a toolchain, but unaffiliated wi... 3
pivotaldata/centos-mingw         Using the mingw toolchain to cross-compile t... 3
indigo/centos-maven              Vanilla CentOS 7 with Oracle Java Developmen... 2                  [OK]
miko2u/centos6                   CentOS6 日本語環境                               2                      [OK]
amd64/centos                     The official build of centos.                   2
blacklabelops/centos             Centos Base Image! Built and updates Daily!     1                  [OK]
pivotaldata/centos6.8-dev        CentosOS 6.8 image for GPDB development          1
mcnaughton/centos-base           centos base image                               1                  [OK]
pivotaldata/centos7-dev          CentosOS 7 image for GPDB development            0
smartentry/centos                centos with smartentry                          0                  [OK]
[root@localhost ~]#
```

图 5.11　查找名为 centos 的镜像

其中，NAME 列显示了镜像仓库（源）名称，OFFICIAL 列指明了镜像是否为 Docker 官方发布的。

5. 查看镜像详细信息

使用 docker inspect 命令查看 Docker 对象（镜像、容器、任务）的详细信息，默认情况下，以 JavaScript 对象简谱（JavaScript Object Notaion，JSON）格式输出所有结果，当只需要其中的特定内容时，可以使用-f（--format）选项指定。例如，查看 centos 镜像的版本信息，命令执行结果如图 5.12 所示。

```
[root@localhost ~]# docker inspect --format='{{.DockerVersion}}' centos
19.03.12
```

图 5.12　查看 centos 镜像的版本信息

6. 查看镜像的构建历史

使用 docker history 命令可以查看镜像的构建历史，也就是 Dockerfile 的执行过程。例如，查看 centos 镜像的构建历史信息，命令执行结果如图 5.13 所示。

```
[root@localhost ~]# docker history centos
IMAGE          CREATED        CREATED BY                                      SIZE      COMMENT
300e315adb2f   5 months ago   /bin/sh -c #(nop)  CMD ["/bin/bash"]            0B
<missing>      5 months ago   /bin/sh -c #(nop)  LABEL org.label-schema.sc…  0B
<missing>      5 months ago   /bin/sh -c #(nop) ADD file:bd7a2aed6ede423b7…  209MB
[root@localhost ~]#
```

图 5.13　查看 centos 镜像的构建历史信息

镜像的构建历史信息也反映了层次。图 5.13 所示的示例中共有 3 层，每一层的构建操作命令都可以通过 CREATED BY 列显示，如果显示不全，则可以在命令中加上 --no-trunc 选项，以显示完整的操作命令。镜像的各层相当于一个子镜像。例如，第 2 次构建的镜像相当于在第 1 次构建的镜像的基础上形成的新的镜像，以此类推，最新构建的镜像是历次构建结果的累加。在使用 docker history 命令时输出 <missing>，表明相应的层在其他系统上构建且已经不可用了，可以忽略这些层。

7. 删除本地镜像

可以使用 docker rmi 命令来删除本地主机上的镜像，其语法格式如下。

```
docker rmi [选项]　镜像[镜像 ID/标签/镜像摘要标识符]
```

可以使用镜像 ID、标签或镜像摘要标识符来指定要删除的镜像。如果一个镜像对应了多个标签，则只有当最后一个标签被删除时，镜像才能被真正删除。

可使用 --help 命令查询命令参数，执行命令如下。

```
[root@localhost ~]# docker rmi --help
```

命令执行结果如下。

```
Usage:  docker rmi [OPTIONS] IMAGE [IMAGE...]
Remove one or more images
Options:
 -f, --force      Force removal of the image
     --no-prune   Do not delete untagged parents
[root@localhost ~]#
```

docker rmi 命令常用选项及其功能说明如表 5.4 所示。

表 5.4　docker rmi 命令常用选项及其功能说明

选项	功能说明
-f, --force	删除镜像标签，并删除与指定镜像 ID 匹配的所有镜像
--no-prune	不删除没有标签的父镜像

例如，删除本地镜像 hello-world-01，镜像 ID 为 bc4bae38a9e6，命令执行结果如图 5.14 所示。

```
[root@localhost ~]# docker images
REPOSITORY       TAG          IMAGE ID       CREATED          SIZE
hello-world-01   test         bc4bae38a9e6   About an hour ago 13.3kB
fedora           latest       055b2e5ebc94   2 weeks ago      178MB
debian/httpd     version10.9  4a7a1f401734   3 weeks ago      114MB
debian           latest       4a7a1f401734   3 weeks ago      114MB
debian           version10.9  4a7a1f401734   3 weeks ago      114MB
hello-world      latest       d1165f221234   2 months ago     13.3kB
centos           latest       300e315adb2f   5 months ago     209MB
centos           version8.4   300e315adb2f   5 months ago     209MB
[root@localhost ~]#
[root@localhost ~]# docker rmi bc4bae38a9e6
Untagged: hello-world-01:test
Deleted: sha256:bc4bae38a9e69c85cd31c49b4846933c3accb90165a0db8f815ea7055824080a
[root@localhost ~]# docker images
REPOSITORY       TAG          IMAGE ID       CREATED          SIZE
fedora           latest       055b2e5ebc94   2 weeks ago      178MB
debian/httpd     version10.9  4a7a1f401734   3 weeks ago      114MB
debian           latest       4a7a1f401734   3 weeks ago      114MB
debian           version10.9  4a7a1f401734   3 weeks ago      114MB
hello-world      latest       d1165f221234   2 months ago     13.3kB
centos           latest       300e315adb2f   5 months ago     209MB
centos           version8.4   300e315adb2f   5 months ago     209MB
[root@localhost ~]#
```

图 5.14　删除本地镜像 hello-world-01

5.2.4 Dockerfile 相关知识

Dockerfile 可以非常容易地定义镜像内容，它是由一系列指令和参数构成的脚本，每一条指令构建一层，因此每一条指令的作用就是描述该层应当如何构建。一个 Dockerfile 包含构建镜像的完整指令，Docker 通过读取一系列 Dockerfile 指令自动构建镜像。

Dockerfile 的结构大致分为 4 个部分：基础镜像信息、维护者信息、镜像操作指令和容器启动时的执行指令。Dockerfile 中每行为一条指令，每条指令可携带多个参数，支持使用以"#"开头的注释。

镜像的定制实际上就是定制每一层所添加的配置、文件。将每一层修改、安装、构建、操作的命令都写入一个 Dockerfile 脚本，使用该脚本构建、定制镜像，可以解决基于窗口生成镜像时镜像无法构建、缺乏透明性和体积偏大的问题。创建 Dockerfile 之后，当需要定制满足自己额外需求的镜像时，在 Dockerfile 上添加或者修改指令，重新生成镜像即可。

1. Dockerfile 构建镜像的基本语法

基于 Dockerfile 构建镜像时使用 docker build 命令，其基本语法如下。

```
docker build [选项] 路径 | URL | -
```

该命令通过 Dockerfile 和构建上下文（Build Context）构建镜像。构建上下文是由文件路径（本地文件系统上的目录）或统一资源定位符（Uniform Resource Locator，URL）定义的一组文件。构建上下文以递归方式处理，本地路径包括其中的任何子目录，URL 包括仓库及其子模块。

镜像构建由 Docker 守护进程而不是命令行接口运行，构建开始时，Docker 会将整个构建上下文递归地发送给守护进程。大多数情况下，最好将 Dockerfile 和所需文件复制到一个空的目录中，再以这个目录生成构建上下文进而构建镜像。

一定要注意不要将多余的文件放到构建上下文中，特别是不要把/、/usr 路径作为构建上下文，否则构建过程会相当缓慢甚至失败。

要使用构建上下文中的文件，可由 Dockerfile 引用指令（如 COPY）指定文件。

按照习惯，将 Dockerfile 文件直接命名为"Dockerfile"，并置于构建上下文的根目录。否则，执行镜像构建时就需要使用-f 选项指定 Dockerfile 文件的具体位置。

```
docker build -f Dockerfile 文件路径 .
```

其中，句点（.）表示当前路径。

可以通过-t（--tag）选项指定构建的新镜像的仓库名和标签，例如：

```
docker build -t debian/debian_sshd .
```

要将镜像标记为多个仓库，就要在使用 docker build 命令时添加多个-t 选项，例如：

```
docker build -t debian/debian_sshd :1.0.1 -t debian/debian_sshd :latest .
```

Docker 守护进程逐一执行 Dockerfile 中的指令。如果需要，则将每条指令的结果提交到新的镜像，最后输出新镜像的 ID。Docker 守护进程会自动清理发送的构建上下文。Dockerfile 中的每条指令都被独立执行并创建一个新镜像，这样执行 RUN cd/tmp 等命令时就不会对下一条指令产生影响。

只要有可能，Docker 会重用构建过程中的镜像（缓存），以加速构建过程。构建缓存仅会使用本地的镜像，如果不想使用本地缓存的镜像，则可以通过--cache-from 选项指定缓存；如果通过--no-cache 选项禁用缓存，则将不再使用本地生成的镜像，而是从镜像仓库中下载。构建成功后，可以将所生成的镜像推送到 Docker 注册中心。

2. Dockerfile 格式

Dockerfile 的格式如下。

```
#注释
指令 参数
```

指令不区分字母大小写，但建议使用大写字母，指令可以指定若干参数。

Docker 按顺序执行其中的指令，Dockerfile 文件必须以 FROM 指令开头，该指令定义了构建镜像的基础镜像，FROM 指令之前唯一允许使用的是 ARG 指令，用于定义环境变量。

以 "#" 开头的行一般被视为注释，除非该行是解析器指令（Parser Directive），行中其他位置的 "#" 符号将被视为参数的一部分。

解析器指令是可选的，它会影响处理 Dockerfile 中后续行的方式。解析器指令不会被添加到镜像层，也不会在构建步骤中显示，它是使用 "#指令=值" 格式的一种特殊类型的注释，单条指令只能使用一次。

构建器用于构建复杂对象，如构建一个对象需要传入 3 个参数，那么可以定义构建器接口，将参数传入接口构建相关对象。一旦注释、空行或构建器指令被处理，Docker 就不再搜寻解析器指令，而是将格式化解析器指令的任何内容都当作注释，并且判断解析器指令。因此，所有解析器指令都必须位于 Dockerfile 的头部。Docker 可使用解析器指令 escape 设置用于转义的字符，如果未指定，则默认转义字符为反斜线 "\"。转义字符既用于转义行中的字符，也用于转义一个新的行，这使 Dockerfile 指令能跨越多行。将转义字符设置为反引号 "`" 在 Linux 操作系统中特别有用，默认转义字符 "\" 是路径分隔符。

```
# escape=\
```

或者

```
#escape=`
```

3. Dockerfile 常用指令

Dockerfile 有多条指令用于构建镜像，常用的 Dockerfile 操作指令及其功能说明如表 5.5 所示。

表 5.5 常用的 Dockerfile 操作指令及其功能说明

指令	功能说明
FROM 镜像	指定新镜像所基于的镜像，Dockerfile 文件第一条指令必须为 FROM 指令，每创建一个镜像就需要一条 FROM 指令
MAINTAINER 名称	说明新镜像的维护人信息
RUN 命令	基于镜像执行命令，并提交到新的镜像中
CMD 命令 ["可执行程序","参数1","参数2"]	启动容器时要运行的命令或者脚本。Dockerfile 只有一条 CMD 指令，即使指定多条 CMD 指令，也只执行最后一条 CMD 指令
EXPOSE 端口	指定新镜像加载到 Docker 时要开启的端口
ENV 命令 [环境变量] [变量值]	设置一个环境变量的值，会被后面的 RUN 指令用到
LABEL	向镜像添加标记
ADD 源文件/目录 目标文件/目录	将源文件复制到目标文件中，源文件/目标文件要与 Dockerfile 位于相同目录或同一个 URL 下
ENTRYPOINT	配置容器的默认入口点
COPY 源文件/目录 目标文件/目录	将本地主机上的源文件/目录复制到目标文件/目录中，源文件/目录要与 Dockerfile 在相同目录中
VOLUME ["目录"]	在容器中创建一个挂载点
USER 用户名/UID	指定运行容器时的用户
WORKDIR 路径	为后续的 RUN、CMD、ENTRYPOINT 指定工作目录
ONUUILD 命令	指定所生成的镜像作为一个基础镜像时要运行的命令
HEALTHCHECK	健康检查

在编写 Dockerfile 时，需要遵循严格的格式：第一行必须使用 FROM 指令指明所基于的镜像

名称，之后使用 MAINTAINER 指令说明维护该镜像的用户信息，然后是镜像操作的相关指令，如 RUN 指令。每运行一条指令，都会给基础镜像添加新的一层，最后使用 CMD 指令指定启动容器时要运行的命令。

下面介绍常用的 Dockerfile 指令。

（1）FROM

FROM 指令可以使用以下 3 种格式。

```
FROM <镜像> [AS <名称>]
FROM <镜像> [:<标签>] [AS <名称>]
FROM <镜像> [@<摘要值>] [AS <名称>]
```

FROM 为后续指令设置基础镜像，镜像参数可以指定为任何有效的镜像，特别是从公有仓库下载的镜像。FROM 可以在同一个 Dockerfile 文件中多次出现，以创建多个镜像层。

可以通过添加“AS <名称>”来为构建的镜像指定一个名称。这个名称可用于在后续的 FROM 指令和 COPY--from=<name|index>指令中引用此阶段构建的镜像。

“标签”“摘要值”参数是可选的，如果省略其中任何一个，则构建器将默认使用“latest”作为要生成的镜像的标签；如果构建器与标签不匹配，则构建器将提示错误。

（2）RUN

RUN 指令可以使用以下 2 种格式。

```
RUN <命令>
RUN ["可执行程序", "参数 1", "参数 2"]
```

第 1 种是 shell 格式，命令在 Shell 环境中运行，在 Linux 操作系统中默认为/bin/sh –c 命令；第 2 种是 exec 格式，不会启动 Shell 环境。

RUN 指令将在当前镜像顶部创建新的层，在其中执行所定义的命令并提交结果，提交结果产生的镜像将用于 Dockerfile 的下一步处理。

分层的 RUN 指令和生成的提交结果符合 Docker 的核心理念。提交结果非常容易，可以从镜像历史中的任何节点创建容器，这与软件源代码控制非常类似。

exec 格式可以避免 shell 格式的字符串转换问题，能够使用不包含指定 shell 格式可执行文件的基础镜像来执行 RUN 命令。在 shell 格式中，可以使用反斜线“\”将单个 RUN 指令延续到下一行，例如：

```
RUN /bin/bash -c 'source $HOME/.bashrc;\
echo $HOME '
```

也可以将这两行指令合并到一行中。

```
RUN /bin/bash -c 'source $HOME/.bashrc;echo $HOME '
```

如果不使用/bin/sh，改用其他 Shell，则需要使用 exec 格式并以参数形式传入所要使用的 Shell，例如：

```
RUN ["/bin/bash", "-c", "echo hello"]
```

（3）CMD

CMD 指令可以使用以下 3 种格式。

```
CMD ["可执行程序", "参数 1", "参数 2"]
CMD ["参数 1", "参数 2"]
CMD 命令, 参数 1, 参数 2
```

第 1 种是首选的 exec 格式；第 2 种用于为 ENTRYPOINT 指令提供默认参数；第 3 种是 shell 格式。

一个 Dockerfile 文件中只能有一条 CMD 指令，如果列出多条 CMD 指令，则只有最后一条 CMD 指令有效。CMD 的主要作用是为运行中的容器提供默认值，这些默认值可以包括可执行文件，如果不提供可执行文件，则必须指定 ENTRYPOINT 指令。CMD 一般是整个 Dockerfile 的最后一条指令，当 Dockerfile 完成了所有环境的安装和配置后，使用 CMD 指示 docker run 命令运行镜像时要执行的命令。CMD 指令使用 shell 格式或 exec 格式设置运行镜像时要执行的命令，如果使用 shell 格式，则命令将在/bin/sh -c 语句中执行，例如：

```
FROM  centos
CMD  echo  "hello everyone." | wc
```

如果不使用 Shell 执行命令，则必须使用 JSON 格式的命令，并给出可执行文件的完整路径。这种形式是 CMD 的首选形式，任何附加参数都必须以字符串的形式提供，例如：

```
FROM centos
CMD  ["/usr/bin/wc", "--help"]
```

如果希望容器每次运行同一个可执行文件，则应考虑组合使用 ENTRYPOINT 和 CMD 指令，后面会对此给出详细说明。如果用户使用 docker run 命令时指定了参数，则该参数会覆盖 CMD 指令中的默认定义。

注意，不要混淆 RUN 和 CMD。RUN 实际执行命令并提交结果；CMD 在构建镜像时不执行任何命令，只为镜像定义想要执行的命令。

（4）EXPOSE

EXPOSE 指令的语法格式如下。

```
EXPOSE  <端口>  [<端口>...]
```

EXPOSE 指令通知容器在运行时监听指定的网络端口，可以指定传输控制协议（Transmission Control Protocol，TCP）或用户数据报协议（User Datagram Protocol，UDP）端口，默认指定 TCP 端口。

EXPOSE 不会发布该端口，只起声明作用。在运行容器时要想发布端口，可以使用-p 选项发布一个或多个端口，或者使用-P 选项发布所有暴露的端口。

（5）ENV

ENV 指令可以使用以下 2 种格式。

```
ENV  <键>  <值>
ENV  <键>=<值>   ...
```

ENV 指令以键值对的形式定义环境变量。其中，值会存在于构建镜像阶段的所有后续指令环境中，也可以在运行时被指定的环境变量替换。

第 1 种格式将单个变量设置为一个值，ENV 指令第 1 个键值空格后面的整个字符串将被视为值的一部分，包括空格和引号等字符。

第 2 种格式允许一次设置多个变量，可以使用等号，而第 1 种格式不使用等号。与命令行解析类似，反引号和反斜线可用于转义空格。

（6）LABEL

LABEL 指令的语法格式如下。

```
LABEL <键>=<值>  <键>=<值>  ...
```

每个标签以键值对的形式表示。要想在其中包含空格，应使用反引号和反斜线进行转义，就像在命令行解析中一样，例如：

```
LABEL version= "8.4"
LABEL description="这个镜像的版本为 \
CentOS 8.4"
```

一个镜像可以有多个标签。要想指定多个标签，Docker 建议尽可能将它们合并到单条 LABEL 指令中。这是因为每条 LABEL 指令会产生一个新层，如果使用多条 LABEL 指令指定标签，则可能会生成效率低下的镜像层。

（7）ADD

ADD 指令可以使用以下 2 种语法格式。

```
ADD  [--chown=<用户>:<组>]  <源文件>...<目的文件>
ADD  [--chown=<用户>:<组>]  ["<源文件>", … , "<目的文件>"]
```

ADD 指令与 COPY 指令的功能基本相同，不同之处有两点：一是 ADD 指令可以使用 URL 指定路径；二是 ADD 指令的归档文件（.tar 文件）在复制过程中能够被自动解压缩。文件归档遵循文件的形成规律，保持文件之间的有机联系，以便于保管和利用。

在源是远程 URL 的情况下，复制产生的目的文件将具有数字 600 所表示的权限，即只有所有者可读写，其他人不可访问。

如果源文件是 URL，而目的路径不以斜线结尾，则下载 URL 指向的文件，并将其复制到目的路径中。

如果源文件是 URL，并且目的路径以斜线结尾，则从 URL 中解析出文件名，并将文件下载到"<目的路径>/<文件名>"中。

如果源文件是具有可识别的压缩格式的本地.tar 文件，则将其解压缩为目录，来自远程 URL 的资源不会被解压缩。

（8）ENTRYPOINT

ENTRYPOINT 指令可以使用以下 2 种语法格式。

```
ENTRYPOINT ["可执行文件", "参数 1", "参数 2"]
ENTRYPOINT  命令  参数 1  参数 2
```

第 1 种是首选的 exec 格式；第 2 种是 shell 格式。

ENTRYPOINT 用于配置容器运行的可执行文件。例如，下面的示例将使用 Nginx 镜像的默认内容启动监听端口 80。

```
ENTRYPOINT ["/bin/echo", "hello! $name"]
docker  run  -i -t  -rm  -p  80:80  nginx
```

docker run <镜像>的命令参数将附加在 exec 格式的 ENTRYPOINT 指令定义的所有元素之后，并将覆盖使用 CMD 指令所指定的所有元素。这种方式允许参数被传递给入口点，即将 docker run <镜像> -d 参数传递给入口点，用户可以使用 docker run --entrypoint 命令覆盖 ENTRYPOINT 指令。

shell 格式的 ENTRYPOINT 指令禁止使用任何 CMD 指令参数或 run 命令参数，其缺点是 ENTRYPOINT 指令将作为/bin/sh -c 的子命令启动，不传递任何其他信息。这就意味着可执行文件将不是容器的第 1 个进程，并且不会接收 Linux 信号。因此，可执行文件将不会从 docker stop <容器> 命令中接收到中止信号，在 Dockerfile 中只有最后一个 ENTRYPOINT 指令会起作用。

（9）COPY

COPY 指令可以使用以下 2 种语法格式。

```
COPY  [--chown=<用户>:<组>]  <源路径>...<目的路径>
COPY  [--chown=<用户>:<组>]  ["<源路径>", … , "<目的路径>"]
```

其中，--chown 选项只能用于构建 LXC，不能在 Windows 容器上工作。因为用户和组的所有权概念不能在 LXC 和 Windows 容器之间转换，所以对于路径中包含空白字符的情况，必须采用第 2 种格式。

COPY 指令将指定源路径的文件或目录复制到容器文件系统指定的目的路径中，COPY 指令可以指定多个源路径，但文件和目录的路径将被视为相对于构建上下文的源路径，每个源路径可能包含通配符，匹配时将使用 Go 的 filepath.Match 规则，例如：

```
COPY  fil*  /var/data          #添加（复制）所有以"fil"开头的文件到/var/data 目录中
COPY  fil?.txt  /var/data      #"?"用于替换任何单字符（如"file.txt"）
```

目的路径可以是绝对路径，也可以是相对于工作目录的路径（由 WORKDIR 指令指定），例如：

```
COPY  file-test  data-dir/     #将"file-test"添加到相对路径/data-dir/下
COPY  file-test  /data-dir/    #将"file-test"添加到绝对路径/data-dir/下
```

COPY 指令遵守如下复制规则。

① 源路径必须位于构建上下文中，不能使用指令 COPY ../aaa/bbb，因为 docker build 命令的第 1 步是发送上下文目录及其子目录到 Docker 守护进程中。

② 如果源路径指向目录，则复制目录的整个内容，包括文件系统元数据。注意，目录本身不会被复制，被复制的只是其中的内容。

③ 如果源路径指向任何其他类型的文件，则文件与其元数据被分别复制。在这种情形下，如果目的路径以斜线（/）结尾，则它将被认为是一个目录的源内容，将被写到"<目的路径>/base(<源路径>)"路径中。

④ 如果直接指定多个源路径，或者源路径中使用了通配符，则目的路径必须是目录，并且必须以斜线结尾。

⑤ 如果目的路径不以斜线结尾，则它将被视为常规文件，源路径将被写入该文件。

⑥ 如果目的路径不存在，则其会与其路径中所有缺少的目录一起被创建。

复制过来的源路径在容器中作为新文件和目录，它们都以用户 ID（User ID，UID）和组 ID（Group ID，GID）为 0 的用户或账号的身份被创建，除非使用--chown 选项明确指定用户名、组名或 UID、GID 的组合。

（10）VOLUME

VOLUME 指令的语法格式如下。

```
VOLUME  ["挂载点路径"]
```

VOLUME 指令用于创建具有指定名称的挂载点，并将其标记为从本地主机或其他容器可访问的外部挂载点。挂载点路径可以是 JSON 数据，如 VOLUME ["/mnt/data "]；或具有多个参数的纯字符串，如 VOLUME /mnt/data。

（11）WORKDIR

WORKDIR 指令的语法格式如下。

```
WORKDIR  工作目录
```

WORKDIR 指令为 Dockerfile 中的任何 RUN、CMD、ENTRYPOINT、COPY 和 ADD 指令设置工作目录，如果该目录不存在，则将被自动创建，即使它没有在任何后续 Dockerfile 指令中被使用。可以在一个 Dockerfile 文件中多次使用 WORKDIR 指令，如果一条 WORKDIR 指令提供了相对路径，则该路径是相对于前一条 WORKDIR 指令指定的路径，例如：

```
WORKDIR  /aaa
WORKDIR  bbb
RUN  pwd
```

在此 Dockerfile 中，最终 pwd 命令的输出是/aaa/bbb。

4. Dockerfile 指令的 exec 格式和 shell 格式

RUN、CMD 和 ENTRYPOINT 指令都会用到 exec 格式和 shell 格式。其中，exec 格式的语法格式如下。

```
<指令>  ["可执行程序", "参数 1", "参数 2"]
```

指令执行时会直接调用命令，参数中的环境变量不会被 Shell 解析，例如：

```
ENV  name  Listener
```

```
ENTRYPOINT ["/bin/echo", "hello! $name"]
```

运行该镜像将输出以下结果。

```
hello! $name
```

其中，环境变量 name 没有被解析，采用 exec 格式时，如果要使用环境变量，则可进行如下修改。

```
ENV name Listener
ENTRYPOINT ["/bin/sh", "-c", "echo hello! $name"]
```

运行该镜像将输出以下结果。

```
hello! Listener
```

exec 格式没有运行 Bash 或 Shell 的额外开销，还可以在没有 Bash 或 Shell 的镜像中运行。shell 格式的语法如下。

```
<指令> <命令>
```

指令被执行时 shell 格式底层会调用/bin/sh -c 语句来执行命令，例如：

```
ENV name Listener
ENTRYPOINT echo hello! $name
```

运行该镜像将输出以下结果。

```
hello! Listener
```

其中，环境变量 name 已经被替换为变量值。

CMD 和 ENTRYPOINT 指令应首选 exec 格式，因为这样指令的可读性更强，更容易理解；RUN 指令则两种格式都可以选择，如果使用 CMD 指令为 ENTRYPOINT 指令提供默认参数，则 CMD 和 ENTRYPOINT 指令都应以 JSON 格式指定。

5. RUN、CMD 和 ENTRYPOINT 指令的区别及联系

RUN 指令执行命令并创建新的镜像层，经常用于安装应用程序。RUN 先于 CMD 或 ENTRYPOINT 指令在构建镜像时执行，并被固化在所生成的镜像中。

CMD 和 ENTRYPOINT 指令在每次启动容器时才被执行，两者的区别在于 CMD 指令被 docker run 命令所覆盖。两个指令一起使用时，ENTRYPOINT 指令作为可执行文件，而 CMD 指令则为 ENTRYPOINT 指令提供默认参数。

CMD 指令的主要作用是为运行容器提供默认值，即默认执行的命令及其参数，但当运行带有替代参数的容器时，CMD 指令将被覆盖。如果 CMD 指令省略可执行文件，则必须指定 ENTRYPOINT 指令，CMD 可以为 ENTRYPOINT 提供额外的默认参数，同时可使用 docker run 命令替换默认参数。

当容器作为可执行文件时，应该定义 ENTRYPOINT 指令。ENTRYPOINT 指令用于配置容器启动时执行的命令，可让容器以应用程序或者服务的形式运行。与 CMD 指令不同，ENTRYPOINT 指令不会被忽略，一定会被执行，即使使用 docker run 命令时指定了其他命令参数也是如此。如果 Docker 镜像的用途是运行应用程序或服务，如运行一个 MySQL 服务器，则应该先使用 exec 格式的 ENTRYPOINT 指令。

ENTRYPOINT 指令中的参数始终会被 docker run 命令使用，不可改变；而 CMD 指令中的额外参数可以在使用 docker run 命令启动容器时被动态替换掉。

6. 组合使用 CMD 和 ENTRYPOINT 指令

CMD 和 ENTRYPOINT 指令都可以定义运行容器时要执行的命令，两者组合使用时应遵循以下规则。

① Dockerfile 中应至少定义一个 CMD 或 ENTRYPOINT 指令。

② 将整个容器作为一个可执行文件时应当定义 ENTRYPOINT 指令。

③ CMD 指令应为 ENTRYPOINT 指令提供默认参数，或者用于在容器中临时执行一些命令。

④ 当使用替代参数运行容器时，CMD 指令的定义将会被覆盖。

值得注意的是，如果 CMD 指令从基础镜像定义，那么 ENTRYPOINT 指令的定义会将 CMD 指令重置为空值。在这种情况下，必须在当前镜像中为 CMD 指令指定一个实际的值。

5.2.5　Docker 容器基础知识

Docker 的最终目的是部署和运行应用程序，这是由容器来实现的。从软件的角度看，镜像用于软件生命周期的构建和打包阶段，而容器则用于启动和运行阶段。获得镜像后，就可以以镜像为模板启动容器了。可以将容器理解为在一个相对独立的环境中运行的一个或一组进程，相当于自带操作系统的应用程序。独立环境拥有进程运行时所需的一切资源，包括文件系统、库文件、脚本等。

1. 什么是容器

容器的英文为 Container，在 Docker 中指从镜像创建的应用程序运行实例。镜像和容器就像面向对象程序设计中的类和实例，镜像是静态的定义，容器是镜像运行时的实体，基于同一镜像可以创建若干不同的容器。

Docker 作为一个开源的应用容器引擎，让开发者可以打包应用及其依赖包到一个可移植的容器中，并将容器发布到任何装有流行的 Linux 操作系统的机器中，也可以实现虚拟化。容器是相对独立的运行环境，这一点类似于虚拟机，但是它不像虚拟机独立得那么彻底。容器通过将软件与周围环境隔离，将外界的影响降到最低。

Docker 的设计借鉴了集装箱的概念，每个容器都有一个软件镜像，相当于集装箱中的货物。可以将容器看作应用程序及其依赖环境打包而成的集装箱。容器可以被创建、启动、停止、删除、暂停等。Docker 在执行这些操作时并不关心容器里有什么软件。

容器的实质是进程，但与直接在主机上运行的进程不同，容器进程在属于自己的独立的命名空间内运行。因此容器可以拥有自己的根文件系统、网络配置、进程空间，甚至自己的用户命名空间。容器内的进程运行在隔离的环境里，使用起来就好像是在独立主机的系统下操作一样。通常容器之间是彼此隔离、互不可见的。这种特性使得容器封装的应用程序比直接在主机上运行的应用程序更加安全，但这种特性可能会导致一些初学者混淆容器和虚拟机，这个问题应引起注意。

Docker 容器具有以下特点。

（1）标准。Docker 容器基于开放标准，适用于基于 Linux 和 Windows 的应用，在任何环境中都能够稳定地运行。

（2）安全。Docker 容器将应用程序彼此隔离并从底层基础架构中分离出来，Docker 提供了强大的默认隔离功能，可以将应用程序问题限制在一个容器而并非整个机器中。

（3）轻量级。在一台机器上运行的 Docker 容器共享宿主机的操作系统内核，只需占用较少的资源。

（4）独立性。可以在一个相对独立的环境中运行一个或一组进程，相当于自带操作系统的应用程序。

2. 可写的容器层

容器与镜像的主要不同之处是容器顶部有可写层。一个镜像由多个可读的镜像层组成，正在运行的容器会在镜像层上面增加一个可写的容器层，所有写入容器的数据都保存在这个可写层中，包括添加的新数据或修改的已有数据。当容器被删除时，这个可写层也会被删除，但是底层的镜像层保持不变，因此，任何对容器的操作均不会影响到其镜像。

每个容器都有自己的可写层，所有的改变都存储在这个容器层中，因此多个容器可以共享同一个底层镜像，并且仍然拥有自己的数据状态。这里给出多个容器共享同一个 CentOS 8.4 镜像的示例，如图 5.15 所示。

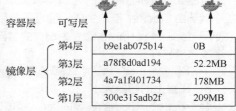

图 5.15　多个容器共享同一个 CentOS 8.4 镜像

Docker 使用存储驱动来管理镜像层和容器层的内容，每个存储驱动的实现都是不同的，但所有驱动都使用可堆叠的镜像层和写时复制策略。

3. 写时复制策略

写时复制策略是一个高效的文件共享和复制策略。如果一个文件位于镜像中的较低层，其他层需要读取它，包括可写层，那么使用现有文件即可。其他层首次修改该文件时，构建镜像或运行容器后，文件将会被复制到该层并被修改，这最大限度地减少了后续的读取工作，并且减少了文件占用的空间。

启动容器时，一个很小的容器层会被添加到其他层的顶部，容器对文件系统的任何改变都保存在此层，容器中不需要修改的任何文件都不会复制到这个可写层，这就意味着可写层可能占用较小的空间。

修改容器中已有的文件时，存储驱动执行写时复制策略，具体步骤取决于特定的存储驱动。对另一种联合文件系统（Another Union File System，AUFS）、overlay 和 overlay2 驱动来说，执行写时复制策略的大致步骤如下。

（1）从镜像各层中搜索要修改的文件，从最新的层开始直到最底层，被找到的文件将被添加到缓存中以加速后续操作。

（2）对找到的文件的第 1 个副本执行 copy_up 操作，将其复制到容器的可写层中。

任何修改只针对该文件的这个副本，容器无法看见该文件位于镜像层的只读副本。

4. 容器的基本信息

可以使用 docker ps -a 命令输出本地全部容器的列表，执行命令如下。

```
[root@localhost ~]# docker ps -a
```

命令执行结果如图 5.16 所示。

```
[root@localhost ~]# docker ps -a
CONTAINER ID   IMAGE         COMMAND              CREATED          STATUS                   PORTS      NAMES
16639dcc8a2f   hello-world   "/hello"             4 seconds ago    Exited (0) 3 seconds ago            upbeat_khorana
9c96a9fd37c6   centos_sshd   "/usr/sbin/sshd -D"  About a minute ago Up About a minute      22/tcp     bold_austin
[root@localhost ~]#
```

图 5.16　输出本地全部容器的列表

图 5.16 所示的列表反映了容器的基本信息。CONTAINER ID 列表示容器的 ID，IMAGE 列表示容器所用镜像的名称，COMMAND 列表示启动容器时执行的命令，CREATED 列表示容器的创建时间，STATUS 列表示容器运行的状态（Up 表示运行中，Exited 表示已停止），PORTS 列表示容器对外发布的端口号，NAMES 列表示容器的名称。

创建容器之后对容器进行的各种操作，如启动、停止、修改或删除等，都可以通过容器 ID 来进行引用。容器的唯一标识容器 ID 与镜像 ID 一样采用通用唯一标识码（Universally Unique Identifier，UUID）形式表示，它是由 64 个十六进制字符组成的字符串。可以在 docker ps 命令中加上--no-trunc 选项显示完整的容器 ID，但通常采用 12 个字符的缩略形式，这在同一主机上就足以区分各个容器了。容器数量少的时候，还可以使用更短的格式，容器 ID 可以只取前面几个字符。

容器 ID 能保证唯一性，但难以记忆，因此可以使用容器名称来代替容器 ID 来引用容器。容器名称默认由 Docker 自动生成，也可在使用 docker run 命令时通过--name 选项自行指定；还可以使用 docker rename 命令为现有的容器重新命名，以方便后续的容器操作。例如，使用以下命令更改容器名称。

```
docker rename 300e315adb2f centos_mysql
```

5. 磁盘上的容器大小

要查看一个运行中的容器的大小，可以使用 docker ps -s 命令，命令执行结果中的 SIZE 列会显示两个不同的值。这里以 centos_sshd 镜像为例，启动相应的容器，执行命令如下。

```
[root@localhost ~]# docker run -d centos_sshd
```

命令执行结果如下。

```
9c96a9fd37c6e12eb89a0dc15594068a2bf402b546f08cdd0bf9609a20354099
[root@localhost ~]#
```

查看该容器的大小，执行命令如下。

```
[root@localhost ~]# docker ps -s
```

命令执行结果如图 5.17 所示。

```
[root@localhost ~]# docker ps -s
CONTAINER ID   IMAGE        COMMAND            CREATED         STATUS         PORTS       NAMES          SIZE
9c96a9fd37c6   centos_sshd  "/usr/sbin/sshd -D" 9 minutes ago   Up 9 minutes   22/tcp      bold_austin    2B (virtual 247MB)
[root@localhost ~]#
```

图 5.17　查看容器大小

其中，SIZE 列的第 1 个值表示每个容器的可写层中当前所有数据的大小；第 2 个值是虚拟大小，位于括号中并以 vritual 进行标记，表示该容器所用镜像层的数据量加上容器可写层数据的大小。多个容器可以共享一部分或所有的镜像层数据，从同一镜像启动的两个容器共享 100% 的镜像层数据，而使用拥有公共镜像层的不同镜像的两个容器会共享那些公共的镜像层。因此，不能只是汇总虚拟磁盘用量的大小，这会导致潜在数据量的使用，进而出现高估磁盘用量的问题。

磁盘上正在运行的容器所用的磁盘空间是每个容器大小和虚拟大小值的总和。如果多个容器从完全相同的镜像启动，那么这些容器的总磁盘用量是容器部分大小的总和（示例中为 2B）加上一个镜像大小（虚拟大小，示例中为 247MB），这还没有包括容器通过其他方式占用的磁盘空间。

6．容器操作命令

Docker 提供了相当多的容器操作命令，既包括创建、启动、停止、删除、暂停等容器生命周期管理操作，如 docker create、docker start 等；又包括查看、连接、导出容器运维操作，以及容器列表、日志、事件查看操作，如 docker ps、docker attach 等。这些都可以看作 docker 命令的子命令。

被操作的容器可以使用容器 ID 或容器名称进行标识。有些命令可以操作多个容器，多个容器 ID 或容器名称之间使用空格分隔。

Docker 新版本提供了一个统一的容器管理操作命令 docker container，其基本语法格式如下。

```
docker container 子命令
```

docker container 子命令用于实现容器的各类管理操作功能，大多与传统的容器操作 docker 子命令相对应，功能和语法也接近，只有个别不同。Docker 容器操作命令及其功能说明如表 5.6 所示。

表 5.6　Docker 容器操作命令及其功能说明

docker container 子命令	docker 子命令	功能说明
docker container attach	docker attach	将本地的标准输入、标准输出和标准错误信息内容附加到正在运行的容器上，也就是连接到正在运行的容器上，其实就是进入容器
docker container commit	docker commit	从当前容器创建新的镜像
docker container cp	docker cp	在容器和宿主机之间复制文件及目录
docker container create	docker create	创建新的容器
docker container diff	docker diff	检查容器创建以来其文件系统上文件或目录的更改

docker container 子命令	docker 子命令	功能说明
docker container exec	docker exec	在正在运行的容器中执行命令
docker container export	docker export	将容器的文件系统导出为.tar 文件
docker container import 1	docker import 1	导入一个镜像
docker container inspect	docker inspect	显示一个或多个容器的详细信息
docker container kill	docker kill	停止一个正运行的容器
docker container logs	docker logs	获取容器的日志信息
docker container ls	docker ps	显示容器列表
docker container pause	docker pause	暂停一个或多个容器内的所有进程
docker container port	docker port	列出容器的端口映射或特定的映射
docker container prune	—	删除所有停止运行的镜像
docker container rename	docker rename	对容器进行重命名
docker container restart	docker restart	重启一个或多个容器
docker container rm	docker rm	删除一个或多个容器
docker container run	docker run	创建一个新的容器并执行命令
docker container start	docker start	启动一个或多个已停止的容器
docker container stats	docker stats	显示容器的资源消耗情况
docker container stop	docker stop	停止一个或多个正在运行的容器
docker container top	docker top	显示容器中正在运行的进程
docker container unpause	docker unpause	恢复一个或多个容器内被暂停的所有进程
docker container update	docker update	更新一个或多个容器的配置
docker container wait	docker wait	阻塞一个或多个容器的运行，直到容器停止运行，并输出退出码

下面介绍一下 Docker 容器常用的命令。

（1）docker run 命令，创建并启动容器

运行一个容器最常用的方法之一就是使用 docker run 命令，该命令用于创建一个新的容器并启动该容器，其基本语法格式如下。

```
docker run [选项] 镜像 [命令] [参数...]
```

docker run 命令各选项及其功能说明如表 5.7 所示。

表 5.7 docker run 命令各选项及其功能说明

选项	功能说明
-d，--detach=false	指定容器运行于前台还是后台，默认为前台（false），并返回容器 ID
-i，--interactive=false	打开 STDIN，用于控制台交互，通常与-t 选项同时使用
-t，--tty=false	分配伪终端设备，可以支持伪终端登录，默认为 false，即不支持伪终端登录
-u，--user=""	指定容器的用户
-a，--attach=[ ]	登录容器（必须是以 docker run -d 命令启动的容器）
-w，--workdir=""	指定容器的工作目录
-c，--cpu-shares=0	设置容器 CPU 权重，在 CPU 共享场景中使用
-e，--env=[ ]	指定环境变量，容器中可以使用该环境变量
-m，--memory=""	指定容器的内存上限
-P，--publish-all=false	指定容器暴露的端口

续表

选项	功能说明
-p, --publish=[ ]	指定容器暴露的端口
-h, --hostname=""	指定容器的主机名
-v, --volume=[ ]	将存储卷挂载到容器的某个目录
--volumes-from=[ ]	将其他容器上的卷挂载到容器的某个目录
--cap-add=[ ]	添加权限
--cap-drop=[ ]	删除权限
--cidfile=""	运行容器后，在指定文件中写入容器进程 ID（Process ID，PID）值，一种典型的监控系统的方法
--cpuset=""	设置容器可以使用哪些 CPU，此参数可以用来设置容器独占 CPU
--device=[ ]	添加主机设备给容器，相当于设备直通
--dns=[ ]	指定容器的 DNS 服务器
--dns-search=[ ]	指定容器的 DNS 搜索域名，并将其写入容器的/etc/resolv.conf 文件
--entrypoint=""	覆盖镜像的入口点
--env-file=[ ]	指定环境变量文件，文件格式为每行一个环境变量
--expose=[ ]	指定容器暴露的端口，即修改镜像的暴露端口
--link=[ ]	指定容器间的关联，使用其他容器的 IP 地址、环境变量等信息
--lxc-conf=[ ]	指定容器的配置文件，只有在指定--exec-driver=lxc 时使用
--name=""	指定容器名称，方便后续进行容器管理，links 链路特性需要使用容器名称
--net=""	指定容器网络的设置，具体参数介绍如下。 bridge：使用 Docker Daemon 指定的网桥。 host：容器使用主机的网络。 container:NAME 或 ID：使用其他容器的网络，共享 IP 地址和端口等网络资源。 none：容器使用自己的网络（类似--net=bridge），但是不进行配置
--privileged=false	指定容器是否为特权容器，特权容器拥有所有的能力（权限）
--restart="no"	指定容器停止后的重启策略，具体参数介绍如下。 no：容器退出时不重启。 on-failure：容器故障退出（返回值非零）时重启。 always：容器退出时总是重启
--rm=false	指定容器停止后自动删除容器（不支持以 docker run –d 选项启动的容器）
--sig-proxy=true	设置由代理接收并处理信号，但是信号终止（SIGCHLD）、信号停止（SIGSTOP）和信号杀死（SIGKILL）不能被代理

（2）docker create 命令，创建容器

docker create 命令用于创建一个新的容器，但不启动该容器，其基本语法格式如下。

```
docker create ［选项］ 镜像［命令］［参数...]
```

docker create 命令与容器运行模式相关的选项及其功能说明如表 5.8 所示。

表 5.8 docker create 命令与容器运行模式相关的选项及其功能说明

选项	功能说明
-a, --attach=[ ]	是否绑定容器到标准输入、标准输出和标准错误
-d, --detach=true| false	是否在后台运行容器，默认为 false
--detach-keys=""	从 attach（连接）模式退出的组合键
--entrypoint=""	镜像存在入口命令时，将其覆盖为新的命令

续表

选项	功能说明
-- expose=[ ]	指定容器会暴露出来的端口或端口范围
--group-add=[ ]	运行容器的用户组
-i, -- interactive=true| false	保持标准输入打开，默认为 false（不打开）
--ipc=" "	容器进程间通信（Interprocess Communication，IPC）命名空间，可以为其他容器或主机
-- isolation= "default"	容器使用的隔离机制
-- log-driver= "json-file"	指定容器的日志驱动类型，可以为 json-file、syslog、journald、gelf、fluentd、awslogs、splunk、etwlogs、gcplogs 或 none
--log-opt=[ ]	传递给日志驱动的选项
--net= "bridge"	指定容器网络模式，包括 bridge、none、其他容器内网络、主机的网络或某个现有网络等
--net-alias=[ ]	容器在网络中的别名
-P, --publish-all=true| false	通过 NAT 机制将容器标记暴露的端口自动映射到本地主机的临时端口
-p, --publish=[ ]	指定容器标记暴露的端口如何映射到本地主机端口
--pid=host	容器的 PID 命名空间
--userns=" "	启用 userns -remap 时配置用户命名空间的模式
--uts=host	容器的 UTS 命名空间
--restart= "no"	容器的重启策略，包括 no、on- failure[:max-retry]、always、unless- stopped 等
--rm=true | false	容器退出后是否自动删除，不能与-d 选项同时使用
-t, --tty=true | false	是否分配一个伪终端，默认为 false
-- tmpfs=[ ]	挂载临时文件系统到容器
-v| --volume	挂载主机上的文件卷到容器
--volume -driver=" "	挂载文件卷的驱动类型
--volumes -from=[ ]	从其他容器挂载卷
-W, --workdir=" "	容器内的默认工作目录

docker create 命令与容器环境和配置相关的选项及其功能说明如表 5.9 所示。

表 5.9　docker create 命令与容器环境和配置相关的选项及其功能说明

选项	功能说明
--add-host=[ ]	在容器内添加一个主机名到 IP 地址的映射关系（通过/etc/hosts 文件实现）
--device=[ ]	映射物理机上的设备到容器内
--dns-search=[ ]	DNS 搜索域
--dns-opt=[ ]	自定义的 DNS 选项
--dns=[ ]	自定义的 DNS 服务器
-e, --env=[ ]	指定容器内的环境变量
--env-file=[ ]	从文件中读取环境变量到容器
-h, --hostname=" "	指定容器内的主机名
--ip=" "	指定容器的 IPv4 地址
--ip6=" "	指定容器的 IPv6 地址
--link=[\<name or id\>:alias]	链接到其他容器
--link-local-ip=[ ]	容器的本地链接地址列表
-- mac-address=" "	指定容器的介质访问控制（Medium Access Control，MAC）地址
--name=" "	指定容器的别名

docker create 命令与容器资源限制和安全保护相关的选项及其功能说明如表 5.10 所示。

表 5.10 docker create 命令与容器资源限制和安全保护相关的选项及其功能说明

选项	功能说明
--blkio-weight=10～1000	容器读写块设备的 I/O 性能权重，默认为 0
--blkio-weight-device=[DEVICE_NAME：WEIGHT]	指定各个块设备的 I/O 性能权重
--cpu-shares=0	允许容器使用 CPU 资源的相对权重，默认一个容器能用满核的 CPU
--cap-add=[ ]	增加容器的 Linux 指定安全能力
--cap-drop=[ ]	移除容器的 Linux 指定安全能力
--cgroup-parent=" "	容器 CGroups 限制的创建路径
--cidfile=" "	指定将容器的 PID 写到文件
--cpu-period=0	限制容器在完全公平调度器（Completely Fair Scheduler，CFS）下的 CPU 占用时间片
--cpuset-cpus=" "	限制容器能使用哪些 CPU 内核
--cpuset-mems=" "	非均匀存储器访问（Non-Uniform Memory Access，NUMA）架构下使用哪些内核的内存
--cpu-quota=0	限制容器在 CFS 下的 CPU 配额
--device-read-bps=[ ]	挂载设备的读吞吐率（以 bit/s 为单位）限制
--device-write-bps=[ ]	挂载设备的写吞吐率（以 bit/s 为单位）限制
--device-read-iops=[ ]	挂载设备的读速率（以每秒 I/O 次数为单位）限制
--device-write-iops=[ ]	挂载设备的写速率（以每秒 I/O 次数为单位）限制
--health-cmd=" "	指定检查容器健康状态的命令
--health-interval=0s	执行健康检查的间隔时间，单位可以为 ms、s、min 或 h
--health-retries=int	健康检查失败时的重试次数，超过指定重试次数时被认为不健康
--health-start-period=0s	容器启动后进行健康检查的等待时间，单位可以为 ms、s、min 或 h
--health-timeout=0s	健康检查的执行超时，单位可以为 ms、s、min 或 h
--no-healthcheck=true|false	是否禁用健康检查
--init	在容器中执行一个 init 进程，来负责响应信号和处理"僵尸"状态的子进程
--kernel-memory=" "	限制容器使用内核的内存大小，单位可以是 bit、KB、MB 或 GB
-m, --memory=" "	限制容器内应用使用的内存，单位可以是 bit、KB、MB 或 GB
--memory-reservation=" "	当系统中内存过少时，容器会被强制限制内存大小到给定值，默认情况下给定值等于内存限制值
--memory-swap="LIMIT"	限制容器使用内存和交换区的总大小
--oom-kill-disable=true|false	内存耗尽时是否停止容器
--oom-score-adj=" "	调整容器的内存耗尽参数
--pids-limit=" "	限制容器的 PID 个数
--privileged=true|false	是否给容器最高权限，这意味着容器内的应用将不受权限的限制，一般不推荐
--read-only=true|false	是否让容器内的文件系统只读
--security-opt=[ ]	指定一些安全参数，包括权限、安全能力等
--stop-signal=SIGTERM	指定停止容器的系统信号
--shm-size=" "	指定/dev/shm 的大小
--sig-proxy=true| false	是否将代理收到的信号传给应用，默认为 true，不能代理 SIGCHLD、SIGSTOP 和 SIGKILL 信号
--memory-swappiness="0～100"	调整容器的内存交换区参数
-U, --user=" "	指定在容器内执行命令的用户信息
--userns=" "	指定用户命名空间
--ulimit=[ ]	限制最大文件数、最大进程数

虚拟化技术与应用项目教程
（微课版）

（3）docker start 命令，启动容器

docker start 命令用于启动一个或多个处于停止状态的容器，其基本语法格式如下。

```
docker start [选项] 容器 [容器...]
```

docker start 命令各选项及其功能说明如表 5.11 所示。

表 5.11　docker start 命令各选项及其功能说明

选项	功能说明
-a, --attach	附加标准输出/标准错误和转发信号
--detache-keys	覆盖用于分离容器的键序列
-i, --interactive	附加到容器的标准输入

（4）docker stop 命令，停止容器

使用 docker stop 命令停止一个或多个处于运行状态的容器，其基本语法格式如下。

```
docker stop [选项] 容器 [容器...]
```

docker stop 命令各选项及其功能说明如表 5.12 所示。

表 5.12　docker stop 命令各选项及其功能说明

选项	功能说明
-t, --time int	停止倒计时，默认为 10s

（5）docker restart 命令，重启容器

docker restart 命令用于重启一个或多个处于运行状态的容器，其基本语法格式如下。

```
docker restart [选项] 容器 [容器...]
```

docker restart 命令各选项及其功能说明如表 5.13 所示。

表 5.13　docker restart 命令各选项及其功能说明

选项	功能说明
-t, --time int	重启倒计时，默认为 10s

（6）docker ps 命令，显示容器列表

docker ps 命令用于显示容器列表，其基本语法格式如下。

```
docker ps [选项]
```

docker ps 命令各选项及其功能说明如表 5.14 所示。

表 5.14　docker ps 命令各选项及其功能说明

选项	功能说明
-a, --all	显示所有的容器，包括未运行的
-f, --filter	根据条件过滤显示的内容
--format	指定返回值的模板文件
-l, --latest	显示最近创建的容器
-n, --last int	列出最近创建的 n 个容器
--no-trunc	不截断输出，显示完整的容器信息
-q, --quiet	静默模式，只显示容器 ID
-s, --size	显示总的文件大小

142

（7）docker inspect 命令，查看容器详细信息

docker inspect 命令用于查看容器详细信息，也就是元数据。默认情况下，以 JSON 格式输出所有结果，其基本语法格式如下。

```
docker inspect [选项] 容器 [容器…]
```

docker inspect 命令各选项及其功能说明如表 5.15 所示。

表 5.15 docker inspect 命令各选项及其功能说明

选项	功能说明
-f，--format	指定返回值的模板文件
-s，--size	如果类型为容器，则显示文件总的大小
--type	返回指定类型的 JSON 数据

（8）docker attach 命令，进入容器

docker attach 命令用于进入正在运行的容器，其基本语法格式如下。

```
docker attach [选项] 容器
```

docker attach 命令各选项及其功能说明如表 5.16 所示。

表 5.16 docker attach 命令各选项及其功能说明

选项	功能说明
--detach-keys	用于重写分离容器键的序列
--no-stdin	不要附上 STDIN
--sig-proxy	代理所有收到的进程信号（默认为 true）

（9）docker exec 命令，进入容器并执行命令

docker exec 命令用于进入正在运行的容器并执行命令，其基本语法格式如下。

```
docker exec [选项] 容器 命令 [参数…]
```

docker exec 命令各选项及其功能说明如表 5.17 所示。

表 5.17 docker exec 命令各选项及其功能说明

选项	功能说明
-d，--detach	分离模式，在后台执行命令
--detach-keys string	指定退出容器的组合键
-e，--env list	设置环境变量，可以设置多个
--env-file list	设置环境变量文件，可以设置多个
-i，--interactive	打开标准输入接收用户输入的命令，即使没有附加其他参数，也保持 STDIN 打开
--privileged	是否给执行命令最高权限，默认为 false
-t，--tty	分配一个伪终端，进入容器的命令行界面模式
-u，--user string	指定访问容器的用户名
-w，--workdir string	需要执行命令的目录

（10）docker rm 命令，删除容器

docker rm 命令用于删除容器，其基本语法格式如下。

```
docker rm [选项] 容器 [容器…]
```

docker rm 命令各选项及其功能说明如表 5.18 所示。

表 5.18　docker rm 命令各选项及其功能说明

选项	功能说明
-f, --force	通过 SIGKILL 信号强制删除一个正在运行的容器
-l, --link	移除容器间的网络连接，而非容器本身
-v, --volumes	删除与容器关联的卷

（11）docker logs 命令，获取容器的日志信息

docker logs 命令用于获取容器的日志信息，其基本语法格式如下。

```
docker logs [选项] 容器
```

docker logs 命令各选项及其功能说明如表 5.19 所示。

表 5.19　docker logs 命令各选项及其功能说明

选项	功能说明
--details	显示更多的信息
-f, --follow	跟踪实时日志
--since string	显示自某个生成日期之后的日志，可以指定相对时间，如 30min
--tail string	在日志末尾显示多少行日志，默认为 all
-t, --timestamps	查看日志生成日期
--until string	显示自某个生成日期之前的日志，可以指定相对时间，如 30min

（12）docker stats 命令，动态显示容器的资源消耗情况

docker stats 命令用于动态显示容器的资源消耗情况，包括 CPU、内存、I/O 设备等的资源消耗情况，其基本语法格式如下。

```
docker stats [选项] [容器…]
```

docker stats 命令各选项及其功能说明如表 5.20 所示。

表 5.20　docker stats 命令各选项及其功能说明

选项	功能说明
-a, --all	查看所有容器信息（默认显示正在运行的容器的信息）
--format	以 Go 模板展示镜像信息，Go 模板提供大量的预定义函数
--no-stream	不展示容器的一些动态信息

（13）docker cp 命令，在宿主机和容器之间复制文件

docker cp 命令用于在宿主机和容器之间复制文件，其基本语法格式如下。

```
docker cp [选项] 文件|URL [仓库[:标签]]
```

docker cp 命令各选项及其功能说明如表 5.21 所示。

表 5.21　docker cp 命令各选项及其功能说明

选项	功能说明
-a	存档模式（复制所有 UID/GID 信息）
-L	保持源目标中的链接

（14）docker port 命令，查看容器与宿主机端口映射的信息

docker port 命令用于查看容器与宿主机端口映射的信息，其基本语法格式如下。

```
docker port 容器 [选项]
```

docker port 命令各选项及其功能说明如表 5.22 所示。

表 5.22　docker port 命令各选项及其功能说明

选项	功能说明
PRIVATE_PORT	指定查询的端口
PROTO	协议类型（TCP、UDP）

（15）docker export 命令，将容器导出为.tar 文件

docker export 命令用于将容器导出为.tar 文件，其基本语法格式如下。

```
docker export [选项] 容器
```

docker export 命令各选项及其功能说明如表 5.23 所示。

表 5.23　docker export 命令各选项及其功能说明

选项	功能说明
-o	打包输出的选项，将输入内容写到文件中

（16）docker import 命令，导入一个镜像

docker import 命令用于导入一个镜像（.tar 文件），其基本语法格式如下。

```
docker import [选项] 容器
```

docker import 命令各选项及其功能说明如表 5.24 所示。

表 5.24　docker import 命令各选项及其功能说明

选项	功能说明
-c	应用 Docker 指令创建镜像
-m	提交时的说明文字

（17）docker top 命令，查看容器中运行的进程

docker top 命令用于查看容器中运行的进程，其基本语法格式如下。

```
docker top [选项] 容器
```

（18）docker pause 命令，暂停容器中运行的进程

docker pause 命令用于暂停容器中运行的进程，其基本语法格式如下。

```
docker pause 容器 [容器…]
```

（19）docker unpause 命令，恢复容器内暂停的进程

docker unpause 命令用于恢复容器内暂停的进程，其基本语法格式如下。

```
docker unpause 容器 [容器…]
```

（20）docker rename 命令，重命名容器

docker rename 命令用于为现有的容器重新命名，以便于后续的容器操作，其基本语法格式如下。

```
docker rename 容器 容器名称
```

5.2.6　Docker 容器实现原理

容器和虚拟机具有相似的资源隔离及分配优势，但是它们的功能不同，虚拟机实现资源隔离的

方法是通过独立的客户机操作系统，并利用 Hypervisor 虚拟化 CPU、内存、I/O 设备等实现的，引导、加载操作系统内核是比较耗时而又消耗资源的过程。与虚拟机实现资源和环境隔离相比，容器不用重新加载操作系统内核，它利用 Linux 内核特性实现隔离，可以在几秒内完成启动、停止，并可以在宿主机上启动多个容器。

1. Docker 容器的功能

Docker 容器的功能如下。

（1）通过命名空间对不同的容器实现隔离，命名空间允许一个进程及其子进程从共享的宿主机内核资源（挂载点、进程列表等）中获得仅自己可见的隔离区域，让同一个命名空间下的所有进程感知彼此的变化，而对外界进程一无所知，仿佛运行在独占的操作系统中。

（2）通过 CGroups 隔离宿主机上的物理资源，如 CPU、内存、I/O 设备和网络带宽。使用 CGroups 还可以为资源设置权重、计算使用量、操控任务（进程或线程）启动或停止等。

（3）使用镜像管理功能，利用 Docker 的镜像分层、写时复制、内容寻址、联合挂载技术实现一套完整的容器文件系统及运行环境。结合镜像仓库，可以快速下载和共享镜像。

2. Docker 对容器内文件的操作

Docker 镜像是 Docker 容器运行的基础，有了镜像才能启动容器。在容器启动前，Docker 需要本地存在对应的镜像，如果本地不存在对应的镜像，则 Docker 会通过镜像仓库下载（默认镜像仓库是 Docker Hub）。

每一个镜像都会有一个文本文件 Dockerfile，其定义了如何构建 Docker 镜像。Docker 镜像是分层管理的，因此 Docker 镜像的定制实际上就是定制每一层所添加的配置、文件。一个新镜像是由基础镜像一层一层叠加生成的，每安装一款软件就会在现有的镜像层上增加一层。

当容器启动时，一个新的可写层被加载到镜像层的顶部，这一层称为容器层，容器层之下都为镜像层。只有容器层是可写的，容器层下面的所有镜像层都是只读的，对容器的任何改动都只会发生在容器层中。如果 Docker 容器需要改动底层 Docker 镜像中的文件，则会启动写时复制策略，即先将此文件从镜像层中复制到最上层的容器层中，再对容器层中的副本进行操作。因此，容器层保存的是镜像变化的部分，不会对镜像本身进行任何修改，所以镜像可以被多个容器共享。Docker 对容器内文件的操作可以归纳如下。

（1）添加文件。在容器中创建文件时，新文件被添加到容器层中。

（2）读取文件。当在容器中读取某个文件时，Docker 会从上向下依次在各镜像层中查找此文件，一旦找到就打开此文件并将其计入内存。

（3）修改文件。在容器中修改已存在的文件时，Docker 会从上向下依次在各镜像层中查找此文件，一旦找到就立即将其复制到容器中，再进行修改。

（4）删除文件。在容器中删除文件时，Docker 会从上向下依次在各镜像层中查找此文件，找到后在容器层中记录此删除操作。

5.2.7　Docker Compose 基础知识

Docker Compose 是一个定义和运行复杂应用程序的 Docker 工具，它负责实现对容器的编排与部署，可通过配置文件管理多个容器，非常适用于组合多个容器进行开发的场景。

1. 为什么要使用 Docker Compose 编排与部署容器

使用 Docker 编排与部署容器的步骤如下：先定义 Dockerfile 文件，再使用 docker build 命令构建镜像，最后使用 docker run 命令启动容器。

然而，在生产环境中，尤其是微服务架构中，业务模块一般包含若干个服务，每个服务一般会部署多个实例。整个系统的部署、启动或停止将涉及多个子服务的部署、启动或停止，而且这些子服务之间还存在强依赖关系，手动操作不仅劳动强度大还容易出错。

Docker Compose 就是解决这种容器编排问题的一个高效轻量化工具，它通过一个配置文件来描述整个应用涉及的所有容器与容器之间的依赖关系，然后可以用一条指令来启动或停止整个应用。下面先来分解一下平时是怎样编排与部署 Docker 的。

① 先定义 Dockerfile 文件，再使用 docker build 命令构建镜像或使用 docker search 命令查找镜像。

② 执行 docker run –dit<镜像名称>命令，运行指定镜像。

③ 如果需要运行其他镜像，则需要使用 docker search、docker run 等命令。

上面的"docker run --dit<镜像名称>"只是基本的操作。如果要映射硬盘、设置 NAT 或者映射端口等，则需要完成更多的 Docker 操作，这显然是非常没有效率的。如果要进行大规模的部署，就会更加麻烦。但是如果把这些操作写在 Docker Compose 文件里面，只需要执行 docker-compose up –d 命令就可以完成操作。许多应用程序通过多个更小的服务互相协作来构成完整可用的项目，如一个订单应用程序可能包括 Web 前端、订单处理程序和后台数据库等多个服务，这相当于一个简单的微服务架构。这种架构很适合用容器实现，每个服务由一个容器承载，一台计算机同时运行多个容器就能部署整个应用程序。

仅使用 docker 命令部署和管理这类多容器应用程序时往往需要编写若干脚本文件，使用的命令可能会变得冗长，包括大量的选项和参数，配置过程比较复杂，而且容易发生差错。为了解决这个问题，Orchard 公司推出了多容器部署管理工具 Fig。Docker 公司收购 Fig 之后将其改名为 Docker Compose。Docker Compose 并不是通过脚本和各种 docker 命令将多个容器组织起来的，而是通过一个声明式的配置文件描述整个应用程序，从而让用户使用一条 docker-compose 命令即可完成整个应用程序的部署。

2. Docker Compose 的项目概念

在使用 Docker 的时候，可以通过定义 Dockerfile 文件，并使用 docker build、docker run 等命令操作容器。然而，基于微服务架构的应用系统通常包括若干个微服务，每个微服务又会部署多个实例，如果每个微服务都要手动启动、停止，则会带来效率低、维护量大的问题，而使用 Docker Compose 可以轻松、高效地管理容器。

V5-2 Docker Compose 的项目概念

Docker Compose 是 Docker 官方的开源项目，定位是"定义和运行多个 Docker 容器应用的工具"，负责实现对 Docker 容器集群的快速编排，达到快速部署应用程序的目的。

在 Docker 中构建自定义镜像是通过使用 Dockerfile 模板文件来实现的，从而使用户可以方便地定义单独的应用容器。而 Docker Compose 使用的模板文件是一个 YAML 格式的文件，它允许用户通过 docker-compose.yml 模板文件将一组相关联的应用容器定义为一个项目。

Docker Compose 以项目为单位管理应用程序的部署，可以将它所管理的对象从上到下依次分为以下 3 个层次。

（1）项目

项目又称为工程，表示需要实现的一个应用程序，并涵盖该应用程序所需的所有资源，是由一组关联的容器组成的一个完整业务单元。项目在 docker-compose.yml 中定义，即 Compose 的一个配置文件可以解析为一个项目，Compose 文件定义了一个项目要完成的所有容器管理与部署操作。一个项目拥有特定的名称，可包含一个或多个服务，Docker Compose 实际上是面向项目进行管理的，它通过命令对项目中的一组容器实现生命周期管理。项目由项目目录下的所有文件（包括配置文件）和子目录组成。

（2）服务

服务是一个比较抽象的概念，表示需要实现的一个子应用程序，它以容器方式完成某项任务。一个服务运行一个镜像，它决定了镜像的运行方式。一个应用的容器，实际上可以包括若干运行相同镜像的容器实例，每个服务都有自己的名称、使用的镜像、挂载的数据卷、所属的网络、依赖的服务等，服务也可以看作分布式应用程序或微服务的不同组件。

（3）容器

这里的容器指的是服务的副本，每个服务又可以以多个容器实例的形式运行，可以更改容器实例的数量来增减服务数量，从而为进程中的服务分配更多的计算资源。例如，Web 应用为保证高可用性和负载均衡，通常会在服务器上运行多个服务。即使在单主机环境下，Docker Compose 也支持一个服务有多个副本，每个副本就是一个服务容器。

Docker Compose 的默认管理对象是项目，通过子命令对项目中的一组容器进行便捷的生命周期管理。Docker Compose 将逻辑关联的多个容器编排为一个整体进行统一管理，提高了应用程序的部署效率。

3. Docker Compose 的工作机制

docker-compose 命令运行的目录下的所有文件（docker-compose.yml 文件、extends 文件或环境变量配置文件 env-file 等）组成一个项目。一个项目当中可以包含多个服务，每个服务中定义了容器运行的镜像、参数与依赖。每一个服务当中又包含一个或多个容器实例，但 Docker Compose 并没有负载均衡功能，还需要借助其他工具来实现服务发现与负载均衡。创建 Docker Compose 项目的核心在于定义配置文件，配置文件的默认名称为 docker-compose.yml，也可以用其他名称，但需要修改环境变量 COMPOSE_FILE 或者启动时通过-f 选项指定配置文件。配置文件定义了多个有依赖关系的服务及每个服务运行的容器。

Docker Compose 启动一个项目主要经历如下步骤。

（1）项目初始化。解析配置文件（包括 docker-compose.yml 文件、外部配置文件 extends 文件、环境变量配置文件 env_file），并将每个服务的配置转换成 Python 字典，初始化 docker-py 客户端（即使用 Python 编写的一个 API 客户端）以便与 Docker 引擎通信。

（2）根据 docker-compose 的命令参数将命令分发给相应的处理函数，其中启动命令为 up。

调用 project 类的 up 函数，得到当前项目中的所有服务，根据服务的依赖关系进行拓扑排序并去掉重复出现的服务。

通过项目名及服务名从 Docker 引擎获取当前项目中处于运行状态的容器，从而确定当前项目中各个服务的状态，再根据当前状态为每个服务制定接下来的动作。Docker Compose 使用标签标记启动的容器，使用 docker inspect 命令可以看到通过 Docker Compose 启动的容器都被添加了标签。

使用 Docker Compose 启动一个项目时，存在以下几种情况。

- 若容器不存在，则服务动作设置为创建（create）。
- 若容器存在但设置不允许重建，则服务动作设置为启动（start）。
- 若容器配置（config-hash）发生变化或者设置强制重建标志，则服务动作设置为重建（recreate）。
- 若容器状态为停止，则服务动作设置为启动（start）。
- 若容器状态为运行但其依赖容器需要重建，则服务状态设置为重建（recreate）。
- 若容器状态为运行且无配置改变，则不进行操作。

根据每个服务动作执行不同的操作。

（3）根据拓扑排序的次序，依次执行每个服务的动作。如果服务动作为创建，则检查镜像是否存在，若镜像不存在，则检查配置文件中关于镜像的定义。如果在配置文件中设置镜像为 build，则通过 docker-py build 命令建立函数与 Docker 引擎进行通信，完成 docker build 建立的功能；如果在配置文件中设置镜像为 image，则通过 docker-py pull 命令拉取函数与 Docker 引擎进行通信，完成 docker pull 拉取的功能。

（4）获取当前服务中容器的配置信息，如端口、存储卷、主机名，使用镜像环境变量等配置的信息。若在配置中指定本服务必须与某个服务在同一台主机（previous_container，用于集群）上，则在环境变量中设置 affinity:container，通过 docker-py 与 Docker 引擎进行通信，创建并启动容器。

（5）如果服务动作为重建，则停止当前的容器，并对现有的容器进行重命名，这样数据卷在原容器被删除前就可以复制到新创建的容器中了。

创建并启动新容器，通过 previous_container 命令设置为原容器，确保其运行在同一台主机上（存储卷挂载）；删除原容器。

（6）如果服务动作为启动，则启动处于停止状态的容器。

这就是 docker-compose up 的命令执行过程，docker-compose.yml 文件中定义的所有服务或容器会被全部启动。

使用 Docker Compose 时，先要编写定义多容器应用的 YAML 格式的 Compose 文件，即 docker-compose.yml 文件；再将其交由 docker-compose 命令处理，Docker Compose 就会基于 Docker 引擎完成应用程序的部署。

Docker Compose 项目使用 Python 语言编写而成，它实际上调用 Docker API 来实现对容器的管理。Docker Compose 的工作机制如图 5.18 所示，对于不同的 docker-compose 命令，Docker Compose 将调用不同的处理方法来进行处理。处理必须落实到 Docker 引擎对容器的部署与管理上，因此 Docker Compose 最终必须与 Docker 引擎建立连接，并在该连接之上完成 Docker API 的处理。实际上 Docker Compose 是通过调用 docker-py 库与 Docker 引擎交互构建 Docker 镜像，启动、停止 Docker 容器等操作实现容器编排的，而 docker-py 库通过调用 Docker Remote API（远程 API 接口）与 Docker Daemon 交互，可通过 DOCKER_HOST 配置本地或远程 Docker Daemon 的地址来操作 Docker 镜像与容器，以实现其管理。

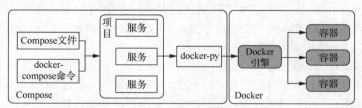

图 5.18　Docker Compose 的工作机制

4. Docker Compose 的基本使用步骤

Docker Compose 的基本使用步骤如下。

（1）使用 Dockerfile 定义应用程序的环境，以便可以在任何地方分发应用程序。通过 Docker Compose 编排的主要是多容器的复杂应用程序，这些容器的创建和运行需要相应的镜像，而镜像基于 Dockerfile 构建。

（2）使用 Compose 文件定义组成应用程序的服务。该文件主要声明应用程序的启动配置，可以定义一个包含多个相互关联的容器的应用程序。

（3）使用 docker-compose up 命令启动整个应用程序。使用这条简单的命令即可启动配置文件中的所有容器，不再需要使用任何 Shell 脚本。

5. Docker Compose 的特点

Docker Compose 的特点如下。

（1）为不同环境定制编排

Docker Compose 支持 Compose 文件中的变量，可以使用这些变量为不同的环境或不同的用户定制编排。

（2）在单主机上建立多个隔离环境

Docker Compose 使用项目名称隔离环境，其应用场景如下。

① 在开发主机上可以创建单个环境的多个副本，如为一个项目的每个功能分支运行一个稳定的副本。

② 在共享主机或开发主机上，防止可能使用相同服务名称的不同项目之间的相互干扰。

③ 在持续集成服务上，为防止构建互相干扰，可以将项目名称设置为唯一的构建编号。

（3）仅重建已更改的容器

Docker Compose 可以使用缓存创建容器，当重新启动更改的服务时，将重用已有的容器，仅重建已更改的容器，这样可以快速更改环境。

（4）创建容器时保留卷数据

Docker Compose 会保留服务所使用的所有卷，确保在卷中创建的任何数据都不会丢失。

6. Docker Compose 的应用场景

Docker Compose 的应用场景如下。

（1）单主机部署

Docker Compose 一直专注于开发和测试工作流，但在每个发行版中都会增加更多面向生产的功能。可以使用 Docker Compose 将应用程序部署到远程 Docker 引擎中，Docker 引擎可以是 Docker Machine（在虚拟机上安装 Docker，使用 docker-machine 命令进行管理）或整个 Docker 集群配置的单个实例。

V5-3 Docker Compose 的应用场景

（2）软件开发环境

在开发软件时，Docker Compose 命令行工具可用于创建隔离的环境，在其中运行应用程序并与之进行交互。Compose 文件提供了记录和配置所有应用程序的服务依赖关系的方式，如数据库、队列、缓存和 Web 服务 API 等。通过 Docker Compose 命令行工具，可以使用单条命令为每个项目创建和启动一个或多个容器。

（3）自动化测试环境

自动化测试环境是持续部署或持续集成过程的一个重要部分，通过 Docker Compose 可以创建和销毁用于测试集合的隔离测试环境。在 Compose 文件中定义完整的环境后，可以仅使用几条命令就创建和销毁这些环境。

Docker Compose 是一个部署多个容器的简单但是非常必要的工具，可以使用一条简单的命令部署多个容器。Docker Compose 在实际工作中非常有价值，大大简化了多容器的部署过程，避免了在不同环境下进行多个重复步骤所带来的错误，使多容器移植变得简单可控。从其工作过程路线图（Roadmap）可以看出，Docker Compose 的目标是生成一个生产环境可用的工具，包括服务回滚、多环境（dev/test/staging/prod）支持、支持在线服务部署升级、防止服务中断并且监控服务使其始终运行在正确的状态。在 Docker Compose 中定义构建的镜像只存在于一台 Docker Swarm 主机上，无法做到多主机共享，因此目前需要手动构建镜像并将其上传到一个镜像仓库，使多个 Docker Swarm 主机可以访问并下载镜像。相信随着 Docker Compose 的完善，其必将取代 docker run 成为开发人员启动 Docker 容器的首选。

5.2.8 Docker Compose 文件基础知识

Compose 文件是 Docker Compose 项目的配置文件，又称为 Compose 模板文件。它用于定义整个应用程序，包括服务、网络和卷。Compose 文件是文本文件，采用 YAML 格式，可以使用的扩展名为.yml 或.yaml，默认的文件名为 docker-compose.yml。YAML 是 JSON 的一个子集，是一种轻量级的数据交换格式。因此，Docker Compose 也可以使用 JSON 格式，构建时需要明确指定要使用的文件名，如 docker-compose -f docker-compose.json up。建议统一使用 YAML 格式。编写 Compose 文件是使用 Docker Compose 的关键。

> **注意** YAML 是 "YAML Ain't a Markup Language"（YAML 不是一种标记语言）的递归缩写。在开发这种语言时，YAML 的意思其实是 "Yet Another Markup Language"（仍是一种标记语言），但为了强调这种语言以数据为中心，而不是以标记语言为重点，而用反义缩写重命名。

1. YAML 文件格式

YAML 是一种数据序列化格式，易于阅读和使用，尤其适合用来表示数据。YAML 类似于可扩展标记语言（Extensible Markup Language，XML），但 YAML 的语法比 XML 的语法简单得多。YAML 的数据结构通过缩进表示，连续的项目通过减号表示，键值对用冒号分隔，数据用方括号标注，散列函数用花括号标注。

使用 YAML 时需要注意如下事项。

（1）通常开头缩进两个空格。

（2）使用缩进表示层级关系，不支持使用制表符缩进，需要使用空格缩进（一般为 2 个或 4 个空格），但相同层级应当左对齐。

（3）每个冒号与它后面所跟的参数之间都需要一个空格，字符（如冒号、逗号、短横线）后需要一个空格。

（4）如果包含特殊字符，则要使用单引号标注。

（5）使用#表示注释，YAML 中只有单行注释。

（6）布尔值（true、false、yes、no、on、off）必须用双引号标注，这样分析器才会将它们解释为字符串。

（7）字符串可以不用引号标注。

（8）字母区分大小写。

2. YAML 表示的数据类型

YAML 表示的数据类型可分为以下 3 种。

（1）序列

序列（Sequence）就是列表，相当于数组，使用一个短横线加一个空格表示一个序列项，实际上是一种字典，例如：

```
- "5000"
- "7000"
```

序列支持流式语法格式，以上示例可改写如下。

```
["5000", "7000"]
```

（2）标量

标量（Scalar）相当于常量，是 YAML 中数据的最小单位，不可再分割。YAML 支持整数、浮点数、字符串、NULL、日期、布尔值和时间等多种标量类型。

（3）映射

映射（Map）相当于 JSON 中的对象，也使用键值对表示，只是冒号后面一定要加一个空格，同一缩进层次的所有键值对属于同一个映射，例如：

```
RACK_ENV: development
SHOW: 'true'
```

3. Compose 文件结构

docker-compose.yml 文件包含 version、services、networks 和 volumes 这 4 个部分，其中 services 和 networks 是关键部分。

version 是必须指定的，而且总位于文件的第一行，没有任何下级节点，它定义了 Compose 文件格式的版本。目前有 3 种版本的 Compose 文件格式，1.x 是传统的格式，通过 YAML 文件的 version 指定；除了个别字段或选项外，2.x 和 3.x 的 Compose 文件的结构基本相同，建议使用最新版的格式。

services、networks 和 volumes 分别定义服务、网络和卷（存储）的资源配置，都由下级节点具体定义。

首先要在各部分中定义资源名称，在 services、networks 和 volumes 各部分中分别可以指定若干服务、网络和卷的名称，然后在这些资源名称下采用缩进结构"<键>:<选项>:<值>"定义其具体配置，键也被称为字段。服务定义包含该服务启动的每个容器的配置，这与将命令行参数传递给 docker container create 命令类似。同样的，定义网络和卷类似于使用 docker network create 和 docker volume create 命令。

services 用于定义不同的应用服务，服务中定义了镜像、端口、网络和卷等，Docker Compose 会将每个服务部署在各自的容器中；networks 用于定义要创建的容器网络，Docker Compose 会创建默认的桥接网络；volumes 用于定义要创建的卷，可以使用默认配置，即使用 Docker 的默认驱动 local（本地驱动）。

docker-compose.yml 文件配置常用字段描述如表 5.25 所示。

表 5.25 docker-compose.yml 文件配置常用字段描述

键	描述
build	指定 Dockerfile 文件名
context	可以是 Dockerfile 的路径，或者是指向 Git 仓库的 URL
command	执行命令，覆盖默认命令
container name	指定容器名称，容器名称是唯一的，如果指定自定义名称，则无法使用 scale 命令
dockerfile	构建镜像上下文路径
deploy	指定部署和运行服务相关配置，只能在 Swarm 模式下使用
environment	添加环境变量
hostname	容器主机名
image	指定镜像
networks	加入网络
ports	暴露容器端口，与-p 选项相同，但端口号不小于 60
restart	重启策略，默认值为 no，可选值有 always、nofailure、unless-stopped
volumes	挂载宿主机路径或命令卷

4. 服务定义

在 services 部分中定义若干服务，每个服务实际上是一个容器，需要基于镜像运行。每个 Compose 文件必须指定 image 键或 build 键以提供镜像，其他键是可选的。和使用 docker container create 命令一样，Dockerfile 中的指令，如 CMD、EXPOSE、ENV、VOLUME 等，默认已经被接受，不必在 Compose 文件中定义。

在 services 部分中指定服务的名称，在服务名称下面使用键进行具体定义。下面介绍常用的键及其选项。

（1）image 标签

image 标签用于指定启动容器的镜像，可以指定镜像名称或镜像 ID，例如：

```
services:
  web:
    image: centos
    image: nignx
    image: fedora:latest
    image: debian:10.9
    image: d1165f221234
```

在 services 标签下的 web 为第二级标签，标签名可由用户自定义，它也是服务名称。

如果镜像在本地不存在，则 Docker Compose 将会尝试从镜像注册中心拉取镜像；如果定义有 build 键，则将基于 Dockerfile 构建镜像。

（2）build 标签

build 键用于定义构建镜像时的配置，可以定义包括构建上下文路径的字符串，例如：

```
build: ./test_dir
```

也可以定义对象，例如：

```
build:
  context: ./test_dir
  dockerfile: Dockerfile
  args:
    buildno: 1
```

可指定 arg 标签，与 Dockerfile 中的 ARG 指令一样，arg 标签可以在构建过程中指定环境变量，并在构建成功后取消。

如果同时指定了 image 和 build 两个键，那么 Docker Compose 会构建镜像并且将镜像命名为 image 键所定义的名称。例如，镜像将从./test_dir 中构建，被命名为 centos_web，并被设置 app_tag 标签的命令如下。

```
build: ./test_dir
image: centos_web:app_tag
```

build 键下面可以使用如下选项。

① context：定义构建上下文的路径，可以是包含 Dockerfile 的目录，或是访问 Git 仓库的 URL。

② dockerfile：指定 Dockerfile。

③ args：指定构建参数，即仅在构建阶段访问的环境变量，允许是空值。

（3）command 标签

command 标签用于覆盖容器启动后默认执行的命令，例如：

```
command: bundle exec thin -p 4000
```

也可以写为类似 Dockerfile 中的格式，例如：

```
command: [bundle, exec, thin, -p, 4000]
```

（4）dns 标签

dns 标签用于配置 DNS 服务器，其可以是具体值，例如：

```
dns: 114.114.114.114
```

也可以是列表，例如：

```
dns:
- 114.114.114.114
- 8.8.8.8
```

还可以配置 DNS 搜索域，其可以是值或列表，例如：

```
dns_search: www.example.com
dns_search:
  - www.example01.com
  - www.example02.com
```

（5）depends_on 标签

depends_on 标签用于定义服务之间的依赖关系，指定了容器服务的启动顺序，例如：

```
version: "3.7"
services:
  web:
   build: .
   depends_on:
     - db
     - redis
  redis:
    images: redis
  db:
    images: database
```

按服务依赖顺序启动服务时，容器会先启动 db 和 redis 两个服务，再启动 web 服务。

执行 docker-compose up <服务名称>命令将自动编排该服务的依赖。在上面的示例中，如果执行的是 docker-compose up web 命令，则也会创建并启动 db 服务和 redis 服务。

按依赖顺序停止服务时，上面示例中的 web 服务先于 db 服务和 redis 服务停止。

（6）environment 标签

environment 标签用于设置环境变量。不同的是，arg 标签设置的变量仅用于构建过程中，而 environment 标签设置的变量会一直存在于镜像和容器中，例如：

```
environment:
  RACK_ENV: development
  SHOW: 'true'
  SESSION_SECRET:
```

也可使用如下格式：

```
environment:
  - RACK_ENV= development
  - SHOW=true
  - SESSION_SECRET
```

（7）env_file 标签

env_file 标签用于设置从 env 文件中获取的环境变量，可以指定一个文件路径或路径列表，其优先级低于 environment 指定的环境变量，即当其设置的变量名称与 environment 标签设置的变量名称冲突时，以 environment 标签设置的变量名称为主，例如：

```
env_file: .env
```

（8）expose 标签

expose 标签用于设置暴露端口，只将端口暴露给连接的服务，而不暴露给主机，例如：

```
expose:
  - "6000"
  - "6050"
```

（9）links 标签

links 标签用于指定容器连接到当前连接，可以设置别名，例如：

```
links:
   - db
   - db:database
   - redis
```

（10）logs 标签

logs 标签用于设置日志 I/O 信息，例如：

```
logs:
   driver: syslog
   options:
     syslog-address: "tcp://192.168.100.100:3000"
```

（11）network_mode 标签

network_mode 标签用于设置网络模式，例如：

```
network_mode: "bridge"
network_mode: "host"
network_mode: "none"
network_mode: "service:[service name]"
network_mode: "container:[container  name/id]"
```

（12）networks 标签

默认情况下，Docker Compose 会为应用程序自动创建名为"<项目名>_default"的默认网络。服务的每个容器都会加入默认网络，该网络上的其他容器都可以访问该网络，并且可以通过与容器名称相同的主机名来发现该网络。每项服务都可以使用 networks 键指定要连接的网络，此处的网络名称引用 networks 标签中所定义的名称，例如：

```
services:
  some_service:
    - front_network
    - back_network
```

networks 标签有一个特别的 aliases 选项，用来设置服务在该网络上的别名。同一网络的其他容器可以使用主机名或别名来连接该服务的一个容器，同一服务可以在不同的网络上有不同的别名。在下面的示例中，分别提供了名为 web、ftp 和 db 的 3 个服务，以及 front_network 和 back_network 网络。db 服务可以通过 front_network 网络中的主机名 db 或别名 database 访问，也可以通过 back_network 网络中的主机名 db 或别名 mysql 访问。

```
version: "3.7"
services:
  web:
   image: "nginx:latest"
   networks:
       - front_network
   ftp:
     images: "my_ftp:latest"
     networks:
       - back_network
   db:
     images: "mysql:latest"
```

```
        networks:
          front_network:
            aliases:
               - database
          back_network:
            aliases:
               - mysql
 networks:
   front_network:
   back_network:
```

要让服务加入现有的网络，可以使用 external 选项，例如：

```
 networks:
   default:
     external:
       name: my_network
```

此时，不用创建名为"<项目名>_default"的默认网络，Docker Compose 会查找名为 my_network 的网络，并将应用程序的容器连接到该网络。

（13）port 标签

port 标签用于对外暴露端口定义，使用 host:container（宿主机:容器）格式，或者只指定容器的端口号，宿主机会随机映射端口，例如：

```
 ports:
   - "5000"
   - "5869:5869"
   - "8080:8080"
```

> **注意** 当使用 **host:container** 格式来映射端口时，如果使用的容器端口号小于 **60**，则可能会得到错误的结果。因为 **YAML** 会将**<mm:nn>**格式的数字解析为六十进制，所以建议使用字符串格式。

（14）volumes 标签

volumes 标签用于指定卷挂载路径，与 volumes 部分专门定义卷存储不同，它可以挂载目录或已存在的数据卷容器。可以直接使用 host:container 格式，也可以使用 host:container:ro 格式，对容器来说后者的数据卷是只读的，这样可以有效保护宿主机的文件系统。

```
 volumes:
       #只指定路径（该路径是容器内部的），Docker 会自动创建数据卷
       - /var/lib/mysql
       #使用绝对路径挂载数据卷
       - /opt/data: /var/lib/mysql
       #以 Compose 文件为参照的相对路径将作为数据卷挂载到容器
       - ./cache: /tmp/cache
       #使用用户的相对路径（~/表示的目录是 /home/<用户目录>/ 或者 /root/）
       - ~ /configs: /etc/configs/:ro
       #已经存在的数据卷
       - datavolume: /var/lib/mysql
```

如果不使用宿主机的路径，则可以指定 volume_driver，例如：

```
 volume_driver: mydriver
```

（15）volumes_from 标签

volumes_from 标签用于设置从其他容器或服务挂载数据卷，可选的参数是:ro 和:rw，前者表

示容器是只读的，后者表示容器对数据卷是可读写的，默认情况下是可读写的。

```
volumes_from:
    - service_name
    - service_name: ro
    - container: container_name
    - container: container_name:rw
```

5. 网络定义

除使用默认的网络外，还可以自定义网络，以创建更复杂的拓扑，设置自定义网络驱动和选项，将服务连接到不受 Docker Compose 管理的外部网络中，在 networks 标签中自定义要创建的容器网络，供服务定义中的 networks 键引用。

网络定义常用的两个标签说明如下。

（1）driver 标签

driver 标签用于设置网络的驱动，默认驱动取决于 Docker 引擎的配置方式，但在大多数情况下，在单机上使用 bridge 驱动，而在 Swarm 集群中使用 overlay 驱动，例如：

```
driver: overlay
```

（2）external 标签

external 标签用于设置网络是否在 Docker Compose 外部创建。如果设置为 true，则 docker-compose up 命令不会尝试创建网络，如果该网络不存在，则会引发错误。之前 external 键不能与其他网络定义键（driver、driver_opts、ipam、internal）一起使用，但从 Docker Compose 3.4 开始，这个问题就不存在了。

在下面的示例中，proxy 是到外部网络的网关，这里没有创建一个名为"<项目名>_outside"的网络，而是让 Docker Compose 查找一个名为 outside 的现有网络，并将 proxy 服务的容器连接到该网络。

```
version: "3.7"
services:
  proxy:
    build: ./proxy
      - outside
      - default
    app:
      build: ./app
        networks:
            - default
services:
  outside:
    external: true
```

6. 卷（存储）定义

不同于前文中服务定义的 volumes 键，这里的卷定义是指要单独创建命名卷，这些卷能在多个服务中重用，可以通过 Docker 命令行或 API 查找和查看。

下面是一个设置两个服务的示例，其中，数据库服务的数据目录作为一个卷与其他服务共享，可以被周期性地备份。

```
version: "3.7"
services:
  db:
    image: db
    volumes:
      - data-volume:/var/lib/db
    backup:
```

```
    image: backup-service
    volumes:
      - data-volume:/var/lib/backup/db
volumes:
  data-volume:
```

volumes 中定义的卷可以只有名称，不做其他具体配置，这种情形会使用 Docker 配置的默认驱动，也可以使用以下标签对卷进行具体配置。

（1）driver 标签

driver 标签用于定义卷驱动，默认使用 Docker 所配置的驱动，多数情况下使用本地驱动。如果驱动不可用，则使用 docker-compose up 命令创建卷时，Docker 会返回错误。下面是一个简单的示例。

```
driver: foobar
```

（2）external 标签

external 标签用于设置卷是否在 Docker Compose 外部创建。如果设置为 true，则 docker-compose up 命令不会尝试创建卷；如果设置为 false，则会引发错误。之前 external 键不能与其他卷定义键（driver、driver_opts、labels）一起使用，但从 Docker Compose 3.4 开始，这个问题就不存在了。

在下面的示例中，Docker Compose 不会尝试创建一个名为"<项目名>_data"的卷，而是会查找一个名称为 data 的卷，并将其挂载到 db 服务的容器中。

```
version: "3.7"
services:
  db:
    image: mysql
    volumes:
      - data:/var/lib/mysql/data
volumes:
  data:
    external: true
```

5.2.9　Docker Compose 常用命令

除了部署应用程序外，Docker Compose 还可以管理应用程序，如启动、停止和删除应用程序，以及获取应用程序的状态等，这需要用到 Compose 命令。

Compose 命令常跟在 docker-compose 主命令后面，其基本语法格式如下。

```
docker-compose [-f<arg>...]  [选项]  [命令]  [参数...]
```

docker-compose 命令各选项及其功能说明如表 5.26 所示。

表 5.26　docker-compose 命令各选项及其功能说明

选项	功能说明
-f, --file FILE	指定 Compose 配置文件，默认为 docker-compose.yml
-p, --project-name<项目名>	指定项目名称，默认使用当前目录名作为项目名称
--project-directory<项目路径>	指定项目路径，默认为 Compose 文件所在路径
--verbose	输出更多调试信息
--log-level<日志级别>	设置日志级别（DEBUG、INFO、WARNING、ERROR、CRITICAL）
--no-ansi	不输出 ANSI 控制字符

续表

选项	功能说明
-v, --version	显示 Docker Compose 命令的版本信息
-h, --help	获取 Compose 命令的帮助信息

Compose 命令支持多个选项，-f 是一个特殊的选项，用于指定一个或多个 Compose 文件的名称和路径。如果不定义该选项，则将使用默认的 docker-compose.yml 文件。使用多个-f 选项提供多个 Compose 文件时，Docker Compose 将它们按提供的顺序组合到单一的配置中，修改过的 Compose 文件中的定义将覆盖之前的 Compose 文件中的定义，例如：

```
docker-compose -f docker-compose.yml -f docker-com
docker-compose -f docker-compose.yml -f docker-compose.root.yml run backup_db
```

默认情况下，Compose 文件位于当前目录下。对于不在当前目录下的 Compose 文件，可以使用-f 选项明确指定其路径。例如，要运行 Compose nginx 实例，在 myweb/nginx 目录中有一个 docker-compose.yml 文件，可使用以下命令为 db 服务获取相应的镜像。

```
docker-compose -f ~/myweb/nginx/docker-compose.yml pull db
```

docker-compose 命令与 docker 命令的使用方法非常相似，但是需要注意的是，大部分的 docker-compose 命令需要在 docker-compose.yml 文件所在的目录下才能正常执行。

docker-compose 命令的子命令比较多，可以使用以下命令语法格式查看某个具体命令的使用说明。

```
docker-compose [子命令] --help
```

使用帮助命令查看命令选项和子命令的使用说明，执行命令如下。

```
[root@localhost ~]# docker-compose --help
```

命令执行结果如下。

```
Define and run multi-container applications with Docker.
Usage:
  docker-compose [-f <arg>...] [options] [COMMAND] [ARGS...]
  docker-compose -h|--help
Options:
 -f, --file FILE             Specify an alternate compose file
                             (default: docker-compose.yml)
 -p, --project-name NAME         Specify an alternate project name
                             (default: directory name)
 --verbose                   Show more output
 --log-level LEVEL           Set log level (DEBUG, INFO, WARNING, ERROR, CRITICAL)
 --no-ansi                   Do not print ANSI control characters
 -v, --version               Print version and exit
 -H, --host HOST             Daemon socket to connect to
 --tls                       Use TLS; implied by --tlsverify
 --tlscacert CA_PATH         Trust certs signed only by this CA
 --tlscert CLIENT_CERT_PATH  Path to TLS certificate file
 --tlskey TLS_KEY_PATH       Path to TLS key file
 --tlsverify                 Use TLS and verify the remote
 --skip-hostname-check       Don't check the daemon's hostname against the
                             name specified in the client certificate
 --project-directory PATH    Specify an alternate working directory
                             (default: the path of the Compose file)
 --compatibility             If set, Compose will attempt to convert keys
```

159

```
                         in v3 files to their non-Swarm equivalent
        Commands:
          build         Build or rebuild services
          bundle        Generate a Docker bundle from the Compose file
          config        Validate and view the Compose file
          create        Create services
          down          Stop and remove containers, networks, images, and volumes
          events        Receive real time events from containers
          exec          Execute a command in a running container
          help          Get help on a command
          images        List images
          kill          Kill containers
          logs          View output from containers
          pause         Pause services
          port          Print the public port for a port binding
          ps            List containers
          pull          Pull service images
          push          Push service images
          restart       Restart services
          rm            Remove stopped containers
          run           Run a one-off command
          scale         Set number of containers for a service
          start         Start services
          stop          Stop services
          top           Display the running processes
          unpause       Unpause services
          up            Create and start containers
          version       Show the Docker-Compose version information
        [root@localhost ~]#
```

（1）docker-compose ps 命令，列出所有运行的容器

docker-compose ps 命令用于列出所有运行的容器，其基本语法格式如下。

```
docker-compose ps  [选项]  [容器...]
```

docker-compose ps 命令各选项及其功能说明如表 5.27 所示。

表 5.27 docker-compose ps 命令各选项及其功能说明

选项	功能说明
-q，--quiet	只显示容器 ID
--services	显示服务
--filter KEY=VAL	过滤服务属性值
-a，--all	显示所有的容器，包括已停止的容器

例如，列出所有运行的容器，执行命令如下。

```
docker-compose ps
```

（2）docker-compose build 命令，构建或重新构建服务

docker-compose build 命令用于构建或重新构建服务，其基本语法格式如下。

```
docker-compose build  [选项]  [--build-arg 键=值...]  [服务...]
```

其中，"服务"参数指定服务名称，默认格式为"项目名_服务名"，如项目名为 compose_test，一个服务名为 web，则它构建的服务名称为 compose_test_web。

docker-compose build 命令各选项及其功能说明如表 5.28 所示。

表 5.28　docker-compose build 命令各选项及其功能说明

选项	功能说明
--compress	使用 gzip 压缩构建上下文
--force-rm	删除构建过程中的临时容器
--no-cache	构建镜像的过程中不使用缓存，这会延长构建过程
--pull	总是尝试拉取最新版本的镜像
-m，--memory mem	创建容器时对内存的限制
--build-arg KEY=VAL	为服务设置构建时变量
--parallel	并行构建镜像

　　如果 Compose 文件定义了镜像名称，则该镜像将以该名称作为标签，替换之前的标签名称。如果改变了服务的 Dockerfile 或者其构建目录的内容，则需要使用 docker-compose build 命令重新构建服务，可以随时在项目目录下使用该命令以重新构建服务。

　　（3）docker-compose up 命令，创建、启动和连接指定的服务容器

　　docker-compose up 命令较为常用且功能强大，用于构建镜像，创建、启动和连接指定的服务容器。使用该命令连接的所有服务都会被启动，除非它们已经运行。其基本语法格式如下。

```
docker-compose up  [选项]  [--scale 服务=数值…]  [服务…]
```

　　docker-compose up 命令各选项及其功能说明如表 5.29 所示。

表 5.29　docker-compose up 命令各选项及其功能说明

选项	功能说明
-d，--detach	与使用 docker run 命令创建容器相似，该选项表示分离模式，即在后台运行服务容器，会输出新容器的名称，该选项与--abort-on-container-exit 选项不兼容
--no-color	产生单色输出
--quiet-pull	拉取镜像时不会输出进程信息
--no-deps	不启动所连接的服务
--force-recreate	强制重新创建容器，即使其配置和镜像没有改变
--always-recreate-deps	总是重新创建所依赖的容器，该选项与--no-recreate 选项不兼容
--no-recreate	如果容器已经存在，则不要重新创建容器，该选项与--force-recreate 和-V 选项不兼容
--no-build	不构建缺失的镜像
--no-start	创建服务后不启动服务
--build	在启动容器之前构建镜像
--abort-on-container-exit	只要有容器停止就停止所有的容器，该选项与-d 选项不兼容
-t，--timeout TIMEOUT	设置停止连接的容器或已经运行的容器的超时时间，单位是秒。默认值为 10s，也就是说，对已启动的容器发出关闭命令时，需要等待 10s 才能执行该命令
-V，--renew-anon-volumes	重新创建匿名卷，而不是从以前的容器中检索数据

161

续表

选项	功能说明
--remove-orphans	移除 Compose 文件中未定义的服务容器
--exit-code-from SERVICE	为指定服务的容器返回退出码
--scale SERVICE=NUM	设置服务的实例数，该选项的值会覆盖 Compose 文件中的 scale 键值

docker-compose up 命令会使所有聚合指定的每个容器输出到当前终端，实质上是执行 docker-compose logs -f 命令。该命令默认所有输出重定向到当前终端，相当于 docker run 命令的前台模式，对排查问题很有用。该命令执行完成后，所有的容器都会停止。当然，使用 docker-compose up 命令时加上-d 选项，表示采用分离模式在后台启动容器并让它们保持运行。

如果服务的容器已经存在，服务的配置或镜像在创建后被改变，则使用 docker-compose up 命令会停止并重新创建容器（保留挂载的卷）。要阻止 Dokcer Compose 的这种行为，可使用 --no-recreate 选项。

如果使用 SIGINT（按 Ctrl+C 组合键）或 SIGTERM 信号中断进程，则容器会被停止，退出码是 0；如果遇到错误，则退出码是 1；在关闭阶段发送 SIGINT 或 SIGTERM 信号后，正在运行的容器会被强制停止，退出码是 2。

（4）docker-compose logs 命令，查看服务日志输出

docker-compose logs 命令用于查看服务日志输出，其基本语法格式如下。

```
docker-compose logs  [选项]  [服务...]
```

docker-compose logs 命令各选项及其功能说明如表 5.30 所示。

表 5.30 docker-compose logs 命令各选项及其功能说明

选项	功能说明
--no-color	产生单色输出
-f, --follow	实时输出日志
-t, --timestamps	显示时间戳
--tail="all"	对每个容器在日志末尾显示行数

例如，查看 Nginx 服务的实时日志，执行命令如下。

```
docker-compose logs  -f  nginx
```

（5）docker-compose port 命令，输出绑定的公共端口

docker-compose port 命令用于输出绑定的公共端口，其基本语法格式如下。

```
docker-compose port  [选项]  [服务...]
```

docker-compose port 命令各选项及其功能说明如表 5.31 所示。

表 5.31 docker-compose port 命令各选项及其功能说明

选项	功能说明
--protocol=proto	TCP 或 UDP，默认为 TCP
--index=index	使用多个容器时的索引，默认为 1

例如，输出 Nginx 服务 8650 端口所绑定的公共端口，执行命令如下。

```
docker-compose port nginx 8650
```

（6）docker-compose start 命令，重新启动之前已经创建但已停止的容器

docker-compose start 命令仅用于重新启动之前已经创建但已停止的容器，并不是创建新的容器，其基本语法格式如下。

```
docker-compose start [服务…]
```

例如，启动 Nginx 容器，执行命令如下。

```
docker-compose start nginx
```

（7）docker-compose stop 命令，停止已经运行服务的容器

docker-compose stop 命令用于停止已经运行服务的容器，其基本语法格式如下。

```
docker-compose stop [服务…]
```

例如，停止 Nginx 容器，执行命令如下。

```
docker-compose stop nginx
```

（8）docker-compose rm 命令，删除已停止服务的容器

docker-compose rm 命令用于删除已停止服务的容器，其基本语法格式如下。

```
docker-compose rm [选项] [服务…]
```

docker-compose rm 命令各选项及其功能说明如表 5.32 所示。

表 5.32 docker-compose rm 命令各选项及其功能说明

选项	功能说明
-f, --force	强制删除
-s, --stop	删除容器时需要先停止容器
-v	删除与容器相关的任何匿名卷
-a, --all	弃用已无效的容器

例如，删除已停止的 Nginx 容器，执行命令如下。

```
docker-compose rm nginx
```

（9）docker-compose exec 命令，在支持的容器中执行命令

docker-compose exec 命令用于在支持的容器中执行命令，其基本语法格式如下。

```
docker-compose exec [选项] [服务…]
```

docker-compose exec 命令各选项及其功能说明如表 5.33 所示。

表 5.33 docker-compose exec 命令各选项及其功能说明

选项	功能说明
-d, --detach	在后台运行容器
--privileged	授予进程特殊权限
-u, --user USER	以指定的用户身份执行命令
-T	禁用伪终端分配。默认情况下通过 docker compose exec 分配终端
--index=index	使用多个容器时的索引，默认为 1
-e, --env KEY=VAL	设置环境变量
-w, --workdir DIR	设置 workdir 目录的路径

例如，登录 Nginx 容器，执行命令如下。

```
docker-compose exec nginx bash
```

（10）docker-compose scale 命令，指定服务启动容器的个数

docker-compose scale 命令用于指定服务启动容器的个数，其基本语法格式如下。

```
docker-compose scale [选项] [服务=数值...]
```

docker-compose scale 命令各选项及其功能说明如表 5.34 所示。

表 5.34　docker-compose scale 命令各选项及其功能说明

选项	功能说明
-t, --timeout TIMEOUT	以秒为单位，指定关机超时时间，默认为 10s

例如，设置指定服务运行容器的个数，以<服务>=<数值>的形式指定，执行命令如下。

```
docker-compose scale user=4 movie=4
```

（11）docker-compose down 命令，停止容器和删除容器、网络、数据卷及镜像

docker-compose down 命令用于停止容器和删除容器、网络、数据卷及镜像，其基本语法格式如下。

```
docker-compose down [选项] [服务...]
```

docker-compose down 命令各选项及其功能说明如表 5.35 所示。

表 5.35　docker-compose down 命令各选项及其功能说明

选项	功能说明
--rmi type	删除指定类型的镜像。all 表示删除 Compose 文件中定义的所有镜像；local 表示删除镜像名为空的镜像
-v, --volumes	删除在文件的卷部分中声明的命名卷，以及附加到容器的匿名卷
--remove-orphans	删除组合文件未定义服务的容器
-t, --timeout TIMEOUT	以秒为单位，指定关机超时时间，默认为 10s

docker-compose down 命令用于停止容器并删除 docker-compose up 命令启动的容器、网络、卷及镜像。默认情况下，只有以下对象会被同时删除。

① Compose 文件中定义服务的容器。

② Compose 文件中 networks 标签所定义的网络。

③ 容器所使用的默认网络。

外部定义的网络和卷不会被删除。

例如，使用--volumes 选项可以删除由容器使用的数据卷，执行命令如下。

```
docker-compose down --volumes
```

使用--remove-orphans 选项可删除未在 Compose 文件中定义服务的容器。

（12）docker-compose 的 3 个命令 up、run、start 的区别

通常使用 docker-compose up 命令启动或重新构建在 docker-compose.yml 中定义的所有服务。在默认的前台模式下，将看到所有容器中的所有日志。在分离模式（由-d 选项指定）中，Docker Compose 在启动容器后退出，但容器继续在后台运行。

docker-compose run 命令用于运行"一次性"或"临时性"任务。它需要指定运行的服务名称，并且仅启动正在运行的服务所依赖的服务容器。该命令适合运行测试或执行管理任务，如删除或添加数据的容器。docker-compose run 命令的作用与使用 docker run -it 命令打开容器的交互式终端一样，docker-compose run 命令返回与容器中进程的退出状态所匹配的服务容器。

docker-compose start 命令仅用于重新启动之前创建但已停止的容器，并不创建新的容器。

（13）docker-compose 命令的其他管理子命令

① docker-compose create 命令用于创建一个服务。

② docker-compose help 命令用于查看帮助信息。

③ docker-compose image 命令用于列出本地的 Docker 镜像。

④ docker-compose kill 命令用于发送 SIGKILL 信号来停止指定服务的容器。

⑤ docker-compose pause 命令用于挂起容器。

⑥ docker-compose pull 命令用于下载镜像。

⑦ docker-compose push 命令用于推送镜像。

⑧ docker-compose restart 命令用于重启服务。

5.2.10 Docker 仓库基础知识

云原生技术的兴起为企业数字化转型带来新的可能。作为云原生的要素之一，更为轻量的虚拟化的容器技术起到了举足轻重的推动作用。其实在很早之前，容器技术已经有所应用，而 Docker 的出现和兴起彻底使得容器技术成为一种潮流。其关键因素是 Docker 提供了使用容器的完整工具链，使得容器的上手和使用变得非常简单。工具链中的关键就是定义了新的软件打包格式，即镜像。镜像包含软件运行所需要的包含基础操作系统在内的所有依赖，运行时可直接启动。从镜像构建环境到运行环境，镜像的快速分发成为硬需求。同时，大量构建及依赖的镜像的出现，也给镜像的维护管理带来了挑战，镜像仓库的出现成为必然。

V5-4 Docker
仓库基础知识

以 Docker 为代表的容器技术改变了传统的交付方式。通过把业务及其依赖的环境打包到 Docker 镜像中，解决了开发环境和生产环境的差异问题，提升了业务交付的效率。如何高效地管理和分发 Docker 镜像是众多企业需要考虑的问题，仓库就是存放镜像的地方，注册服务器比较容易与仓库混淆。实际上注册服务器是用来管理仓库的服务器，一个注册服务器上可以存在多个仓库，而一个仓库下可以有多个镜像。Docker Harbor 具有可视化的 Web 管理界面，可以方便地管理 Docker 镜像，并且提供了多个项目的镜像权限管理控制功能。

1. 什么是 Harbor

Harbor 是 VMware 公司开源的企业级 Docker Registry 项目，其目标是帮助用户迅速搭建一个企业级的 Docker Registry 服务。它以 Docker 公司开源的 Registry 为基础，提供图形用户界面（Graphical User Interface，GUI）设计、基于角色的访问控制（Role Based Access Control）、轻量目录访问协议（Lightweight Directory Access Protocol，LDAP）/活动目录（Active Directory，AD）集成，以及审计日志（Audit Logging）等企业用户需求的功能。作为一个企业级私有 Registry，Harbor 提供了更好的性能和安全性，以提升用户使用 Registry 构建和运行环境传输镜像的效率。

镜像仓库中的 Docker 架构是非常重要的，镜像会因业务需求的不同以不同形式存在，这就需要一种很好的机制对这些不同形式的镜像进行管理，而镜像仓库就很好地解决了这个问题。

Harbor 是一个用于存储和分发 Docker 镜像的企业级 Registry，可以用来构建企业内部的 Docker 镜像仓库，如图 5.19 所示。

Harbor 支持复制安装在多个 Registry 节点的镜像资源，镜像全部保存在私有 Registry 中，确保数据和知识产权在公司内部网络中管控。另外，Harbor 提供了高级的安全特性，诸如用户管理、访问控制和活动审计等。

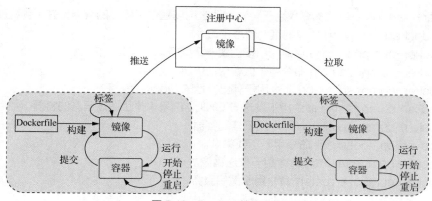

图 5.19　Docker 镜像仓库

2. Harbor 的优势

Harbor 提供了多种途径来帮助用户快速搭建 Harbor 镜像仓库服务，Harbor 具有如下优势。

（1）离线安装包：通过 docker-compose 编排运行。安装包除了包含相关的安装脚本外，还包含安装所需要的所有 Harbor 组件镜像，可以在离线环境下安装使用。

（2）在线安装包：与离线安装包类似，唯一的区别就是不包含 Harbor 组件镜像，安装时镜像需要从网络仓库拉取。

（3）Helm Chart：Helm 是 Kubernetes 的包管理器，类似于 Python Centos 的 YUM，主要用来管理 Charts，Helm Chart 是用来封装 Kubernetes 原生应用程序的系列 YUM 文件。Helm Chart 可以定义非常复杂的 Kubernetes 应用程序，并通过 Helm 将 Harbor 部署到目标的 Kubernetes 集群中。目前，其仅覆盖 Harbor 自身组件的部署安装，其依赖的诸如数据库、Redis 缓存及可能的存储服务需要用户自己安装。

（4）Kubernetes Operator：基于 Kubernetes Operator 框架编排部署，重点关注一体化的双机集群高可用系统部署模式的支持。

（5）基于角色控制：用户和仓库都是基于项目进行组织的，用户在项目中可以拥有不同的权限。

（6）基于镜像的复制策略：镜像可以在多个 Harbor 实例之间复制（同步），适用于负载均衡、高可用性、多数据中心、混合云和多云的场景。

（7）支持 LDAP/AD：用于用户认证和管理。

（8）镜像删除和空间回收：镜像可以删除，镜像占用的空间可以回收。

（9）支持 UI 设计：用户可以轻松浏览、搜索镜像仓库以及对项目进行管理。

（10）支持审计功能：对存储的所有操作都进行记录。

（11）支持 REST API 架构：REST 指的是一组架构约束条件和原则，如果一个架构符合 REST 的约束条件和原则，则称它为 REST 架构。Harbor 提供可用于大多数管理操作的 REST API，易于与外部系统集成。

3. 镜像的自动化构建

在开发环境和生产环境中使用 Docker 时，如果采用手动构建，则在部署应用时需要执行的任务比较烦琐，涉及本地的软件编写与测试、测试环境中的镜像构建与更改、生产环境中的镜像构建与更改等。如果改用自动化构建，则可以使这些任务自动形成一个工作流，如图 5.20 所示。

图 5.20　Docker Hub 自动化构建工作流

Docker Hub 可以从外部仓库的源代码自动化构建镜像，并将构建的镜像自动推送到 Docker 镜像仓库。当设置自动化构建时，可以创建一个要构建的 Docker 镜像的分支和标签的列表。将源代码推送到代码仓库（如 GitHub）中所列镜像标签对应的特定分支时，代码仓库使用 Webhook（Webhook 是一个 API 概念，是微服务 API 的使用范式之一，也被称为反向 API，即前端不主动发送请求，完全由后端进行推送）来触发新的构建操作以产生 Docker 镜像，已构建的镜像随后被推送到 Docker Hub。

如果配置有自动化测试功能，则将在构建镜像之后、推送到仓库之前运行自动化测试。可以使用这种测试功能来创建持续集成工作流，测试失败的构建操作不会被推送到已构建的镜像。自动化测试也不会将镜像推送到自己的仓库，如果要推送到 Docker Hub，则需要启动自动化构建功能。

构建镜像的上下文是 Dockerfile 和特定位置的任何文件。对于自动化构建，构建上下文是包含 Dockerfile 的代码库。自动化构建需要 Docker Hub 授权用户使用 GitHub 或 Bitbucket 托管的源代码来自动创建镜像。自动化构建具有如下优点。

（1）构建的镜像完全符合期望。

（2）任何可以访问代码仓库的人都可以使用 Dockerfile。

（3）代码修改之后镜像仓库会自动更新。

4. Docker Harbor 的架构

Docker Harbor 在架构上主要由 6 个模块组成，如图 5.21 所示。

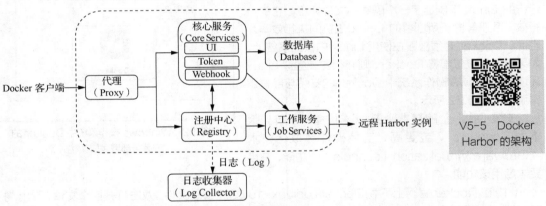

图 5.21　Docker Harbor 的架构

（1）Proxy：Harbor 的 Registry、UI、Token Services 等组件都在一个反向代理后面。该代理将来自浏览器、Docker 客户端的请求转发到后端服务上。

（2）Registry：负责存储 Docker 镜像，以及处理 Docker 推送/拉取请求。因为 Harbor 强制要求对镜像的访问做权限控制，在每一次推送/拉取请求时，Registry 会强制要求客户端从 Token Services 那里获得一个有效的令牌。

（3）Core Services：Harbor 的核心功能，主要包括以下 3 个服务。

① UI：作为 Registry Webhook，以 GUI 的方式辅助用户管理镜像，并对用户进行授权。

② Token：负责根据用户权限给每个 Docker 推送/拉取请求分配对应的令牌。假如相应的请求没有包含令牌，则 Registry 会将该请求重定向到 Token Services。

③ Webhook：Registry 中配置的一种机制，当 Registry 中镜像发生改变时，就可以通知 Harbor 的 Webhook 端点。Harbor 使用 Webhook 来更新日志、初始化和同步工作 Job 等。

（4）Database：用于存放项目元数据、用户数据、角色数据、同步策略及镜像元数据。

（5）Job Services：主要用于镜像复制，本地镜像可以被同步到远程 Harbor 实例上。

（6）Log Collector：监控 Harbor 运行，负责收集其他组件的日志，供日后分析使用。

Harbor 是通过 Docker Compose 来部署的，在 Harbor 源代码的 make 目录下的 Docker Compose 模板会被用于部署 Harbor。Harbor 的每一个组件都被包装成一个 Docker 容器，这些容器之间都通过 Docker 内的 DNS 发现来连接通信。通过这种方式，每一个 Harbor 组件都可以通过相应的容器来进行访问。对终端用户来说，只有反向代理服务（Nginx）的端口需要对外暴露。

5.3 项目实施

5.3.1 Docker 安装与部署

主流操作系统都可支持 Docker，包括 Windows 操作系统、Linux 操作系统以及 macOS 等。目前，最新的 RHEL、CentOS 及 Ubuntu 等 Linux 发行版的官方软件源中都已经默认自带 Docker 包，可以直接安装使用，也可以用 Docker 自己的 YUM 源进行配置。

1. 在 Windows 操作系统中安装与部署 Docker

Docker 并非一种通用的容器工具，它依赖于已存在并运行的 Linux 内核环境。Docker 实质上是在已经运行的 Linux 下制造了一个隔离的文件环境，它的执行效率几乎等同于所部署的 Linux 主机的执行效率。因此，Docker 必须部署在使用 Linux 内核的系统上。如果其他系统想部署 Docker，则必须安装虚拟 Linux 环境。Windows 操作系统中 Docker 的安装与部署逻辑架构如图 5.22 所示。

安装 Docker 的基本要求：64 位操作系统，版本为 Windows 7 或更高；支持硬件虚拟化技术（Hardware Virtualization Technology）功能，并且要求启用该功能。

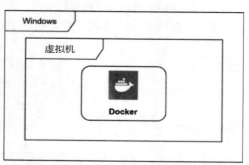

图 5.22　Windows 操作系统中 Docker 的安装与部署逻辑架构

（1）在 Docker 官网上下载 DockerToolbox-19.03.1.exe 文件，双击打开这个文件，弹出"打开文件–安全警告"对话框，如图 5.23 所示。

（2）单击"运行"按钮，弹出"Setup-Docker Toolbox"窗口，如图 5.24 所示。

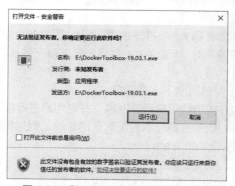

图 5.23　"打开文件–安全警告"对话框

图 5.24　"Setup-Docker Toolbox"窗口

（3）单击"Next"按钮，选择安装路径，如图 5.25 所示。

（4）单击"Next"按钮，勾选所需的组件，如图 5.26 所示。

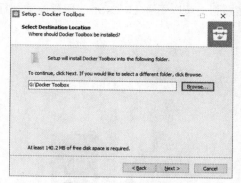

图 5.25　选择安装路径

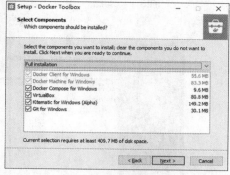

图 5.26　勾选所需的组件

（5）单击"Next"按钮，勾选添加其他任务，这里需要创建桌面快捷方式（Create a desktop shortcut）、添加环境变量到 Path（Add docker binaries to PATH）、升级引导 Docker 虚拟机（Upgrade Boot2Docker VM），如图 5.27 所示。

（6）单击"Next"按钮，弹出安装 Docker Toolbox 工具确认窗口，确认安装路径、需要安装的组件等，如图 5.28 所示。

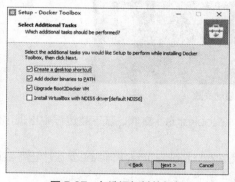

图 5.27　勾选添加其他任务

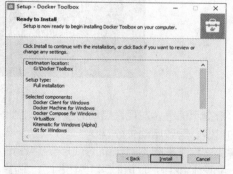

图 5.28　安装 Docker Toolbox 工具确认窗口

（7）单击"Install"按钮，进入 Docker Toolbox 等待安装阶段，如图 5.29 所示。

（8）在 Docker Toolbox 的安装过程中会出现其他应用的安装过程，如 Oracle Corporation 等系列软件，如图 5.30 所示，全部选择安装即可。

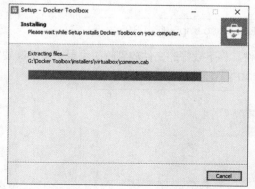

图 5.29　Docker Toolbox 等待安装阶段

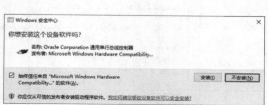

图 5.30　其他应用的安装过程

（9）单击"安装"按钮，弹出 Docker Toolbox 安装完成窗口，如图 5.31 所示。

（10）单击"Finish"按钮，安装结束后，在桌面上可以看到 Docker 应用程序的图标，如图 5.32 所示。

图 5.31　Docker Toolbox 安装完成窗口

图 5.32　Docker 应用程序的图标

（11）双击"Docker Quickstart Terminal"图标，打开 Docker Quickstart Terminal 应用。该应用会自动进行一些设置，并进行检测操作。当 Docker Quickstart Terminal 提示图 5.33 所示信息时，表示启动失败。

图 5.33　启动失败

分析提示信息，发现是启动时没有检测到 boot2docker.iso 文件，在下载过程中出现了网络连接上的错误，导致启动失败。

解决方案是删除临时目录 C:\Users\Administrator\.docker\machine\cache 中已下载的临时文件 boot2docker.iso.tmp541645815，如图 5.34 所示。

图 5.34　删除临时文件 boot2docker.iso.tmp541645815

使用其他工具下载对应的 boot2docker.iso 文件，将下载好的文件放到临时目录下（不需要解压），如图 5.35 所示，本书提供的资料中已经包含 boot2docker.iso 文件。

图 5.35　下载对应的 boot2docker.iso 文件

（12）双击"Docker Quickstart Terminal"图标，当进入 Docker 运行界面时，如图 5.36 所示，表示 Docker 安装完成。

（13）使用 docker version 命令，查看当前安装的 Docker 版本，如图 5.37 所示。

图 5.36　Docker 运行界面　　　　　　　　图 5.37　查看当前安装的 Docker 版本

2. 在 CentOS 7.6 操作系统中在线安装与部署 Docker

在 CentOS 中使用 URL 获得 Docker 的安装脚本进行安装。在新主机上首次安装 Docker 之前，需要设置 Docker 的 YUM 仓库，这样可以很方便地从该仓库中安装和更新 Docker。

（1）检查安装 Docker 的基本要求：64 位操作系统，Linux 内核版本为 3.10 及以上。本任务是将 Docker 安装在 VMware 虚拟机中，因此需要保证将虚拟机的网卡设置为桥接模式。

（2）通过 uname –r 命令查看当前系统的内核版本，执行命令如下。

```
[root@localhost ~]# uname -r        //查看 Linux 操作系统的内核版本
```

命令执行结果如下。

```
3.10.0-957.el7.x86_64
[root@localhost ~]#
```

（3）关闭防火墙，并查询防火墙是否关闭，执行命令如下。

```
[root@localhost ~]# systemctl stop firewalld        //关闭防火墙
[root@localhost ~]# systemctl disable firewalld       //设置开机禁用防火墙
```

命令执行结果如下。

```
Removed symlink /etc/systemd/system/multi-user.target.wants/firewalld.service.
Removed symlink /etc/systemd/system/dbus-org.fedoraproject.FirewallD1.service.
```

查看防火墙状态，执行命令如下。

```
[root@localhost ~]# systemctl status firewalld        //查看防火墙状态
```

命令执行结果如下。

```
   firewalld.service - firewalld - dynamic firewall daemon
   Loaded: loaded (/usr/lib/systemd/system/firewalld.service; disabled; vendor
preset: enabled)
   Active: inactive (dead)                //提示防火墙已关闭
   Docs: man:firewalld(1)
3 月 06 16:01:59 localhost systemd[1]: Starting firewalld - dynamic firewall daemon...
3 月 06 16:02:01 localhost systemd[1]: Started firewalld - dynamic firewall daemon.
3 月 06 16:28:59 localhost systemd[1]: Stopping firewalld - dynamic firewall daemon...
3 月 06 16:28:59 localhost systemd[1]: Stopped firewalld - dynamic firewall daemon.
[root@localhost ~]#
```

（4）修改/etc/selinux 目录中的 config 文件，设置 SELinux 为 disabled 之后，保存并退出文件，执行命令如下。

```
[root@localhost ~]# setenforce  0              //设置 SELinux 为 Permissive（宽容）模式
[root@localhost ~]# getenforce                 //查看当前 SELinux 模式
```

命令执行结果如下。

```
Permissive
[root@localhost ~]# vim  /etc/selinux/config  //编辑 config 文件内容
```

命令执行结果如下。

```
SELINUX=disabled       //将 SELINUX=enforcing 改为 SELINUX=disabled
[root@localhost ~]# cat  /etc/selinux/config  //显示 config 文件内容
```

命令执行结果如下。

```
# This file controls the state of SELinux on the system.
# SELINUX= can take one of these three values:
#     enforcing - SELinux security policy is enforced.
#     permissive - SELinux prints warnings instead of enforcing.
#     disabled - No SELinux policy is loaded.
SELINUX=disabled
# SELINUXTYPE= can take one of three values:
#     targeted - Targeted processes are protected,
#     minimum - Modification of targeted policy. Only selected processes are protected.
#     mls - Multi Level Security protection.
SELINUXTYPE=targeted
[root@localhost ~]#
```

（5）修改网卡配置信息，执行命令如下。

```
[root@localhost ~]# vim  /etc/sysconfig/network-scripts/ifcfg-ens33
```

命令执行结果如下。

```
TYPE=Ethernet
BOOTPROTO=static
IPADDR=192.168.100.100
PREFIX=24
GATEWAY=192.168.100.2
DNS1=8.8.8.8
NAME=ens33
UUID=1992e26a-0c1d-4591-bda5-0a2d13c3f5bf
DEVICE=ens33
ONBOOT=yes
[root@localhost ~]# systemctl  restart  network  //重启网络服务
```

测试本机与外网的连通性，这里以网易网站为例进行介绍，执行命令如下。

```
[root@localhost ~]# ping  www.163.com          //检查网络是否通畅
```

命令执行结果如下。

```
PING www.163.com.lxdns.com (221.180.209.122) 56(84) bytes of data.
64 bytes from 221.180.209.122 (221.180.209.122): icmp_seq=1 ttl=128 time=4.79 ms
64 bytes from 221.180.209.122 (221.180.209.122): icmp_seq=2 ttl=128 time=4.50 ms
64 bytes from 221.180.209.122 (221.180.209.122): icmp_seq=3 ttl=128 time=4.85 ms
64 bytes from 221.180.209.122 (221.180.209.122): icmp_seq=4 ttl=128 time=5.17 ms
64 bytes from 221.180.209.122 (221.180.209.122): icmp_seq=5 ttl=128 time=4.63 ms
^C
--- www.163.com.lxdns.com ping statistics ---
5 packets transmitted, 5 received, 0% packet loss, time 4296ms
```

```
rtt min/avg/max/mdev = 4.509/4.794/5.175/0.234 ms
[root@localhost ~]#
```

从 "5 packets transmitted, 5 received, 0% packet loss, time 4296ms" 提示信息可知，本机可以访问外网。

（6）配置时间同步，可以选用网络时间协议（Network Time Protocol，NTP）或者自建 NTP 服务器。NTP 是用来使计算机时间同步化的一种协议，它可以使计算机对其服务器或时钟源（如石英钟、GPS 等）进行同步。它可以提供高精准度的时间校正，即局域网（Local Area Network，LAN）上与标准时间之间差小于 1ms，广域网（Wide Area Network，WAN）上与标准时间之间差小于几十毫秒，且可借助加密确认的方式来防止协议攻击。本书使用阿里云的时间服务器，执行命令如下。

```
[root@localhost ~]# yum  -y  install  ntpdate          //安装 ntpdate 同步时间服务
[root@localhost ~]# ntpdate  ntp1.aliyun.com           //同步阿里云 NTP 服务器
```

命令执行结果如下。

```
 6 Mar 17:16:06 ntpdate[23454]: adjust time server 120.25.115.20 offset 0.009681 sec
[root@localhost ~]#
```

（7）如果要安装指定的版本，则需要卸载已安装的旧版本，执行命令如下。

```
[root@localhost ~]# yum remove docker docker-common docker-selinux docker-engine
[root@localhost ~]#
```

（8）安装必需的软件包。其中，yum-utils 提供 yum-config-manager 工具，安装 devicemapper 存储驱动程序需要 device-mapper-persistent-data 和 lvm2 工具，执行命令如下。

```
[root@localhost ~]# yum install  yum-utils device-mapper-persistent-data  lvm2
[root@localhost ~]#
```

（9）设置 Docker 社区稳定版的仓库地址，这里使用阿里云的镜像仓库源，执行命令如下。

```
[root@localhost ~]# yum-config-manager  --add-repo http://mirrors.aliyun.
com/docker-ce/linux/ centos/docker-ce.repo
```

命令执行结果如下。

```
已加载插件: fastestmirror, langpacks
adding repo from: http://mirrors.aliyun.com/docker-ce/linux/centos/docker-ce.repo
grabbing  file http://mirrors.aliyun.com/docker-ce/linux/centos/docker-ce.repo
to /etc/yum.repos.d/ docker-ce.repo
repo saved to /etc/yum.repos.d/docker-ce.repo
[root@localhost ~]#
```

这将在/etc/yum.repos.d 目录下创建一个名为 docker-ce.repo 的文件。该文件中定义了多个仓库地址，但默认只有稳定版（Stable）被启用。如果要启用 Nightly 和 Test 仓库，则要启用相应的选项，执行命令如下。

```
[root@localhost ~]# yum-config-manager  --enable  docker-ce-nightly
[root@localhost ~]# yum-config-manager  --enable  docker-ce-test
```

要想禁用仓库，使用--disable 选项即可。

如果不使用阿里云的镜像仓库源，改用 Docker 官方的源，则应创建 docker-ce.repo 文件，执行命令如下。

```
[root@localhost ~]# yum-config-manager  --add-repo  https://download.docker.
com/linux/ centos/docker-ce.repo
```

命令执行结果如下。

```
已加载插件: fastestmirror, langpacks
```

173

```
   adding repo from: https://download.docker.com/linux/centos/docker-ce.repo
   grabbing file https://download.docker.com/linux/centos/docker-ce.repo to /etc/
yum.repos.d/docker-ce.repo
   repo saved to /etc/yum.repos.d/docker-ce.repo
[root@localhost ~]#
```

可以使用命令查看/etc/yum.repos.d 目录下的文件以及 docker-ce.repo 文件的内容，执行命令如下。

```
[root@localhost ~]# ll /etc/yum.repos.d        //显示所在目录详细信息
```

命令执行结果如下。

```
总用量 40
-rw-r--r--. 1 root root 1664 11月 23 2018 CentOS-Base.repo
-rw-r--r--. 1 root root 1309 11月 23 2018 CentOS-CR.repo
-rw-r--r--. 1 root root  649 11月 23 2018 CentOS-Debuginfo.repo
-rw-r--r--. 1 root root  314 11月 23 2018 CentOS-fasttrack.repo
-rw-r--r--. 1 root root  630 11月 23 2018 CentOS-Media.repo
-rw-r--r--. 1 root root 1331 11月 23 2018 CentOS-Sources.repo
-rw-r--r--. 1 root root 5701 11月 23 2018 CentOS-Vault.repo
-rw-r--r--. 1 root root 1919 3月   3 06:43 docker-ce.repo
-rw-r--r--. 1 root root  664 12月 25 2018 epel-7.repo
[root@localhost ~]#
[root@localhost ~]# cat /etc/yum.repos.d/docker-ce.repo   //显示文件内容
```

命令执行结果如下。

```
[docker-ce-stable]
name=Docker CE Stable - $basearch
baseurl=https://download.docker.com/linux/centos/$releasever/$basearch/stable
enabled=1
gpgcheck=1
gpgkey=https://download.docker.com/linux/centos/gpg

[docker-ce-stable-debuginfo]
name=Docker CE Stable - Debuginfo $basearch
baseurl=https://download.docker.com/linux/centos/$releasever/debug-$basearch/
stable
enabled=0
gpgcheck=1
gpgkey=https://download.docker.com/linux/centos/gpg

[docker-ce-stable-source]
name=Docker CE Stable - Sources
baseurl=https://download.docker.com/linux/centos/$releasever/source/stable
enabled=0
gpgcheck=1
gpgkey=https://download.docker.com/linux/centos/gpg

[docker-ce-test]
name=Docker CE Test - $basearch
baseurl=https://download.docker.com/linux/centos/$releasever/$basearch/test
enabled=0
gpgcheck=1
gpgkey=https://download.docker.com/linux/centos/gpg
```

```
[docker-ce-test-debuginfo]
name=Docker CE Test - Debuginfo $basearch
baseurl=https://download.docker.com/linux/centos/$releasever/debug-$basearch/
test
enabled=0
gpgcheck=1
gpgkey=https://download.docker.com/linux/centos/gpg

[docker-ce-test-source]
name=Docker CE Test - Sources
baseurl=https://download.docker.com/linux/centos/$releasever/source/test
enabled=0
gpgcheck=1
gpgkey=https://download.docker.com/linux/centos/gpg

[docker-ce-nightly]
name=Docker CE Nightly - $basearch
baseurl=https://download.docker.com/linux/centos/$releasever/$basearch/nightly
enabled=0
gpgcheck=1
gpgkey=https://download.docker.com/linux/centos/gpg

[docker-ce-nightly-debuginfo]
name=Docker CE Nightly - Debuginfo $basearch
baseurl=https://download.docker.com/linux/centos/$releasever/debug-$basearch/
nightly
enabled=0
gpgcheck=1
gpgkey=https://download.docker.com/linux/centos/gpg

[docker-ce-nightly-source]
name=Docker CE Nightly - Sources
baseurl=https://download.docker.com/linux/centos/$releasever/source/nightly
enabled=0
gpgcheck=1
gpgkey=https://download.docker.com/linux/centos/gpg
[root@localhost ~]#
```

（10）查看仓库中的所有 Docker 版本。在生产环境中往往需要安装指定版本的 Docker，而不是最新版本。列出可用的 Docker 版本，可执行命令如下。

```
[root@localhost ~]# yum list docker-ce --showduplicates | sort -r
```

其中，sort –r 命令表示对结果按版本由高到低排序，命令执行结果如图 5.38 所示。

在图 5.38 所示结果中，第 1 列是软件包名称，第 2 列是版本字符串，第 3 列是仓库名称，表示软件包存储的位置。第 3 列中以符号@开头的名称（如@docker-ce-stable），表示该版本已在本机安装。

（11）安装 Docker，安装最新版本的 Docker 社区版和 containerd，执行命令如下。

```
[root@localhost ~]# yum install -y docker-ce docker-ce-cli containerd.io
```

使用以下特定的命令，可以安装特定版本的 Docker。

```
yum install docker-ce-<版本字符串> docker-ce-cli-<版本字符串> containerd.io
```

例如，安装特定版本 20.10.1-3.el7，执行命令如下。

```
[root@localhost ~]# yum install -y docker-ce-20.10.1-3.el7 docker-ce-cli-
20.10.1-3.el7 containerd.io
```

```
[root@localhost ~]# yum list docker-ce --showduplicates | sort -r
已加载插件: fastestmirror, langpacks
已安装的软件包
可安装的软件包
 * updates: mirrors.bfsu.edu.cn
Loading mirror speeds from cached hostfile
 * extras: mirrors.bfsu.edu.cn
docker-ce.x86_64          3:20.10.5-3.el7          docker-ce-stable
docker-ce.x86_64          3:20.10.5-3.el7          @docker-ce-stable
docker-ce.x86_64          3:20.10.4-3.el7          docker-ce-stable
docker-ce.x86_64          3:20.10.3-3.el7          docker-ce-stable
docker-ce.x86_64          3:20.10.2-3.el7          docker-ce-stable
docker-ce.x86_64          3:20.10.1-3.el7          docker-ce-stable
docker-ce.x86_64          3:20.10.0-3.el7          docker-ce-stable
docker-ce.x86_64          3:19.03.9-3.el7          docker-ce-stable
docker-ce.x86_64          3:19.03.8-3.el7          docker-ce-stable
docker-ce.x86_64          3:19.03.7-3.el7          docker-ce-stable
docker-ce.x86_64          3:19.03.6-3.el7          docker-ce-stable
docker-ce.x86_64          3:19.03.5-3.el7          docker-ce-stable
docker-ce.x86_64          3:19.03.4-3.el7          docker-ce-stable
docker-ce.x86_64          3:19.03.3-3.el7          docker-ce-stable
docker-ce.x86_64          3:19.03.2-3.el7          docker-ce-stable
docker-ce.x86_64          3:19.03.15-3.el7         docker-ce-stable
docker-ce.x86_64          3:19.03.14-3.el7         docker-ce-stable
docker-ce.x86_64          3:19.03.1-3.el7          docker-ce-stable
docker-ce.x86_64          3:19.03.13-3.el7         docker-ce-stable
docker-ce.x86_64          3:19.03.12-3.el7         docker-ce-stable
docker-ce.x86_64          3:19.03.11-3.el7         docker-ce-stable
docker-ce.x86_64          3:19.03.10-3.el7         docker-ce-stable
docker-ce.x86_64          3:19.03.0-3.el7          docker-ce-stable
docker-ce.x86_64          3:18.09.9-3.el7          docker-ce-stable
docker-ce.x86_64          3:18.09.8-3.el7          docker-ce-stable
docker-ce.x86_64          3:18.09.7-3.el7          docker-ce-stable
docker-ce.x86_64          3:18.09.6-3.el7          docker-ce-stable
docker-ce.x86_64          3:18.09.5-3.el7          docker-ce-stable
docker-ce.x86_64          3:18.09.4-3.el7          docker-ce-stable
docker-ce.x86_64          3:18.09.3-3.el7          docker-ce-stable
docker-ce.x86_64          3:18.09.2-3.el7          docker-ce-stable
docker-ce.x86_64          3:18.09.1-3.el7          docker-ce-stable
docker-ce.x86_64          3:18.09.0-3.el7          docker-ce-stable
docker-ce.x86_64          18.06.3.ce-3.el7         docker-ce-stable
docker-ce.x86_64          18.06.2.ce-3.el7         docker-ce-stable
docker-ce.x86_64          18.06.1.ce-3.el7         docker-ce-stable
docker-ce.x86_64          18.06.0.ce-3.el7         docker-ce-stable
docker-ce.x86_64          18.03.1.ce-1.el7.centos  docker-ce-stable
docker-ce.x86_64          18.03.0.ce-1.el7.centos  docker-ce-stable
docker-ce.x86_64          17.12.1.ce-1.el7.centos  docker-ce-stable
docker-ce.x86_64          17.12.0.ce-1.el7.centos  docker-ce-stable
docker-ce.x86_64          17.09.1.ce-1.el7.centos  docker-ce-stable
docker-ce.x86_64          17.09.0.ce-1.el7.centos  docker-ce-stable
docker-ce.x86_64          17.06.2.ce-1.el7.centos  docker-ce-stable
docker-ce.x86_64          17.06.1.ce-1.el7.centos  docker-ce-stable
docker-ce.x86_64          17.06.0.ce-1.el7.centos  docker-ce-stable
docker-ce.x86_64          17.03.3.ce-1.el7         docker-ce-stable
docker-ce.x86_64          17.03.2.ce-1.el7.centos  docker-ce-stable
docker-ce.x86_64          17.03.1.ce-1.el7.centos  docker-ce-stable
docker-ce.x86_64          17.03.0.ce-1.el7.centos  docker-ce-stable
 * base: mirrors.bfsu.edu.cn
[root@localhost ~]#
```

图 5.38   列出可用的 Docker 版本

（12）启动 Docker，查看当前版本并进行测试，执行命令如下。

```
[root@localhost ~]# systemctl start docker        //启动 Docker
[root@localhost ~]# systemctl enable docker       //开机启动 Docker
```

命令执行结果如下。

```
Created symlink from /etc/systemd/system/multi-user.target.wants/docker.
service to /usr/lib/ systemd/system/docker.service.
```

显示当前 Docker 版本，执行命令如下。

```
[root@localhost ~]# docker  version              //显示当前 Docker 版本
```

命令执行结果如下。

```
Client: Docker Engine - Community
 Version:         20.10.14
 API version:     1.41
 Go version:      go1.13.15
 Git commit:      55c4c88
 Built:           Tue Mar  2 20:33:55 2021
 OS/Arch:         linux/amd64
 Context:         default
 Experimental:    true
Server: Docker Engine - Community
 Engine:
  Version:        20.10.14
  API version:    1.41 (minimum version 1.12)
  Go version:     go1.13.15
```

```
 Git commit:        363e9a8
 Built:             Tue Mar 2 20:32:17 2021
 OS/Arch:           linux/amd64
 Experimental:      false
containerd:
 Version:            1.4.3
 GitCommit:          269548fa27e0089a8b8278fc4fc781d7f65a939b
runc:
 Version:            1.0.0-rc92
 GitCommit:          ff819c7e9184c13b7c2607fe6c30ae19403a7aff
docker-init:
 Version:            0.19.0
 GitCommit:          de40ad0
[root@localhost ~]#
```

通过运行 hello-world 镜像来验证 Docker 已经正常安装，执行命令如下。

```
[root@localhost ~]# docker run hello-world      //运行 hello-world 镜像
```

命令执行结果如下。

```
Unable to find image 'hello-world:latest' locally
latest: Pulling from library/hello-world
b8dfde127a29: Pull complete
Digest: sha256:89b647c604b2a436fc3aa56ab1ec515c26b085ac0c15b0d105bc475be15738fb
Status: Downloaded newer image for hello-world:latest
Hello from Docker!
This message shows that your installation appears to be working correctly.
To generate this message, Docker took the following steps:
 1. The Docker client contacted the Docker daemon.
 2. The Docker daemon pulled the "hello-world" image from the Docker Hub.
    (amd64)
 3. The Docker daemon created a new container from that image which runs the
    executable that produces the output you are currently reading.
 4. The Docker daemon streamed that output to the Docker client, which sent it
    to your terminal.
To try something more ambitious, you can run an Ubuntu container with:
 $ docker run -it ubuntu bash
Share images, automate workflows, and more with a free Docker ID:
 https://hub.docker.com/
For more examples and ideas, visit:
 https://docs.docker.com/get-started/
[root@localhost ~]#
```

出现以上消息就表明安装的 Docker 可以正常工作了。为了生成此消息，Docker 经过了如下步骤。

① Docker 客户端联系 Docker 守护进程。

② Docker 守护进程从 Docker Hub 中拉取了 hello-world 镜像。

③ Docker 守护进程基于该镜像创建了一个新容器，该容器运行可执行文件并输出当前正在阅读的消息。

④ Docker 守护进程将该消息流式传输到 Docker 客户端，由 Docker 客户端将此消息发送到用户终端。

（13）升级 Docker 版本。

升级 Docker 版本时，只需要选择新的 Docker 版本进行安装即可。

（14）卸载 Docker，执行命令如下。

```
[root@localhost ~]# yum remove docker-ce docker-ce-cli containerd.io
```

Docker 主机上的镜像、容器、卷或自定义配置文件不会自动删除，Docker 默认的安装目录为 /var/lib/docker，要想删除所有镜像、容器和卷，执行命令如下。

```
[root@localhost ~]# ll  /var/lib/docker                //查看目录详细信息
```

命令执行结果如下。

```
总用量 0
drwx--x--x. 4 root root 120 3月   7 06:15 buildkit
drwx-----x. 3 root root  78 3月   7 06:25 containers
drwx------. 3 root root  22 3月   7 06:15 image
drwxr-x---. 3 root root  19 3月   7 06:15 network
drwx-----x. 6 root root 261 3月   7 06:25 overlay2
drwx------. 4 root root  32 3月   7 06:15 plugins
drwx------. 2 root root   6 3月   7 06:15 runtimes
drwx------. 2 root root   6 3月   7 06:15 swarm
drwx------. 2 root root   6 3月   7 06:25 tmp
drwx------. 2 root root   6 3月   7 06:15 trust
drwx-----x. 2 root root  50 3月   7 06:15 volumes
[root@localhost ~]#rm -rf /var/lib/docker         //强制删除目录下的所有文件及子目录
```

3. 在 CentOS 7.6 操作系统中离线安装与部署 Docker

在 CentOS 中使用 YUM 仓库安装 Docker 时，离线环境下不能直接从软件源下载软件包进行安装，Docker 官方提供了完整的软件包，下载软件包之后进行手动安装即可。

（1）下载 CentOS 7.6 镜像文件 CentOS-7-x86_64-DVD-1810.iso 与 Docker 镜像文件 Docker.tar.gz。设置虚拟机虚拟光驱"使用 ISO 映像文件"的路径，如图 5.39 所示。

图 5.39　设置"使用 ISO 映像文件"的路径

使用 SecureFX 工具，将下载的 Docker 镜像文件 Docker.tar.gz 上传到虚拟机/root 目录下，如图 5.40 所示。

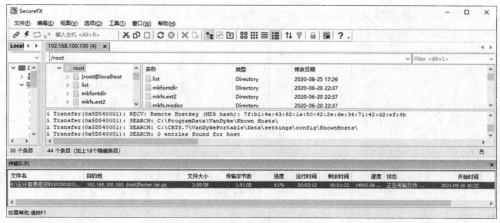

图 5.40　上传 Docker 镜像文件 Docker.tar.gz

（2）挂载光驱，执行命令如下。

```
[root@localhost ~]# mkdir -p /opt/centos7          //创建挂载目录
[root@localhost ~]# mount /dev/cdrom /opt/centos7  //将光驱挂载到目录/opt/centos7
```

命令执行结果如下。

```
mount: /dev/sr0 写保护，将以只读方式挂载
[root@localhost ~]# df -hT                          //查看磁盘挂载情况
```

命令执行结果如下。

文件系统	类型	容量	已用	可用	已用%	挂载点
/dev/mapper/centos-root	xfs	36G	7.6G	28G	22%	/
devtmpfs	devtmpfs	1.9G	0	1.9G	0%	/dev
tmpfs	tmpfs	1.9G	0	1.9G	0%	/dev/shm
tmpfs	tmpfs	1.9G	13M	1.9G	1%	/run
tmpfs	tmpfs	1.9G	0	1.9G	0%	/sys/fs/cgroup
/dev/sda1	xfs	1014M	179M	836M	18%	/boot
tmpfs	tmpfs	378M	32K	378M	1%	/run/user/0
/dev/sr0	iso9660	4.3G	4.3G	0	100%	/opt/centos7

```
[root@localhost ~]# ll /opt/centos7               //查看挂载目录详细信息
```

命令执行结果如下。

```
总用量 686
-rw-rw-r--. 1 root root      14   11月 26 2018 CentOS_BuildTag
drwxr-xr-x. 3 root root    2048   11月 26 2018 EFI
-rw-rw-r--. 1 root root     227   8月  30 2017 EULA
-rw-rw-r--. 1 root root   18009  12月 10 2015 GPL
drwxr-xr-x. 3 root root    2048   11月 26 2018 images
drwxr-xr-x. 2 root root    2048   11月 26 2018 isolinux
drwxr-xr-x. 2 root root    2048   11月 26 2018 LiveOS
drwxrwxr-x. 2 root root  663552  11月 26 2018 Packages
drwxrwxr-x. 2 root root    4096   11月 26 2018 repodata
-rw-rw-r--. 1 root root    1690  12月 10 2015 RPM-GPG-KEY-CentOS-7
-rw-rw-r--. 1 root root    1690  12月 10 2015 RPM-GPG-KEY-CentOS-Testing-7
-r--r--r--. 1 root root    2883   11月 26 2018 TRANS.TBL
[root@localhost ~]#
```

179

（3）解压 Docker 镜像文件 Docker.tar.gz 至/opt 目录下，执行命令如下。

```
[root@localhost ~]# ll
```

命令执行结果如下。

```
总用量 3236404
-rw-------. 1 root root       1647    6月    8 2020 anaconda-ks.cfg
drwxr-xr-x. 2 root root         25    3月    7 08:56 bak
-rw-r--r--. 1 root root 3314069073    2月   24 2020 Docker.tar.gz
-rw-r--r--. 1 root root       1695    6月    8 2020 initial-setup-ks.cfg
drwxr-xr-x. 2 root root          6    6月    8 2020 公共
drwxr-xr-x. 2 root root          6    6月    8 2020 模板
drwxr-xr-x. 2 root root          6    6月    8 2020 视频
drwxr-xr-x. 2 root root          6    6月    8 2020 图片
drwxr-xr-x. 2 root root          6    6月    8 2020 文档
drwxr-xr-x. 2 root root          6    6月    8 2020 下载
drwxr-xr-x. 2 root root          6    6月    8 2020 音乐
drwxr-xr-x. 2 root root         40    6月    8 2020 桌面
[root@localhost ~]# tar -zxvf Docker.tar.gz -C /opt      //解压文件至/opt 目录下
[root@localhost ~]# ll  /opt
```

命令执行结果如下。

```
总用量 883098
drwxrwxr-x. 8 root root      2048 11月 26 2018 centos7
drwxr-xr-x. 2 root root       110 11月  4 2019 compose
drwxr-xr-x. 4 root root        34 11月  4 2019 Docker
-rw-r--r--. 1 root root 904278926 9月  12 2018 harbor-offline-installer-v1.5.3.tgz
drwxr-xr-x. 2 root root      4096 11月  4 2019 images
-rwxr-xr-x. 1 root root      1015 11月  4 2019 image.sh
drwxr-xr-x. 2 root root         6 10月 31 2018 rh
[root@localhost ~]# ll  /opt/Docker                      //显示当前目录详细信息
```

命令执行结果如下。

```
总用量 28
drwxr-xr-x. 2 root root 20480 11月  4 2019 base
drwxr-xr-x. 2 root root  4096 11月  4 2019 repodata
[root@localhost ~]#
```

（4）配置 YUM 仓库，构建本地安装源，执行命令如下。

```
[root@localhost ~]# mkdir -p  /root/bak                    //创建备份目录
[root@localhost ~]# mv /etc/yum.repos.d/*  /root/bak    //移动文件至备份目录中
[root@localhost ~]# ll  /etc/yum.repos.d/                  //显示当前目录详细信息
```

命令执行结果如下。

```
总用量 0
[root@localhost ~]# ll  /root/bak
```

命令执行结果如下。

```
总用量 4
-rw-r--r--. 1 root root 131 9月  11 20:40 apache.repo
[root@localhost ~]# vim  /etc/yum.repos.d/docker-ce.repo  //编辑文件内容
```

```
[Docker]
name=Docker
baseurl=file:///opt/Docker
gpgcheck=0
enabled=1

[centos7]
name=centos7
baseurl=file:///opt/centos7
gpgcheck=0
enabled=1
~
[root@localhost ~]#
[root@localhost ~]# yum  clean  all     //清除 YUM 缓存
[root@localhost ~]# yum  makecache      //把服务器的包信息下载到本地计算机缓存起来
[root@localhost ~]# yum  repolist       //列出已经配置的所有可用包
```

命令执行结果如下。

```
已加载插件: fastestmirror, langpacks
Loading mirror speeds from cached hostfile
源标识                  源名称                              状态
Docker                  Docker                              341
centos7                 centos7                             4, 021
repolist: 4, 362
[root@localhost ~]#
```

（5）安装 Docker，查看版本信息，执行命令如下。

```
[root@localhost ~]# yum install yum-utils device-mapper-persistent-data lvm2  -y
[root@localhost ~]# yum  install  docker-ce  -y    //安装 docker-ce
[root@localhost ~]# systemctl  start  docker       //启动 docer 服务
[root@localhost ~]# systemctl  enable  docker      //开机启动 docker 服务
[root@localhost ~]# docker  version                //查看版本信息
```

命令执行结果如下。

```
Client: Docker Engine - Community
 Version:          20.10.14
 API version:      1.41
 Go version:       go1.16.15
 Git commit:       a224086
 Built:            Thu Mar 24 01:49:57 2022
 OS/Arch:          linux/amd64
 Context:          default
 Experimental:     true
 Server: Docker Engine - Community
 Engine:
  Version:         18.09.6
  API version:     1.39 (minimum version 1.12)
  Go version:      go1.10.8
  Git commit:      481bc77
  Built:           Sat May  4 02:02:43 2019
  OS/Arch:         linux/amd64
  Experimental:    false
[root@localhost ~]# docker  info    //查看 Docker 信息
```

......（省略部分内容）
```
[root@localhost ~]#
```

5.3.2 离线环境下导入镜像

V5-6 离线环境下
导入镜像

离线环境下不能直接使用docker pull命令从注册服务器下载Docker镜像，但可以利用 Docker 镜像的导入功能从其他计算机中导入镜像。

（1）先在一台联网的 Docker 主机上拉取 Docker 镜像，可使用 docker pull centos 命令拉取 CentOS 的最新版本镜像，命令执行结果如图 5.41 所示。

```
[root@localhost ~]# docker pull centos
Using default tag: latest
latest: Pulling from library/centos
Digest: sha256:5528e8b1b1719d34604c87e11dcd1c0a20bedf46e83b5632cdeac91b8c04efc1
Status: Image is up to date for centos:latest
docker.io/library/centos:latest
[root@localhost ~]#
```

图 5.41　拉取 CentOS 的最新版本镜像

（2）使用 docker save 命令将镜像导出到.tar 文件中，也就是将镜像保存到联网的 Docker 主机的本地文件中，命令执行结果如图 5.42 所示。

```
[root@localhost ~]# docker save --output centos.tar centos
[root@localhost ~]# ls  -sh centos.tar
207M centos.tar
[root@localhost ~]#
```

图 5.42　将镜像导出到.tar 文件中

（3）将.tar 文件复制到离线的 Docker 主机上，可以使用 SecureFX 工具进行镜像传送，如图 5.43 所示。

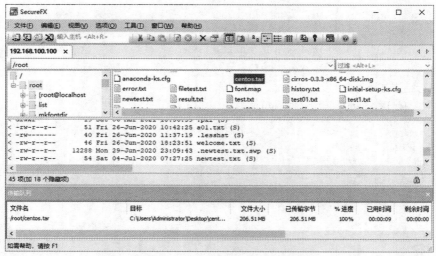

图 5.43　使用 SecureFX 工具进行镜像传送

（4）使用 docker load 命令从.tar 文件中加载该镜像，命令执行结果如图 5.44 所示。

```
[root@localhost ~]# docker load --input centos.tar
2653d992f4ef: Loading layer [==============================================>]  216.5MB/216.5MB
Loaded image: centos:latest
Loaded image: centos:version8.4
[root@localhost ~]#
```

图 5.44　从.tar 文件中加载镜像

（5）使用 docker images 命令查看刚加载的镜像，命令执行结果如图 5.45 所示。

```
[root@localhost ~]# docker   images
REPOSITORY      TAG          IMAGE ID        CREATED        SIZE
fedora          latest       055b2e5ebc94    2 weeks  ago   178MB
debian/httpd    version10.9  4a7a1f401734    3 weeks  ago   114MB
debian          latest       4a7a1f401734    3 weeks  ago   114MB
debian          version10.9  4a7a1f401734    3 weeks  ago   114MB
hello-world     latest       d1165f221234    2 months ago   13.3kB
centos          latest       300e315adb2f    5 months ago   209MB
centos          version8.4   300e315adb2f    5 months ago   209MB
[root@localhost ~]#
```

图 5.45　查看刚加载的镜像

5.3.3　通过 docker commit 命令创建镜像

V5-7　通过 docker commit 命令创建镜像

对 Docker 用户来说，创建镜像最方便的方式之一是使用自己的镜像。如果找不到合适的现有镜像，或者需要在现有镜像中加入特定的功能，则需要自己构建镜像。当然，对于自己开发的应用程序，如果要在容器中部署运行，通常都要构建自己的镜像。大部分情况下，用户是基于一个已有的基础镜像来构建镜像的，不必从"零"开始。

基于容器生成镜像时，容器启动后是可写的，所有操作都保存在顶部的可写层中，可以通过使用 docker commit 命令对现有的容器进行提交来生成新的镜像，即将一个容器中运行的程序及该程序的运行环境打包起来以生成新的镜像。

虽然 docker commit 命令可以比较直观地构建镜像，但在实际环境中并不建议使用 docker commit 命令构建镜像，其主要原因如下。

① 在构建镜像的过程中，由于需要安装软件，可能会有大量的无关内容被添加进来，如果不仔细清理，则会导致镜像极其臃肿。

② 在构建镜像的过程中，docker commit 命令对所有镜像的操作都属于"暗箱操作"。除了制定镜像的用户知道执行过什么命令、怎样生成的镜像之外，其他用户无从得知这些信息，因此给后期对镜像的维护带来了很大的困难。

理论上讲，用户并未真正"创建"一个新的镜像，无论是启动一个容器还是创建一个镜像，都是在已有的基础镜像上构建的，如基础的 CentOS 镜像、Debian 镜像等。

docker commit 命令只提交容器镜像发生变更的部分，即修改后的容器镜像与当前仓库对应镜像之间的差异部分，这使得更新非常轻量。

Docker Daemon 接收到对应的 HTTP 请求后，需要执行的步骤如下。

① 根据用户请求判定是否暂停对应 Docker 容器的运行。

② 将容器的可写层导出并打包，该层代表了当前运行容器的文件系统与当初启动容器的镜像之间的差异。

③ 在层存储中注册可读写层差异包。

④ 更新镜像历史信息，并据此在镜像存储中创建一个新镜像，记录其元数据。

⑤ 如果指定了仓库信息，则给上述镜像添加标签信息。

可以使用 docker commit 命令从容器中创建一个新的镜像，其命令的语法格式如下。

```
docker commit [选项]  容器[仓库[:标签]]
```

可使用 --help 选项查询命令参数，执行命令如下。

```
[root@localhost ~]# docker  commit  --help        //使用帮助命令
```

命令执行结果如下。

```
Usage:  docker commit [OPTIONS] CONTAINER [REPOSITORY[:TAG]]
Create a new image from a container's changes
```

```
Options:
  -a, --author string    Author (e.g., "John Hannibal Smith <hannibal@a-team.com>")
  -c, --change list      Apply Dockerfile instruction to the created image
  -m, --message string   Commit message
  -p, --pause            Pause container during commit (default true)
[root@localhost ~]#
```

docker commit 命令常用选项及其功能说明如表 5.36 所示。

表 5.36　docker commit 命令常用选项及其功能说明

选项	功能说明
-a, --author	指定提交的镜像作者信息
-c, --change list	表示使用 Dockerfile 指令来创建镜像
-m, --message string	提交镜像说明信息
-p, --pause	表示在执行 docker commit 命令时将容器暂停

（1）要启动一个镜像，可以使用 docker run 命令，在容器里进行修改，并将修改后的容器提交为新的镜像，需要记住该容器的 ID。使用 docker ps 命令查看当前容器列表，执行命令如下。

```
[root@localhost ~]# docker run centos              //运行 centos 镜像
[root@localhost ~]# docker ps -a                   //查看当前容器列表
```

命令执行结果如图 5.46 所示。

```
[root@localhost ~]# docker run centos
[root@localhost ~]# docker ps -a
CONTAINER ID   IMAGE         COMMAND       CREATED          STATUS                     PORTS     NAMES
f16fa189240c   centos        "/bin/bash"   4 seconds ago    Exited (0) 3 seconds ago             determined_mcnulty
1e548c98ec52   hello-world   "/hello"      10 seconds ago   Exited (0) 10 seconds ago            objective_hellman
[root@localhost ~]#
```

图 5.46　查看当前容器列表

（2）使用 docker commit 命令创建一个新的镜像，以镜像 centos 8.4（容器 ID 为 f16fa189240c）为例，执行命令如下。

```
[root@localhost ~]# docker commit -m "new" -a "centos8.4" f16fa189240c centos8.4:test
```

命令执行结果如图 5.47 所示。

```
[root@localhost ~]# docker commit  -m "new"  -a "centos8.4" f16fa189240c centos8.4:test
sha256:b9eeab075b442e43c576fe1a9a11d77420934ab4c6dab1e9620216f9168116fe
[root@localhost ~]#
```

图 5.47　使用 docker commit 命令创建一个新的镜像

（3）创建完成后，会返回新镜像的 ID，查看镜像列表时，可以看到新镜像的信息，执行命令如下。

```
[root@localhost ~]# docker images | grep centos    //查看 centos 镜像列表
[root@localhost ~]# docker images                  //查看镜像列表
```

命令执行结果如图 5.48 所示。

```
[root@localhost ~]# docker images | grep centos
centos8.4      test          b9eeab075b44   9 minutes ago   209MB
centos         latest        300e315adb2f   5 months ago    209MB
centos         version8.4    300e315adb2f   5 months ago    209MB
[root@localhost ~]# docker images
REPOSITORY     TAG           IMAGE ID       CREATED         SIZE
centos8.4      test          b9eeab075b44   9 minutes ago   209MB
fedora         latest        055b2e5ebc94   2 weeks ago     178MB
debian/httpd   version10.9   4a7a1f401734   3 weeks ago     114MB
debian         latest        4a7a1f401734   3 weeks ago     114MB
debian         version10.9   4a7a1f401734   3 weeks ago     114MB
hello-world    latest        d11b5f221234   2 months ago    13.3kB
centos         latest        300e315adb2f   5 months ago    209MB
centos         version8.4    300e315adb2f   5 months ago    209MB
[root@localhost ~]#
```

图 5.48　查看新镜像的信息

5.3.4 利用 Dockerfile 创建镜像

除了手动生成 Docker 镜像之外，还可以使用 Dockerfile 自动生成镜像。Dockerfile 是由一组指令组成的文件，每条指令对应 Linux 中的一条命令，Docker 程序将读取 Dockerfile 中的指令生成指定镜像。

例如，在 centos 基础镜像上安装安全外壳守护进程（Secure Shell Demon，SSHD）服务，使用 Dockerfile 创建镜像并在容器中运行，此时，需要先创建目录，作为生成镜像的工作目录，再分别创建并编写 Dockerfile 文件、需要运行的脚本文件，以及要复制到容器中的文件。

（1）下载基础镜像

下载一个用来创建 SSHD 镜像的基础镜像 centos，可以使用 docker pull centos 命令拉取镜像，执行命令如下。

```
[root@localhost ~]# docker pull centos          //取 centos 镜像
```

（2）创建工作目录

创建 sshd 目录，执行命令如下。

```
[root@localhost ~]# mkdir  sshd                 //创建 sshd 目录
[root@localhost ~]# cd  sshd                     //进入 sshd 目录
[root@localhost sshd]#
```

（3）创建并编写 Dockerfile 文件

编写 Dockerfile 文件内容，执行命令如下。

```
[root@localhost sshd]# vim  Dockerfile          //编辑 Dockerfile 文件内容
```

命令执行结果如下。

```
#第一行必须指明基础镜像
FROM centos:latest
#说明新镜像的维护人信息
MAINTAINER The centos_sshd Project <cloud@csg>
#镜像操作指令
RUN yum -y install openssh-server net-tools  -y
#配置用户 root 的密码为 admin123
RUN echo 'root:admin123' | chpasswd
#修改、替换 sshd_config 文件内容
RUN sed -i 's/UsePAM yes/UsePAM no/g' /etc/ssh/sshd_config
#指定密钥类型
RUN ssh-keygen -t dsa -f /etc/ssh/ssh_host_dsa_key
RUN ssh-keygen -t rsa -f /etc/ssh/ssh_host_rsa_key
#开启 22 端口
EXPOSE 22
#启动容器并修改执行指令
CMD  ["/usr/sbin/sshd", "-D"]
[root@localhost sshd]# ll                        //显示当前目录详细信息
```

命令执行结果如下。

```
总用量 4
-rw-r--r-- 1 root root 511 6月   5 23:10 Dockerfile
[root@localhost sshd]#
```

（4）使用 docker build 命令创建镜像

使用 docker build 命令创建镜像，执行命令如下。

```
[root@localhost sshd]# docker build -t centos_sshd:latest .    //构建镜像
```

命令执行结果如下。

```
Sending build context to Docker daemon   2.56kB
Step 1/9 : FROM centos:latest
 ---> 300e315adb2f
Step 2/9 : MAINTAINER The centos_sshd Project <cloud@csg>
 ---> Running in c9f58a400c53
Removing intermediate container c9f58a400c53
 ---> 5957c0bec95c
Step 3/9 : RUN yum -y install openssh-server net-tools  -y
 ---> Running in d51779f93775
CentOS Linux 8 - AppStream                3.9 MB/s | 7.4 MB        00:01
CentOS Linux 8 - BaseOS                   2.4 MB/s | 2.6 MB        00:01
......（省略部分内容）
Removing intermediate container 027185e10b17
 ---> e3902d90da64
Step 8/9 : EXPOSE 22
 ---> Running in 50d3f20a0d7a
Removing intermediate container 50d3f20a0d7a
 ---> 00101fa4e00f
Step 9/9 : CMD ["/usr/sbin/sshd", "-D"]
 ---> Running in 60e087db03ba
Removing intermediate container 60e087db03ba
 ---> 9a3ceb67ec5a
Successfully built 9a3ceb67ec5a
Successfully tagged centos_sshd:latest
[root@localhost sshd]#
```

（5）查看镜像信息

使用 docker images 命令查看新创建的 centos-sshd 镜像信息，执行命令如下。

```
[root@localhost sshd]# docker  images                //查看镜像列表
```

命令执行结果如图 5.49 所示。

```
[root@localhost sshd]# docker images
REPOSITORY        TAG           IMAGE ID        CREATED         SIZE
centos_sshd       latest        45fbe05b9e9e    8 minutes ago   247MB
centos8.4         test          b9eeab075b44    41 hours ago    209MB
fedora            latest        055b2e5ebc94    3 weeks ago     178MB
debian/httpd      version10.9   4a7a1f401734    3 weeks ago     114MB
debian            latest        4a7a1f401734    3 weeks ago     114MB
debian            version10.9   4a7a1f401734    3 weeks ago     114MB
hello-world       latest        d1165f221234    3 months ago    13.3kB
centos            latest        300e315adb2f    5 months ago    209MB
centos            version8.4    300e315adb2f    5 months ago    209MB
[root@localhost sshd]#
```

图 5.49 查看新创建的 centos_sshd 镜像信息

5.3.5 Docker 容器创建和管理

Docker 提供了相当多的容器生命周期管理相关的操作命令。

1. 创建容器

使用 docker create 命令可以创建一个新的容器。

例如，使用 Docker 镜像 centos:latest 创建容器，将容器命名为 centos_nginx，查看容器状态，执行命令如下。

V5-8 Docker
容器创建和管理

```
[root@localhost ~]# docker  create  -it  --name  centos_nginx  centos:latest
[root@localhost ~]# docker  ps -a                            //查看容器列表
```

命令执行结果如图 5.50 所示。

```
[root@localhost ~]# docker  create  -it  --name centos_nginx centos:latest
cc69326e37b1814064bbdd17b2bef859f1a3d2af83ced7de860bba09d9eacaaa
[root@localhost ~]# docker  ps -a
CONTAINER ID   IMAGE           COMMAND               CREATED         STATUS                     PORTS     NAMES
cc69326e37b1   centos:latest   "/bin/bash"           28 seconds ago  Created                              centos_nginx
16639dcc8a2f   hello-world     "/hello"              24 hours ago    Exited (0) 24 hours ago              upbeat_khorana
9c96a9fd37c6   centos_sshd     "/usr/sbin/sshd -D"   24 hours ago    Exited (255) 13 minutes ago  22/tcp  bold_austin
[root@localhost ~]#
```

图 5.50　创建 centos_nginx 容器

使用 docker ps -a 命令可以查看到新建的名称为 centos_nginx 的容器状态为 "Created"，该容器并未实际启动，可以使用 docker start 命令启动该容器。

2. 启动容器

启动容器有两种方式：一种是将终止状态的容器重新启动，另一种是基于镜像创建并启动容器。

（1）启动终止的容器

可以使用 docker start 命令启动一个已经终止的容器。

例如，启动刚刚创建的容器 centos_nginx，执行命令如下。

```
[root@localhost ~]# docker  start  centos_nginx          //启动容器 centos-nginx
[root@localhost ~]#
```

查看当前容器状态，如图 5.51 所示。

```
[root@localhost ~]# docker  ps -a
CONTAINER ID   IMAGE           COMMAND               CREATED         STATUS                     PORTS     NAMES
cc69326e37b1   centos:latest   "/bin/bash"           44 minutes ago  Up 18 minutes                        centos_nginx
16639dcc8a2f   hello-world     "/hello"              25 hours ago    Exited (0) 25 hours ago              upbeat_khorana
9c96a9fd37c6   centos_sshd     "/usr/sbin/sshd -D"   25 hours ago    Exited (255) 57 minutes ago  22/tcp  bold_austin
[root@localhost ~]#
```

图 5.51　查看当前容器状态

容器启动成功后，容器状态由 "Created" 变为 "Up"。启动容器时，可以使用容器名称、容器 ID 或容器短 ID 表示容器，但要求容器短 ID 必须唯一。例如，上面启动容器的操作也可通过执行如下命令实现。

```
[root@localhost ~]# docker  start  cc69326e37b1          //启动容器
```

docker create 命令只是将容器启动，如果需要进入交互式终端，则可以使用 docker exec 命令，并指定一个 Bash 终端。

（2）创建并启动容器

除了使用 docker create 命令创建容器并使用 docker start 命令来启动容器外，也可以直接使用 docker run 命令创建并启动容器。执行 docker run 命令等同于先执行 docker create 命令，再执行 docker start 命令。

例如，利用镜像 centos_sshd，使用 docker run 命令输出 "hello world" 信息后容器自动终止，执行命令如下。

```
[root@localhost ~]# docker  run  centos_sshd:latest  /bin/echo  "hello world"
[root@localhost ~]# docker  ps  -a                       //查看容器列表
```

命令执行结果如图 5.52 所示。

通过命令执行结果可以看出，使用 docker run 命令输出 "hello world" 信息后容器自动终止，此时容器状态为 "Exited"。该命令与在本地直接执行/bin/echo "hello world"命令几乎没有区别，无法知晓容器是否已经启动，也无法实现容器与用户的交互。

187

```
[root@localhost ~]# docker  run centos_sshd:latest  /bin/echo  "hello world"
hello world
[root@localhost ~]# docker  ps  -a
CONTAINER ID   IMAGE               COMMAND              CREATED          STATUS                 PORTS      NAMES
49c7864a19f0   centos_sshd:latest  "/bin/echo 'hello wo…"  10 seconds ago   Exited (0) 9 seconds ago          silly_gates
cc69326e37b1   centos:latest       "/bin/bash"          2 hours ago      Up 2 hours                        centos_nginx
16639dcc8a2f   hello-world         "/hello"             26 hours ago     Exited (0) 26 hours ago           upbeat_khorana
9c96a9fd37c6   centos_sshd         "/usr/sbin/sshd -D"  26 hours ago     Exited (255) 3 hours ago  22/tcp  bold_austin
[root@localhost ~]#
```

图 5.52　使用 docker run 命令创建并启动容器

当使用 docker run 命令来创建并启动容器时，Docker 在后台运行的流程如下。

① 检查本地是否存在指定的镜像，若不存在，则从镜像仓库中下载。

② 利用镜像创建并启动一个容器。

③ 分配文件系统，并在只读的镜像层上挂载可写的容器层。

④ 从宿主机的网桥接口中桥接虚拟接口到容器中。

⑤ 从 IP 地址池分配 IP 地址给容器。

⑥ 执行用户指定的应用程序。

⑦ 执行完应用程序后容器被终止。

如果需要实现容器与用户的交互操作，则可以启动一个 Bash 终端，执行命令如下。

```
[root@localhost ~]# docker  run  -it  centos_sshd:latest  /bin/bash
[root@240eb810df27 /]#
```

其中，-i 选项表示允许容器的标准输入保持开启状态，-t 选项表示允许 Docker 分配一个伪终端并将伪终端绑定到容器的标准输入上。

在交互模式下，用户可以在终端上执行命令如下。

```
[root@240eb810df27 /]# date                      //显示当前日期
```

命令执行结果如下。

```
Tue Jun  8 13:42:16 UTC 2021
[root@20b91523619b /]# ls                         //显示当前目录及文件信息
```

命令执行结果如下。

```
bin dev etc home lib lib64 lost+found media mnt opt proc root run
sbin srv sys tmp usr var
[root@20b91523619b /]#
```

可以使用 exit 命令或按 Ctrl+D 组合键退出容器，使容器处于“Exited”状态。

通常情况下，用户需要容器在后台以守护状态（即一直运行状态）运行，而不是把执行命令的结果直接输出到当前宿主机中，此时可以使用-d 选项，执行命令如下。

```
[root@localhost ~]# docker run -dit --name test_centos_sshd centos_sshd:latest
[root@localhost ~]#docker  ps  -a                  //查看容器列表
```

命令执行结果如图 5.53 所示。

```
[root@localhost ~]# docker  run  -dit  --name test_centos_sshd  centos_sshd:latest
c43a0360bb4d271cf77eb6c0600fe56719022b94320e2febd0a6dbd0dc01ac69
[root@localhost ~]#
[root@localhost ~]#
[root@localhost ~]# docker  ps  -a
CONTAINER ID   IMAGE               COMMAND              CREATED          STATUS                     PORTS      NAMES
c43a0360bb4d   centos_sshd:latest  "/usr/sbin/sshd -D"  30 seconds ago   Up 29 seconds         22/tcp  test_centos_sshd
20b91523619b   centos_sshd:latest  "/bin/bash"          6 minutes ago    Exited (127) About a minute ago   vibrant_heisenberg
240eb810df27   centos_sshd:latest  "/bin/bash"          11 minutes ago   Exited (127) 10 minutes ago       wizardly_vaughan
49c7864a19f0   centos_sshd:latest  "/bin/echo 'hello wo…"  30 minutes ago  Exited (0) 30 minutes ago         silly_gates
cc69326e37b1   centos:latest       "/bin/bash"          3 hours ago      Up 2 hours                        centos_nginx
16639dcc8a2f   hello-world         "/hello"             27 hours ago     Exited (0) 27 hours ago           upbeat_khorana
9c96a9fd37c6   centos_sshd         "/usr/sbin/sshd -D"  27 hours ago     Exited (255) 3 hours ago  22/tcp  bold_austin
[root@localhost ~]#
```

图 5.53　容器在后台以守护状态运行

查看新建容器的 IP 地址，执行命令如下。

```
[root@localhost ~]# docker  exec  test_centos_sshd  hostname  -I
```

命令执行结果如下。

```
172.17.0.3
[root@localhost ~]#
```

验证 SSH 是否配置成功，执行命令如下。

```
[root@localhost ~]# ssh root@172.17.0.3          //以 ssh 方式进行登录
```

命令执行结果如下。

```
The authenticity of host '172.17.0.3 (172.17.0.3)' can't be established.
RSA key fingerprint is SHA256:gJMDFsJp3m2NbxK5vMSgWZbYGUFNQF+vBb16h2a7vSU.
RSA key fingerprint is MD5:17:80:45:ed:07:fb:cd:50:8a:cd:a2:57:8d:2c:f5:c5.
Are you sure you want to continue connecting (yes/no)? yes          //输入 yes
Warning: Permanently added '172.17.0.3' (RSA) to the list of known hosts.
root@172.17.0.3's password:                        //输入密码 admin123
[root@c43a0360bb4d ~]#                              //SSH 登录成功
[root@c43a0360bb4d ~]# ls                           //查看当前目录及文件信息
```

命令执行结果如下。

```
anaconda-ks.cfg anaconda-post.log original-ks.cfg
[root@c43a0360bb4d ~]#
[root@c43a0360bb4d ~]# ifconfig                     //查看接口 IP 地址信息
```

命令执行结果如下。

```
eth0: flags=4163<UP, BROADCAST, RUNNING, MULTICAST> mtu 1500
        inet 172.17.0.3 netmask 255.255.0.0 broadcast 172.17.255.255
        ether 02:42:ac:11:00:03 txqueuelen 0 (Ethernet)
        RX packets 140 bytes 18844 (18.4 KiB)
        RX errors 0 dropped 0 overruns 0 frame 0
        TX packets 91 bytes 18618 (18.1 KiB)
        TX errors 0 dropped 0 overruns 0 carrier 0 collisions 0

lo: flags=73<UP, LOOPBACK, RUNNING> mtu 65536
        inet 127.0.0.1 netmask 255.0.0.0
        loop txqueuelen 1000 (Local Loopback)
        RX packets 0 bytes 0 (0.0 B)
        RX errors 0 dropped 0 overruns 0 frame 0
        TX packets 0 bytes 0 (0.0 B)
        TX errors 0 dropped 0 overruns 0 carrier 0 collisions 0
[root@c43a0360bb4d ~]#
```

3. 显示容器列表

可以使用 docker ps 命令显示容器列表。

例如，使用 docker ps 命令并且不加任何选项时，可以列出本地宿主机中所有正在运行的容器的信息，执行命令如下。

```
[root@localhost ~]# docker ps                       //查看容器列表信息
```

命令执行结果如图 5.54 所示。

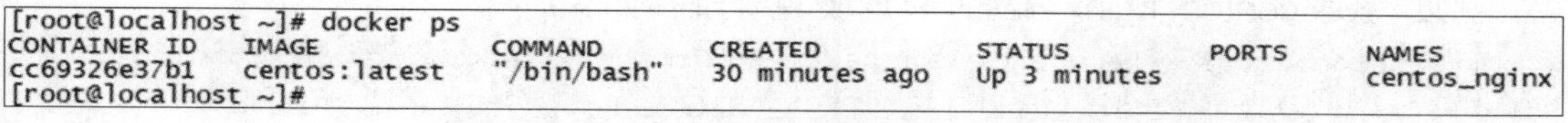

```
[root@localhost ~]# docker ps
CONTAINER ID  IMAGE          COMMAND      CREATED        STATUS        PORTS      NAMES
cc69326e37b1  centos:latest  "/bin/bash"  30 minutes ago Up 3 minutes             centos_nginx
[root@localhost ~]#
```

图 5.54　本地宿主机中所有正在运行的容器的信息

列出本地宿主机中最近创建的 2 个容器的信息，执行命令如下。

```
[root@localhost ~]# docker  ps  -n  2          //查看最近创建的 2 个容器的信息
```

命令执行结果如图 5.55 所示。

```
[root@localhost ~]# docker ps  -n 2
CONTAINER ID   IMAGE         COMMAND        CREATED          STATUS                PORTS      NAMES
cc69326e37b1   centos:latest  "/bin/bash"    37 minutes ago   Up 10 minutes                    centos_nginx
16639dcc8a2f   hello-world    "/hello"       24 hours ago     Exited (0) 24 hours ago          upbeat_khorana
[root@localhost ~]#
```

图 5.55   本地宿主机中最近创建的 2 个容器的信息

列出本地宿主机中所有容器的信息，执行命令如下。

```
[root@localhost ~]# docker  ps  -a  -q          //查看所有容器的编号信息
[root@localhost ~]# docker  ps  -a              //查看所有容器的信息
```

命令执行结果如图 5.56 所示。

```
[root@localhost ~]# docker  ps  -a -q
cc69326e37b1
16639dcc8a2f
9c96a9fd37c6
[root@localhost ~]# docker  ps -a
CONTAINER ID   IMAGE         COMMAND           CREATED          STATUS                     PORTS      NAMES
cc69326e37b1   centos:latest  "/bin/bash"       40 minutes ago   Up 14 minutes                         centos_nginx
16639dcc8a2f   hello-world    "/hello"          25 hours ago     Exited (0) 25 hours ago               upbeat_khorana
9c96a9fd37c6   centos_sshd    "/usr/sbin/sshd -D" 25 hours ago   Exited (255) 53 minutes ago  22/tcp  bold_austin
[root@localhost ~]#
```

图 5.56   本地宿主机中所有容器的信息

4. 查看容器详细信息

使用 docker inspect 命令可以查看容器的配置信息，包括容器名称、环境变量、可执行命令、主机配置、网络配置和数据卷配置等，默认情况下，以 JSON 格式输出所有结果，执行命令如下。

```
[root@localhost ~]# docker  inspect  centos:latest    //查看容器 centos 详细信息
```

命令执行结果如下。

```
[
    {
        "Id": "
sha256:300e315adb2f96afe5f0b2780b87f28ae95231fe3bdd1e16b9ba606307728f55", "RepoTags": [
            "centos:latest",
            "centos:version8.4"
        ],
......（省略部分内容）
        "Metadata": {
            "LastTagTime": "0001-01-01T00:00:00Z"
        }
    }
]
[root@localhost ~]#
```

如果只需要其中的特定内容，则可以通过使用-f（--format）选项来指定。例如，获取容器 cc69326e37b1 的名称，执行命令如下。

```
[root@localhost ~]# docker  inspect  --format='{{.Name}}'  cc69326e37b1
```

命令执行结果如下。

```
/centos_nginx
[root@localhost ~]#
```

例如，获取 centos_nginx 容器的 IP 地址，执行命令如下。

```
[root@localhost ~]# docker  inspect  --format='{{range .NetworkSettings.
Networks}} {{.IPAddress}}{{end}}' centos_nginx
```

命令执行结果如下。

```
172.17.0.2
[root@localhost ~]#
```

5. 进入容器

当使用-d 选项创建容器后，容器在后台运行，因此无法看到容器中的信息，也无法对容器进行操作。如果需要进入容器的交互模式，则用户可以通过使用相应的 docker 命令进入该容器，目前 Docker 主要提供以下两种操作方法。

（1）使用 docker attach 命令连接到正在运行的容器

例如，利用 centos 镜像生成容器，并使用 docker attach 命令进入容器，执行命令如下。

```
[root@localhost ~]# docker run -dit centos:latest /bin/bash
[root@localhost ~]# docker ps -n 1                          //显示当前运行的容器
[root@localhost ~]# docker attach fff053681985             //连接进入容器
[root@fff053681985 /]# ls                                  //显示当前目录详细信息
[root@fff053681985 /]# exit                                //退出
[root@localhost ~]#
```

命令执行结果如图 5.57 所示。

```
[root@localhost ~]# docker run -dit centos:latest /bin/bash
fff053681985fb0ebba5658ff315f747e9ca467080592713e78645b08b0d8e56
[root@localhost ~]# docker ps -n 1
CONTAINER ID   IMAGE           COMMAND       CREATED          STATUS          PORTS     NAMES
fff053681985   centos:latest   "/bin/bash"   16 seconds ago   Up 14 seconds             nifty_mcnulty
[root@localhost ~]# docker attach fff053681985
[root@fff053681985 /]# ls
bin  dev  etc  home  lib  lib64  lost+found  media  mnt  opt  proc  root  run  sbin  srv  sys  tmp  usr  var
[root@fff053681985 /]#
[root@fff053681985 /]# exit
exit
[root@localhost ~]#
```

图 5.57　使用 docker attach 命令进入容器

连接到容器后，可使用 exit 命令或按 Ctrl+C 组合键退出当前容器（脱离容器），这会导致容器停止。要使容器继续运行，需要在使用 docker attach 命令运行容器时加上--sig-proxy=false 选项，确保按 Ctrl+C 组合键后不会使容器停止，执行命令如下。

```
[root@localhost ~]#docker run -dit --name test_centos_01 centos:latest /bin/bash
[root@localhost ~]# docker ps -n 1
[root@localhost ~]# docker attach --sig-proxy=false test_centos_01
[root@b70f15ea4f04 /]# ls
[root@b70f15ea4f04 /]# ^C
[root@b70f15ea4f04 /]# exit
[root@localhost ~]# docker ps -n 1
```

命令执行结果如图 5.58 所示。

```
[root@localhost ~]# docker run -dit --name test_centos_01 centos:latest /bin/bash
b70f15ea4f04e6cf8c505366601b9e64d3b80293baf7fe530f3b55cbaa6aff79
[root@localhost ~]# docker ps -n 1
CONTAINER ID   IMAGE           COMMAND       CREATED         STATUS         PORTS     NAMES
b70f15ea4f04   centos:latest   "/bin/bash"   9 seconds ago   Up 8 seconds             test_centos_01
[root@localhost ~]# docker attach --sig-proxy=false test_centos_01
[root@b70f15ea4f04 /]# ls
bin  dev  etc  home  lib  lib64  lost+found  media  mnt  opt  proc  root  run  sbin  srv  sys  tmp  usr  var
[root@b70f15ea4f04 /]# ^C
[root@b70f15ea4f04 /]# exit
[root@localhost ~]# docker ps -n 1
CONTAINER ID   IMAGE           COMMAND       CREATED          STATUS                   PORTS     NAMES
b70f15ea4f04   centos:latest   "/bin/bash"   11 minutes ago   Exited (130) 10 minutes ago        test_centos_01
[root@localhost ~]#
```

图 5.58　运行容器时加上--sig-proxy=false 选项

从图 5.58 所示的执行结果中可以看出，使用 exit 命令退出容器后，此时容器 STATUS 列显示"Exited"状态，表示当前容器 test_centos_01 已停止。

（2）使用 docker exec 命令在正在运行的容器中执行命令

```
[root@localhost ~]# docker run -dit --name test_centos_02 centos:latest /bin/bash
```

```
[root@localhost ~]# docker  ps  -n  1
[root@localhost ~]# docker  exec  -it  test_centos_02  /bin/bash
[root@436305a7577c /]# ls
[root@436305a7577c /]# ^C
[root@436305a7577c /]# exit
[root@localhost ~]# docker  ps  -a
```

命令执行结果如图 5.59 所示。

图 5.59　使用 docker exec 命令进入容器

从图 5.59 所示的执行结果中可以看出，当使用 exit 命令退出容器后，此时容器 STATUS 列显示"Up"状态，表示当前容器 test_centos_02 并没有停止。

在使用 docker exec 命令进入交互环境时，必须指定-i、-t 选项的参数以及 Shell 的名称。

使用 docker exec 和 docker attach 命令均可进入容器，在实际应用中，推荐使用 docker exec 命令，主要原因如下。

① docker attach 是同步的，若有多个用户进入同一个容器，则当一个窗口命令被阻塞时，其他窗口都无法执行操作。

② 使用 docker attach 命令进入交互环境时，使用 exit 命令退出窗口之后容器即停止，而使用 docker exec 命令后容器不会停止。

6. 容器重命名

可以使用 docker rename 命令更改容器名称。显示最近创建的 1 个容器的信息，并将容器的名称 test_centos_02 更改为 test_centos_20，执行命令如下。

```
[root@localhost ~]# docker  ps  -n  1
[root@localhost ~]# docker  rename  test_centos_02  test_centos_20
```

命令执行结果如图 5.60 所示。

图 5.60　使用 docker rename 命令进行容器重命名

7. 删除容器

可以使用 docker rm 命令删除一个或多个容器，默认只能删除非运行状态的容器。

例如，删除容器 test_centos_20，执行命令如下。

```
[root@localhost ~]# docker  rm  test_centos_20        //删除容器 test_centos_20
[root@localhost ~]# docker  ps  -a                    //显示当前容器列表信息
```

命令执行结果如图 5.61 所示。

```
[root@localhost ~]# docker ps  -n  1
CONTAINER ID   IMAGE          COMMAND        CREATED        STATUS                    PORTS        NAMES
436305a7577c   centos:latest  "/bin/bash"    14 hours ago   Exited (255) 29 minutes ago            test_centos_20
[root@localhost ~]# docker  rm  test_centos_20
test_centos_20
[root@localhost ~]# docker ps  -a
CONTAINER ID   IMAGE               COMMAND              CREATED        STATUS                   PORTS      NAMES
b70f15ea4f04   centos:latest       "/bin/bash"          15 hours ago   Exited (130) 15 hours ago           test_centos_01
fff053681985   centos:latest       "/bin/bash"          15 hours ago   Exited (0) 15 hours ago             nifty_mcnulty
155aa2315779   centos_sshd:latest  "/bin/bash"          23 hours ago   Exited (255) 16 hours ago  22/tcp   elastic_darwin
c43a036D0bb4d  centos_sshd:latest  "/usr/sbin/sshd -D"  23 hours ago   Exited (255) 16 hours ago  22/tcp   test_centos_sshd
20b915236190   centos_sshd:latest  "/bin/bash"          23 hours ago   Exited (127) 23 hours ago           vibrant_heisenberg
240eb810df27   centos_sshd:latest  "/bin/bash"          23 hours ago   Exited (127) 23 hours ago           wizardly_vaughan
49c7864a19f0   centos_sshd:latest  "/bin/echo 'hello wo…" 24 hours ago Exited (0) 24 hours ago             silly_gates
cc69326e37b1   centos:latest       "/bin/bash"          26 hours ago   Exited (255) 16 hours ago           centos_nginx
16639dcc8a2f   hello-world         "/hello"             2 days ago     Exited (0) 2 days ago               upbeat_khorana
9c96a9fd37c6   centos_sshd         "/usr/sbin/sshd -D"  2 days ago     Exited (255) 26 hours ago  22/tcp   bold_austin
[root@localhost ~]#
```

图 5.61 删除容器 test_centos_20

如果容器处于非运行状态，则可以正常删除；如果容器处于运行状态，则会报错，需要先终止容器再进行删除。可以使用-f 选项进行强制删除，也可以在删除容器的时候，删除容器挂载的数据卷。从 Docker 1.13 开始，可以使用 docker container prune 命令删除停止的容器。

8. 导出和导入容器

（1）导出容器

如果要导出某个容器到本地，则可以使用 docker export 命令，将容器导出为.tar 文件。

例如，将容器名称为 test_centos_01 的容器导出，文件名格式为"centos_01-日期.tar"，使用-o 选项表示指定导出的.tar 文件名，执行命令如下。

```
[root@localhost ~]# docker  export  -o  centos_01-'date +%Y%m%d'.tar
test_centos_01                                //导出容器
[root@localhost ~]# ls  centos_01*    //查看以 centos_01 为开头的所有文件
```

命令执行结果如下。

```
centos_01-20210609.tar
[root@localhost ~]#
```

（2）导入容器

可以使用 docker import 命令导入一个类型为.tar 的容器镜像。

例如，使用镜像归档文件 centos_01-20210609.tar 创建镜像 centos_test，执行命令如下。

```
[root@localhost ~]# docker  import centos_01-20210609.tar  centos_test:import
[root@localhost ~]# docker  images        //查看当前所有镜像信息
```

命令执行结果如图 5.62 所示。

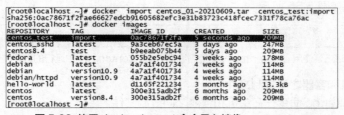

```
[root@localhost ~]# docker  import centos_01-20210609.tar  centos_test:import
sha256:0ac78671f2fae66627edcb91605682efc3e31b83723c418fcec7331f78ca76ac
[root@localhost ~]# docker images
REPOSITORY     TAG          IMAGE ID       CREATED         SIZE
centos_test    import       0ac78671f2fa   5 seconds ago   209MB
centos_sshd    latest       9a3ceb67ec5a   3 days ago      247MB
centos8.4      test         b9eeab075b44   5 days ago      209MB
fedora         latest       055b2e5ebc94   3 weeks ago     178MB
debian         latest       4a7a1f401734   4 weeks ago     114MB
debian         version10.9  4a7a1f401734   4 weeks ago     114MB
debian/httpd   version10.9  4a7a1f401734   4 weeks ago     114MB
hello-world    latest       d1165f221234   3 months ago    13.3kB
centos         latest       300e315adb2f   6 months ago    209MB
centos         version8.4   300e315adb2f   6 months ago    209MB
[root@localhost ~]#
```

图 5.62 使用 docker import 命令导入镜像 centos_test

9. 查看容器日志

使用 docker logs 命令可以将标准输出数据作为日志输出到执行 docker logs 命令的终端上，其常用于查看在后台运行的容器的日志信息。

例如，查看容器 test_centos_01 的日志信息，执行命令如下。

```
[root@localhost ~]# docker  logs   test_centos_01
[root@b70f15eaf04  /]#  ls
[root@b70f15ea4fo4  /]#  ^c
[root@b70f15ea4fo4  /]#  exit
```

命令执行结果如图 5.63 所示。

```
[root@localhost ~]# docker logs  test_centos_01
[root@b70f15ea4f04 /]# ls
bin  dev  etc  home  lib  lib64  lost+found  media  mnt  opt  proc  root
[root@b70f15ea4f04 /]# ^C
[root@b70f15ea4f04 /]# exit
[root@localhost ~]#
```

图 5.63　使用 docker logs 命令查看容器 test_centos_01 的日志信息

10. 查看容器资源使用情况

可以使用 docker stats 命令动态显示容器的资源使用情况。

例如，查看容器 test_centos_01 的资源使用情况，执行命令如下。

```
[root@localhost ~]# docker  stats  test_centos_01
```

命令执行结果如图 5.64 所示。

```
[root@localhost ~]# docker  stats  test_centos_01
CONTAINER ID    NAME            CPU %    MEM USAGE / LIMIT    MEM %    NET I/O        BLOCK I/O    PIDS
b70f15ea4f04    test_centos_01  0.00%    528KiB / 3.683GiB    0.01%    2.42kB / 0B    0B / 0B      1
CONTAINER ID    NAME            CPU %    MEM USAGE / LIMIT    MEM %    NET I/O        BLOCK I/O    PIDS
b70f15ea4f04    test_centos_01  0.00%    528KiB / 3.683GiB    0.01%    2.42kB / 0B    0B / 0B      1
CONTAINER ID    NAME            CPU %    MEM USAGE / LIMIT    MEM %    NET I/O        BLOCK I/O    PIDS
b70f15ea4f04    test_centos_01  0.00%    528KiB / 3.683GiB    0.01%    2.42kB / 0B    0B / 0B      1
CONTAINER ID    NAME            CPU %    MEM USAGE / LIMIT    MEM %    NET I/O        BLOCK I/O    PIDS
b70f15ea4f04    test_centos_01  0.00%    528KiB / 3.683GiB    0.01%    2.42kB / 0B    0B / 0B      1
CONTAINER ID    NAME            CPU %    MEM USAGE / LIMIT    MEM %    NET I/O        BLOCK I/O    PIDS
b70f15ea4f04    test_centos_01  0.00%    528KiB / 3.683GiB    0.01%    2.42kB / 0B    0B / 0B      1
CONTAINER ID    NAME            CPU %    MEM USAGE / LIMIT    MEM %    NET I/O        BLOCK I/O    PIDS
b70f15ea4f04    test_centos_01  0.00%    528KiB / 3.683GiB    0.01%    2.42kB / 0B    0B / 0B      1
CONTAINER ID    NAME            CPU %    MEM USAGE / LIMIT    MEM %    NET I/O        BLOCK I/O    PIDS
b70f15ea4f04    test_centos_01  0.00%    528KiB / 3.683GiB    0.01%    2.42kB / 0B    0B / 0B      1
CONTAINER ID    NAME            CPU %    MEM USAGE / LIMIT    MEM %    NET I/O        BLOCK I/O    PIDS
b70f15ea4f04    test_centos_01  0.00%    528KiB / 3.683GiB    0.01%    2.42kB / 0B    0B / 0B      1
CONTAINER ID    NAME            CPU %    MEM USAGE / LIMIT    MEM %    NET I/O        BLOCK I/O    PIDS
b70f15ea4f04    test_centos_01  0.00%    528KiB / 3.683GiB    0.01%    2.42kB / 0B    0B / 0B      1
CONTAINER ID    NAME            CPU %    MEM USAGE / LIMIT    MEM %    NET I/O        BLOCK I/O    PIDS
b70f15ea4f04    test_centos_01  0.00%    528KiB / 3.683GiB    0.01%    2.42kB / 0B    0B / 0B      1
CONTAINER ID    NAME            CPU %    MEM USAGE / LIMIT    MEM %    NET I/O        BLOCK I/O    PIDS
b70f15ea4f04    test_centos_01  0.00%    528KiB / 3.683GiB    0.01%    2.42kB / 0B    0B / 0B      1
CONTAINER ID    NAME            CPU %    MEM USAGE / LIMIT    MEM %    NET I/O        BLOCK I/O    PIDS
b70f15ea4f04    test_centos_01  0.00%    528KiB / 3.683GiB    0.01%    2.42kB / 0B    0B / 0B      1
^C
[root@localhost ~]#
```

图 5.64　使用 docker stats 命令查看容器 test_centos_01 的资源使用情况

11. 查看容器中运行的进程的信息

可以使用 docker top 命令查看容器中运行的进程的信息。

例如，查看容器 test_centos_01 中运行的进程的信息，执行命令如下。

```
[root@localhost ~]# docker  top  test_centos_01
```

命令执行结果如图 5.65 所示。

```
[root@localhost ~]# docker top test_centos_01
UID      PID       PPID       C      STIME      TTY      TIME        CMD
root     21174     21154      0      21:40      pts/0    00:00:00    /bin/bash
[root@localhost ~]#
```

图 5.65　使用 docker top 命令查看容器 test_centos_01 中运行的进程的信息

12. 在宿主机和容器之间复制文件

可以使用 docker cp 命令在宿主机和容器之间复制文件。

例如，将容器 test_centos_01 中的/root/anaconda-post.log 文件复制到宿主机的/mnt 目录下，执行命令如下。

```
[root@localhost ~]# docker  exec  -it  test_centos_01  /bin/bash
[root@b70f15ea4f04 /]# ls                   //查看当前目录及文件信息
[root@b70f15ea4f04 /]# cd root              //进入 root 目录
[root@b70f15ea4f04 ~]# ls
```

命令执行结果如下。

```
anaconda-ks.cfg anaconda-post.log original-ks.cfg
[root@b70f15ea4f04 ~]# exit                 //退出
[root@localhost ~]# docker ps -n 1
```

```
[root@localhost ~]# docker cp  test_centos_01:/root/anaconda-post.log  /mnt
[root@localhost ~]# ls  /mnt
[root@localhost ~]#
```

命令执行结果如图 5.66 所示。

```
[root@localhost ~]# docker exec -it  test_centos_01  /bin/bash
[root@b70f15ea4f04 /]# ls
bin  dev  etc  home  lib  lib64  lost+found  media  mnt  opt  proc  root  run  sbin  srv  sys  tmp  usr  var
[root@b70f15ea4f04 /]# cd root
[root@b70f15ea4f04 ~]# ls
anaconda-ks.cfg  anaconda-post.log  original-ks.cfg
[root@b70f15ea4f04 ~]# exit
exit
[root@localhost ~]# docker  ps -n 1
CONTAINER ID   IMAGE          COMMAND        CREATED        STATUS         PORTS       NAMES
b70f15ea4f04   centos:latest  "/bin/bash"    16 hours ago   Up 21 minutes              test_centos_01
[root@localhost ~]# docker cp  test_centos_01:/root/anaconda-post.log  /mnt
[root@localhost ~]# ls  /mnt
anaconda-post.log
[root@localhost ~]#
```

图 5.66　使用 docker cp 命令将容器中的文件复制到宿主机中

同时，也可以将宿主机中的文件/mnt/anaconda-post.log 复制到容器 test_centos_01 的/mnt 中，执行命令如下。

```
[root@localhost ~]# docker  cp  /mnt/anaconda-post.log  test_centos_01:/mnt
[root@localhost ~]# docker  exec  -it  test_centos_01  /bin/bash
[root@b70f15ea4f04 /]# cd /mnt
[root@b70f15ea4f04 mnt]# ls
```

命令执行结果如下。

```
anaconda-post.log
[root@b70f15ea4f04 mnt]# exit
exit
[root@localhost ~]#
```

13. 停止容器

可以使用 docker stop 命令停止容器。

例如，停止容器 centos_nginx，执行命令如下。

```
[root@localhost ~]# docker  stop  centos_nginx
[root@localhost ~]# docker  ps  -a
```

命令执行结果如图 5.67 所示。

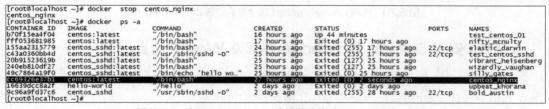

图 5.67　使用 docker stop 命令停止容器 centos_nginx

14. 暂停和恢复容器

可以使用 docker pause 命令暂停容器。

例如，暂停容器 centos_nginx ，执行命令如下。

```
[root@localhost ~]# docker  pause  centos_nginx
[root@localhost ~]# docker  ps  -a
```

命令执行结果如图 5.68 所示。

```
[root@localhost ~]# docker  pause   centos_nginx
centos_nginx
[root@localhost ~]# docker  ps -a
CONTAINER ID   IMAGE                COMMAND                CREATED         STATUS                    PORTS      NAMES
b70f15ea4f04   centos:latest        "/bin/bash"            16 hours ago    Up 50 minutes                        test_centos_01
fff053681985   centos:latest        "/bin/bash"            17 hours ago    Exited (0) 17 hours ago              nifty_mcnulty
155aa2315779   centos_sshd:latest   "/bin/bash"            24 hours ago    Exited (255) 18 hours ago  22/tcp   elastic_darwin
c43a0360bb4d   centos_sshd:latest   "/usr/sbin/sshd -D"    25 hours ago    Exited (255) 18 hours ago  22/tcp   test_centos_sshd
20b91523619b   centos_sshd:latest   "/bin/bash"            25 hours ago    Exited (127) 25 hours ago            vibrant_heisenberg
240eb810df27   centos_sshd:latest   "/bin/bash"            25 hours ago    Exited (127) 25 hours ago            wizardly_vaughan
49c7864a19f0   centos_sshd:latest   "/bin/echo 'hello wo…" 25 hours ago    Exited (0) 25 hours ago              silly_gates
cc69326e37b1   centos:latest        "/bin/bash"            27 hours ago    Up 2 minutes (Paused)                centos_nginx
16639dcc8a2f   hello-world          "/hello"               2 days ago      Exited (0) 2 days ago                upbeat_khorana
9c96a9fd37c6   centos_sshd          "/usr/sbin/sshd -D"    2 days ago      Exited (255) 28 hours ago  22/tcp   bold_austin
[root@localhost ~]#
```

图 5.68　使用 docker pause 命令暂停容器 centos_nginx

可以使用 docker unpause 命令恢复容器。

例如，恢复容器 centos_nginx，执行命令如下。

```
[root@localhost ~]# docker  unpause  centos_nginx
[root@localhost ~]# docker  ps  -a
```

命令执行结果如图 5.69 所示。

```
[root@localhost ~]# docker  unpause   centos_nginx
centos_nginx
[root@localhost ~]# docker  ps -a
CONTAINER ID   IMAGE                COMMAND                CREATED         STATUS                    PORTS      NAMES
b70f15ea4f04   centos:latest        "/bin/bash"            16 hours ago    Up 52 minutes                        test_centos_01
fff053681985   centos:latest        "/bin/bash"            17 hours ago    Exited (0) 17 hours ago              nifty_mcnulty
155aa2315779   centos_sshd:latest   "/bin/bash"            24 hours ago    Exited (255) 18 hours ago  22/tcp   elastic_darwin
c43a0360bb4d   centos_sshd:latest   "/usr/sbin/sshd -D"    25 hours ago    Exited (255) 18 hours ago  22/tcp   test_centos_sshd
20b91523619b   centos_sshd:latest   "/bin/bash"            25 hours ago    Exited (127) 25 hours ago            vibrant_heisenberg
240eb810df27   centos_sshd:latest   "/bin/bash"            25 hours ago    Exited (127) 25 hours ago            wizardly_vaughan
49c7864a19f0   centos_sshd:latest   "/bin/echo 'hello wo…" 25 hours ago    Exited (0) 25 hours ago              silly_gates
cc69326e37b1   centos:latest        "/bin/bash"            27 hours ago    Up 5 minutes                         centos_nginx
16639dcc8a2f   hello-world          "/hello"               2 days ago      Exited (0) 2 days ago                upbeat_khorana
9c96a9fd37c6   centos_sshd          "/usr/sbin/sshd -D"    2 days ago      Exited (255) 28 hours ago  22/tcp   bold_austin
[root@localhost ~]#
```

图 5.69　使用 docker unpause 命令恢复容器 centos_nginx

15. 重启容器

可以使用 docker restart 命令重启容器。

例如，重启容器 centos_nginx，执行命令如下。

```
[root@localhost ~]# docker  restart  centos_nginx
[root@localhost ~]# docker  ps  -a
```

命令执行结果如图 5.70 所示。

```
[root@localhost ~]# docker  restart   centos_nginx
centos_nginx
[root@localhost ~]# docker  ps -a
CONTAINER ID   IMAGE                COMMAND                CREATED         STATUS                    PORTS      NAMES
b70f15ea4f04   centos:latest        "/bin/bash"            16 hours ago    Up 55 minutes                        test_centos_01
fff053681985   centos:latest        "/bin/bash"            17 hours ago    Exited (0) 17 hours ago              nifty_mcnulty
155aa2315779   centos_sshd:latest   "/bin/bash"            24 hours ago    Exited (255) 18 hours ago  22/tcp   elastic_darwin
c43a0360bb4d   centos_sshd:latest   "/usr/sbin/sshd -D"    25 hours ago    Exited (255) 18 hours ago  22/tcp   test_centos_sshd
20b91523619b   centos_sshd:latest   "/bin/bash"            25 hours ago    Exited (127) 25 hours ago            vibrant_heisenberg
240eb810df27   centos_sshd:latest   "/bin/bash"            25 hours ago    Exited (127) 25 hours ago            wizardly_vaughan
49c7864a19f0   centos_sshd:latest   "/bin/echo 'hello wo…" 25 hours ago    Exited (0) 25 hours ago              silly_gates
cc69326e37b1   centos:latest        "/bin/bash"            28 hours ago    Up 2 seconds                         centos_nginx
16639dcc8a2f   hello-world          "/hello"               2 days ago      Exited (0) 2 days ago                upbeat_khorana
9c96a9fd37c6   centos_sshd          "/usr/sbin/sshd -D"    2 days ago      Exited (255) 28 hours ago  22/tcp   bold_austin
[root@localhost ~]#
```

图 5.70　使用 docker restart 命令重启容器 centos_nginx

5.3.6　安装 Docker Compose 并部署 WordPress

Docker Compose 是 Docker 官方的开源项目，依赖 Docker 引擎才能正常工作，但 Docker Compose 并未完全集成到 Docker 引擎中，因此安装 Docker Compose 之前应确保已经安装了本地或远程 Docker 引擎。

1. 安装 Docker Compose

在 Linux 操作系统上先安装 Docker，再安装 Docker Compose。作为需要在 Docker 主机上进行安装的外部 Python 工具，Docker Compose 有两种常用的安装方式：一种是通过 GitHub 上的 Docker Compose 仓库下载二进制文件进行安装；另一种是使用 pip 进行安装。

（1）通过仓库下载并安装 Docker Compose

在 GitHub 上下载 Docker Compose 二进制文件，将二进制文件下载到指定路径中，执行命令如下。

```
[root@localhost ~]# curl  -L https://github.com/docker/compose/releases/download/
1.24.1/ docker-compose-'uname -s'-'uname -m'  -o  /usr/local/bin/docker-compose
```

添加可执行的权限，执行命令如下。

```
[root@localhost ~]# chmod  +x  /usr/local/bin/docker-compose    //修改文件属性
[root@localhost ~]# ll  /usr/local/bin/docker-compose        //显示文件详细信息
```

命令执行结果如下。

```
-rwxr-xr-x 1 root root 16168192 6月  12 10:03 /usr/local/bin/docker-compose
[root@localhost ~]#
```

查看 Docker Compose 的版本，执行命令如下。

```
[root@localhost ~]# docker-compose  --version        //查看 Docker Compose 的版本
```

命令执行结果如下。

```
docker-compose version 1.24.1, build 4667896b
[root@localhost ~]#
```

命令执行结果如图 5.71 所示。

```
[root@localhost ~]# curl  -L https://github.com/docker/compose/releases/download/1.24.1/docker-compose-`uname -s`-`uname -m`  -o  /usr/local/bin/docker-compose
  % Total    % Received % Xferd  Average Speed   Time    Time     Time  Current
                                 Dload  Upload   Total   Spent    Left  Speed
100   633  100   633    0     0   1020      0 --:--:-- --:--:-- --:--:--  1019
100 15.4M  100 15.4M    0     0  5032k      0  0:00:03  0:00:03 --:--:-- 7708k
[root@localhost ~]# ll /usr/local/bin/docker-compose
-rwxr-xr-x 1 root root 16168192 6月  12 10:03 /usr/local/bin/docker-compose
[root@localhost ~]# docker-compose --version
docker-compose version 1.24.1, build 4667896b
[root@localhost ~]#
```

图 5.71 通过仓库下载并安装 Docker Compose

（2）通过 pip 安装 Docker Compose

因为 Docker Compose 是使用 Python 语言编写的，所以可以将其当作一个 Python 应用从 pip 源中下载并进行安装。

① 检查 Linux 操作系统中是否已经安装 pip，执行命令如下。

```
[root@localhost bin]# pip3  -V
```

命令执行结果如下。

```
bash: pip: 未找到命令...
[root@localhost bin]#
```

② 系统中没有安装 pip 时，需要安装 epel-release，执行命令如下。

```
[root@localhost bin]# yum  -y  install  epel-release
```

命令执行结果如图 5.72 所示。

```
[root@localhost bin]# yum  -y  install  epel-release
已加载插件: fastestmirror, langpacks
Determining fastest mirrors
 * base: mirrors.bfsu.edu.cn
 * extras: mirrors.huaweicloud.com
 * updates: mirrors.cn99.com
base
docker-ce-stable
epel
extras
updates
(1/6): epel/x86_64/group_gz
(2/6): docker-ce-stable/7/x86_64/primary_db
(3/6): extras/7/x86_64/primary_db
(4/6): epel/x86_64/updateinfo
(5/6): epel/x86_64/primary_db
(6/6): updates/7/x86_64/primary_db
正在解决依赖关系
--> 正在检查事务
---> 软件包 epel-release.noarch.0.7-13 将被 安装
--> 解决依赖关系完成

依赖关系解决

================================================================================
 Package              架构            版本             源            大小
================================================================================
正在安装:
 epel-release         noarch          7-13             epel          15 k

事务概要
================================================================================
安装  1 软件包

总下载量: 15 k
安装大小: 25 k
Downloading packages:
epel-release-7-13.noarch.rpm                             |  15 kB  00:00:00
Running transaction check
Running transaction test
Transaction test succeeded
Running transaction
  正在安装    : epel-release-7-13.noarch                               1/1
  验证中      : epel-release-7-13.noarch                               1/1

已安装:
  epel-release.noarch 0:7-13

完毕!
[root@localhost bin]#
```

图 5.72 安装 epel-release

③ 进行 python3-pip 安装，执行命令如下。

```
[root@localhost ~]# yum -y install python3-pip
```

命令执行结果如图 5.73 所示。

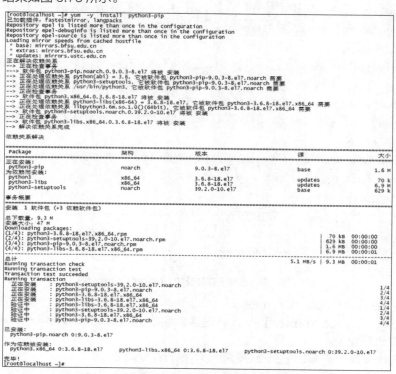

图 5.73 安装 python3-pip

④ 安装完成后更新 pip 工具，执行命令如下。

```
[root@localhost ~]# pip3 install --upgrade pip
```

命令执行结果如下。

```
Collecting pip
  Downloading
https://files.pythonhosted.org/packages/cd/82/04e9aaf603fdbaecb4323b9e723f13c92c
245f6ab2902195c53987848c78/pip-21.1.2-py3-none-any.whl (1.5MB)
    100% |████████████████████████████████| 1.6MB 803kB/s
Installing collected packages: pip
Successfully installed pip-21.1.2
[root@localhost ~]#
```

⑤ 查看当前 pip 的版本，执行命令如下。

```
[root@localhost bin]# pip3 -V
```

命令执行结果如下。

```
pip 21.1.2 from /usr/lib/python3.6/site-packages (python 3.6)
[root@localhost bin]#
```

⑥ 通过 pip 安装 Docker Compose 工具，执行命令如下。

```
[root@localhost ~]# pip3 install docker-compose
```

命令执行结果如下。

```
Collecting docker-compose
  Downloading
```

```
https://files.pythonhosted.org/packages/f3/3e/ca05e486d44e38eb495ca60b8ca526b192
071717387346ed1031ecf78966/docker_compose-1.29.2-py2.py3-none-any.whl (114kB)
    100% |████████████████████████████████| 122kB 1.3MB/s
Collecting distro<2, >=1.5.0 (from docker-compose)
  Downloading
https://files.pythonhosted.org/packages/25/b7/b3c4270a11414cb22c6352ebc7a83a
aa3712043be29daa05018fd5a5c956/distro-1.5.0-py2.py3-none-any.whl
Collecting docker[ssh]>=5 (from docker-compose)
 ……（省略部分内容）
Collecting six>=1.11.0 (from jsonschema<4, >=2.5.1->docker-compose)
[root@localhost ~]#
```

（3）卸载 Docker Compose

如果 Docker Compose 是以二进制文件方式安装的，则删除二进制文件即可完成卸载，执行命令如下。

```
[root@localhost ~]# rm /usr/local/bin/docker-compose
```

如果 Docker Compose 是通过 pip 工具安装的，则卸载 Docker Compose 工具需执行命令如下。

```
[root@localhost ~]# pip3 uninstall docker-compose
```

命令执行结果如下。

```
Please see https://github.com/pypa/pip/issues/5599 for advice on fixing the
underlying issue.
To avoid this problem you can invoke Python with '-m pip' instead of running pip
directly.
……（省略部分内容）
Proceed (y/n)? y
 Successfully uninstalled docker-compose-1.29.2
 [root@localhost ~]#
```

2. 使用 Docker Compose 部署 WordPress

WordPress 是使用页面超文本预处理器（Page Hypertext Preprocessor，PHP）语言开发的博客平台。用户可以在支持 PHP 和 MySQL 数据库的服务器上架设属于自己的网站，也可以把 WordPress 当作一个内容管理系统来使用。

（1）WordPress 的优点与缺点

WordPress 的优点如下。

① WordPress 功能强大、扩展性强，这主要得益于其插件众多，易于扩充功能，基本上一个完整网站该有的功能，通过其第三方插件都能实现。

② WordPress 搭建的博客搜索引擎友好，博客收录速度快。

③ 适合用户自己搭建，如果用户喜欢内容丰富的网站，那么 WordPress 可以很好地满足其喜好。

④ 主题很多，各色各样，应有尽有。

⑤ WordPress 的内容备份和网站转移比较方便，原站点使用站内工具导出后，使用 WordPress Importer 插件就能方便地将内容导入新网站。

⑥ 因为 WordPress 有强大的社区支持，有上千万的开发者贡献代码和审查 WordPress，所以 WordPress 是安全并且不断发展的。

WordPress 的缺点如下。

① WordPress 源码系统初始内容只是一个框架，用户需要花费时间自己搭建网站。

② 插件虽多，但是不能安装太多插件，否则会拖慢网站速度和降低用户体验。

③ 服务器空间选择不够自由。

④ 静态化较差，如果想为整个网站生成真正的静态化页面，则 WordPress 做的还不是很好，它最多能生成首页和文章页静态页面，只能对整站实现伪静态化。

⑤ WordPress 的博客程序定位和简单的数据库层等特点都注定了它不能适用于大数据环境。

⑥ WordPress 使用的字体、头像经常被阻截，访问时加载速度慢，不能一键更新。

（2）部署 WordPress

使用 Docker Compose 进行容器编排及部署 WordPress 之前，应当确认已经安装了 Docker Compose 工具。

① 定义项目。

创建一个空的项目目录，执行命令如下。

```
[root@localhost ~]# mkdir my_wordpress
```

该目录可根据需要进行命名，这个名称将作为 Docker Compose 项目名称。该目录是应用程序镜像的构建上下文，仅包含用于构建镜像的资源。这个项目目录应包括一个名为 docker-compose.yml 的 Compose 文件，用来定义项目。

将当前工作目录切换到该项目目录，执行命令如下。

```
[root@localhost ~]# cd my_wordpress          //切换目录到my-wordpress
```

在该目录下创建并编辑 docker-compose.yml 文件，执行命令如下。

```
[root@localhost my_wordpress]# vim docker-compose.yml          //编辑文件内容
```

命令执行结果如下。

```
version: '3.3'
services:
    db:
      image: mysql:5.7
      volumes:
        - db_data:/var/lib/mysql
      restart: always
      environment:
        MYSQL_ROOT_PASSWORD: wordpress
        MYSQL_DATABASE: wordpress
        MYSQL_USER: wordpress
        MYSQL_PASSWORD: wordpress

    wordpress:
      depends_on:
        - db
      image: wordpress:latest
      ports:
        - "8000:80"
      restart: always
      environment:
        WORDPRESS_DB_HOST: db:3306
        WORDPRESS_DB_USER: wordpress
        WORDPRESS_DB_PASSWORD: wordpress
        WORDPRESS_DB_NAME: wordpress
volumes:
    db_data: {}
[root@localhost my_wordpress]#
```

这个 Compose 文件中定义了两个服务，其中，db 是独立的 MySQL 服务，用于持久存储数据，wordpress 是 WordPress 服务。它还定义了一个卷 db_data，用于保存 WordPress 提交到数据库的任何数据。

② 构建项目。

在当前目录下使用 docker-compose up -d 命令下载所需的 Docker 镜像，在后台启动 WordPress 和数据库容器，执行命令如下。

```
[root@localhost my_wordpress]# docker-compose  up  -d        //构建容器在后台运行
```

命令执行结果如下。

```
Creating network "my_wordpress_default" with the default driver
Creating volume "my_wordpress_db_data" with default driver
Pulling db (mysql:5.7)...
5.7: Pulling from library/mysql
b4d181a07f80: Pull complete
a462b60610f5: Pull complete
……（省略部分内容）
Creating my_wordpress_wordpress_1 ... done
[root@localhost my_wordpress]#
```

使用 docker ps 命令，查看当前正在运行的容器，命令执行结果如图 5.74 所示。

```
[root@localhost my_wordpress]# docker  ps
CONTAINER ID   IMAGE              COMMAND              CREATED          STATUS          PORTS                      NAMES
41ef70f6ecal   wordpress:latest   "docker-entrypoint.s…"  15 seconds ago   Up 13 seconds   0.0.0.0:8000->80/tcp       my_wordpress_wordpress_1
6db0b0b27ale   mysql:5.7          "docker-entrypoint.s…"  15 seconds ago   Up 14 seconds   3306/tcp, 33060/tcp        my_wordpress_db_1
[root@localhost my_wordpress]#
```

图 5.74　查看当前正在运行的容器

从图 5.74 中可以看出，主机启动了两个容器，这两个容器分别被命名为 my_wordpress_wordpress_1 和 my_wordpress_db_1。

每个服务容器都是服务的一个副本，其名称的格式为"项目名_服务名_序号"，序号从 1 开始，不同的序号表示依次分配的副本，默认只为服务分配一个副本，其序号为 1。

③ 在浏览器中打开 WordPress。

当用户第一次使用浏览器打开 WordPress 时，需要进行初始化安装，在浏览器中访问 http://192.168.100.100:8000/wp-admin/install.php（192.168.100.100 为主机 IP 地址）。

进行 WordPress 初始化安装时，需要选择安装语言，如图 5.75 所示。单击"继续"按钮，进入欢迎界面，配置 WordPress 的相关信息，如图 5.76 所示。

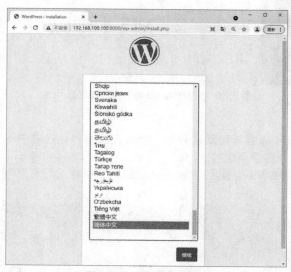

图 5.75　选择安装语言

图 5.76　配置 WordPress 的相关信息

相关信息填写完成后，单击"安装 WordPress"按钮，进行 WordPress 的安装。安装完成后，弹出保存密码对话框，如图 5.77 所示。单击"保存"按钮，完成 WordPress 的安装，如图 5.78 所示。

图 5.77　保存密码对话框

图 5.78　完成 WordPress 的安装

单击"登录"按钮，进入 WordPress 登录界面，如图 5.79 所示。输入用户名和密码，单击"登录"按钮，进入 my_wordpress 仪表盘界面，如图 5.80 所示。

图 5.79　WordPress 登录界面

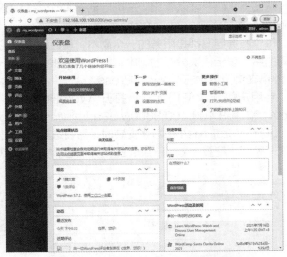

图 5.80　my_wordpress 仪表盘界面

④ 关闭和清理。

使用 docker-compose down 命令可以删除容器和默认网络，但是会保留存储在卷中的 WordPress 数据库，如果要同时删除卷，则可执行命令如下。

```
[root@localhost my_wordpress]# docker-compose down --volumes
```

命令执行结果如下。

```
Stopping my_wordpress_wordpress_1 ... done
Stopping my_wordpress_db_1        ... done
Removing my_wordpress_wordpress_1 ... done
Removing my_wordpress_db_1        ... done
Removing network my_wordpress_default
Removing volume my_wordpress_db_data
[root@localhost my_wordpress]#
```

5.3.7 从源代码开始构建、部署和管理应用程序

可以使用 Docker Compose 从源代码开始构建、部署和管理应用程序。

1. 编写单个服务的 Compose 文件

对于单个服务容器的部署，可以使用 Docker 命令轻松实现，但是如果涉及的选项和参数比较多，则通过 Compose 文件实现更为方便。下面编写 docker-compose.yml 文件，使用 Docker Compose 部署 MySQL 8.0 服务，执行命令如下。

```
[root@localhost ~]# vim docker-compose.yml          //编辑文件内容
```

命令执行结果如下。

```
version: '3.7'
services:
  mysql:
    image: mysql:8
    container_name: mysql8
    ports:
    - 3306:3306
    command:
      --default-authentication-plugin=mysql_native_password
      --character-set-server=utf8mb4
      --collation-server=utf8mb4_general_ci
      --explicit_defaults_for_timestamp=true
      --lower_case_table_names=1
    environment:
    - MYSQL_ROOT_PASSWORD=root
    volumes:
    - /etc/localtime:/etc/localtime:ro
    - mysql8-data:/var/lib/mysql
volumes:
  mysql8-data: null
[root@localhost ~]#
```

从以上 Compose 文件中可以看出，仅基于已有镜像定义了一个 MySQL 服务，其中通过 command 键定义了 MySQL 的一些设置，将 MySQL 数据库文件保存在卷中，使用主机的/etc/localtime 文件设置 MySQL 容器的时间。

编写好 Compose 文件之后，可以使用 docker-compose config 命令进行验证和查看，执行命令如下。

```
[root@localhost ~]# docker-compose config          //进行验证和查看
```

命令执行结果如下。

```
services:
  mysql:
    command: --default-authentication-plugin=mysql_native_password --character-set-server=utf8mb4
        --collation-server=utf8mb4_general_ci
--explicit_defaults_for_timestamp=true
        --lower_case_table_names=1
    container_name: mysql8
    environment:
      MYSQL_ROOT_PASSWORD: root
    image: mysql:8
    ports:
    - published: 3306
```

```
            target: 3306
        volumes:
        - /etc/localtime:/etc/localtime:ro
        - mysql8-data:/var/lib/mysql:rw
version: '3.7'
volumes:
    mysql8-data: {}
[root@localhost ~]#
```

验证结果正常，并以更规范的形式显示整个 Compose 文件。

启动 MySQL 服务，执行命令如下。

```
[root@localhost ~]# docker-compose up -d          //构建容器在后台运行
```

命令执行结果如下。

```
Creating network "root_default" with the default driver
Creating volume "root_mysql8-data" with default driver
Pulling mysql (mysql:8)...
8: Pulling from library/mysql
b4d181a07f80: Already exists
……（省略部分内容）
Creating mysql8 ... done
[root@localhost ~]#
```

查看正在运行的服务，可以发现 MySQL 服务正在正常运行，执行命令如下。

```
[root@localhost ~]# docker-compose ps
```

命令执行结果如下。

```
Name              Command               State                     Ports
----------------------------------------------------------------------------
mysql8   docker-entrypoint.sh --def ...   Up      0.0.0.0:3306->3306/tcp, 33060/tcp
[root@localhost ~]#
```

实验完成后，可以进行关闭并清理服务操作，执行命令如下。

```
[root@localhost ~]# docker-compose down --volumes
```

命令执行结果如下。

```
Stopping mysql8 ... done
Removing mysql8 ... done
Removing network root_default
Removing volume root_mysql8-data
[root@localhost ~]# docker-compose ps
Name   Command   State   Ports
------------------------------
[root@localhost ~]#
```

2. 编写多个服务的 Compose 文件

Django 是一个基于 Python 的 Web 应用框架，它与 Python 的 Web 应用框架 Flask 最大的区别是，它奉行"包含一切"的理念。该理念强调创建 Web 应用所需的通用功能都应该包含到框架中，而不应存在于独立的软件包中。例如，身份验证、URL 路由、模板系统、对象关系映射和数据库迁移等功能都已包含在 Django 框架中，虽然这看上去让框架失去了弹性，但是可以在构建网站的时候更加有效率。

Docker Compose 主要用于编排多个服务，这种情形要重点考虑各服务的依赖关系和相互通信。这里给出部署 Django 框架的示例，示范如何使用 Docker Compose 建立和运行简单的 Django 和 PostgreSQL 应用程序。

（1）定义项目组件

在这个项目中，需要创建一个 Dockerfile 文件、一个 Python 依赖文件和一个名为 docker-compose.yml 的 Compose 文件。

① 创建一个空的项目目录。

这个目录为应用程序镜像的构建上下文，应当包括构建镜像的资源。创建名为 django-ps 的项目目录，并将当前工作目录切换到该项目目录，执行命令如下。

```
[root@localhost ~]# mkdir django-ps          //创建目录 django-ps
[root@localhost ~]# cd django-ps             //进入 django-ps 目录中
```

② 在该项目目录下创建并编辑 Dockerfile 文件。

输入以下内容并保存文件，执行命令如下。

```
[root@localhost django-ps]# vim Dockerfile          //编辑文件内容
```

命令执行结果如下。

```
#从 Python 3 父镜像开始
FROM python:3
ENV PYTHONUNBUFFERED 1
#在镜像中添加 code 目录
RUN mkdir /code
WORKDIR /code
COPY requirements.txt /code/
#在镜像中安装由 requirements.txt 文件指定要安装的 Python 依赖
RUN pip install -r requirements.txt
COPY . /code/
[root@localhost django-ps]#
```

Dockerfile 通过若干配置镜像的构建指令定义一个镜像的内容，一旦镜像完成构建，就可以在容器中运行该镜像。

③ 在该项目目录下创建并编辑 requirements.txt 文件。

输入以下内容并保存文件，执行命令如下。

```
[root@localhost django-ps]# vim requirements.txt          //编辑文件内容
```

命令执行结果如下。

```
Django>=2.0, <3.0
psycopg2>=2.7, <3.0
[root@localhost django-ps]#
```

Python 项目中包含一个 requirements.txt 文件，用于记录所有依赖及其可用版本号范围，以便于部署依赖。

④ 在该项目目录下创建并编辑 docker-compose.yml 文件。

输入以下内容并保存文件，执行命令如下。

```
[root@localhost django-ps]# vim docker-compose.yml          //编辑文件内容
```

命令执行结果如下。

```
version: '3'
services:
  db:
    image: postgres
    environment:
      - POSTGRES_DB=postgres
      - POSTGRES_USER=postgres
      - POSTGRES_PASSWORD=postgres
    volumes:
```

```
          - db_data:/var/lib/postgresql
   web:
    build: .
    command: python manage.py runserver 0.0.0.0:8000
    volumes:
      - .:/code
    ports:
      - "8000:8000"
    depends_on:
      - db
  volumes:
    db_data: {}
[root@localhost django-ps]#
```

docker-compose.yml 文件描述了组成应用程序的服务，其中定义了两个服务：一个是名为 db 的 PostgresSQL 数据库；另一个是名为 web 的 Django 应用程序。它还描述了服务所用的 Docker 镜像、服务如何连接、服务要暴露的端口，以及需要挂载到容器中的卷。

（2）创建 Django 项目

通过上一步定义的构建上下文、构建镜像来创建一个 Django 初始项目。

① 在该项目目录下，使用 docker-compose run 命令创建 Django 项目，执行命令如下。

```
[root@localhost django-ps]# docker-compose run web django-admin startproject
myexample .
```

命令执行结果如下。

```
Creating network "django-ps_default" with the default driver
Creating volume "django-ps_db_data" with default driver
Pulling db (postgres:)...
latest: Pulling from library/postgres
b4d181a07f80: Already exists
46ca1d02c28c: Pull complete
……（省略部分内容）
Successfully tagged django-ps_web:latest
WARNING: Image for service web was built because it did not already exist. To
rebuild this image you must use 'docker-compose build' or 'docker-compose up --build'.
[root@localhost django-ps]#
```

docker-compose run 命令使 Docker Compose 使用 Web 服务的镜像和配置在一个容器中执行 django-admin startproject myexample 命令。因为 Web 镜像不存在，所以 Docker Compose 按照 docker-compose.yml 文件中的 "build: ." 行的定义，从当前目录构建该镜像。Web 镜像构建完毕后，Docker Compose 在容器中执行 django-admin startproject 命令，该命令引导 Django 创建一个 Django 项目，即一组特定的文件和目录。

② 执行完以上 docker-compose 命令之后，可以查看所创建项目目录的内容，执行命令如下。

```
[root@localhost django-ps]# ll                    //显示当前目录详细信息
```

命令执行结果如下。

```
总用量 16
-rw-r--r-- 1 root root 398 7月  13 22:24 docker-compose.yml
-rw-r--r-- 1 root root 147 7月  13 22:11 Dockerfile
-rwxr-xr-x 1 root root 629 7月  13 23:53 manage.py
drwxr-xr-x 2 root root  74 7月  13 23:53 myexample
-rw-r--r-- 1 root root  37 7月  13 22:14 requirements.txt
[root@localhost django-ps]#
```

本示例在 Linux 平台上运行 Docker，由 django-admin 所创建的文件的所有者为 root，这是因为容器以 root 身份运行。可以修改这些文件的所有者，执行命令如下。

```
[root@localhost django-ps]# chown -R $USER:$USER .
```

（3）连接数据库

现在可以为 Django 设置数据库连接了。

① 编辑项目目录中的 myexample/settings.py 文件，对其中的 ALLOWED_HOSTS 与 DATABASES 定义进行如下修改。

```
[root@localhost django-ps]# cd myexample         //进入 myexample 目录中
[root@localhost myexample]# ll                   //显示当前目录详细信息
```

命令执行结果如下。

```
用量 12
-rw-r--r-- 1 root root    0 7月  13 23:53 __init__.py
-rw-r--r-- 1 root root 3098 7月  13 23:53 settings.py
-rw-r--r-- 1 root root  751 7月  13 23:53 urls.py
-rw-r--r-- 1 root root  395 7月  13 23:53 wsgi.py
[root@localhost myexample]# vim  settings.py
```

命令执行结果如下。

```
ALLOWED_HOSTS = ['*']
DATABASES = {
    'default': {
        'ENGINE': 'django.db.backends.postgresql',
        'NAME': 'postgres',
        'USER': 'postgres',
        'PASSWORD': 'postgres',
        'HOST': 'db',
        'PORT': 5432,
    }
}
[root@localhost myexample]#
```

这些设置由 docker-compose.yml 文件所指定的 postgres 镜像所决定，保存并关闭该文件。

② 在项目目录下执行 docker-compose up 命令，执行命令如下。

```
[root@localhost django-ps]# docker-compose  up           //构建容器在后台运行
```

 注意 如提示端口 8000 已经被占用，则可使用 **docker ps** 命令进行查看，也可使用 **docker stop** 命令停止相应容器服务。

命令执行结果如下。

```
Starting django-ps_db_1 ... done
Starting django-ps_web_1 ... done
Attaching to django-ps_db_1, django-ps_web_1
db_1    |
……（省略部分内容）
web_1   | Starting development server at http://0.0.0.0:8000/
web_1   | Quit the server with CONTROL-C.
```

至此，Django 应用程序开始在 Docker 主机的 8000 端口上运行。打开浏览器访问 http://192.168.100.100:8000，进入 Django 欢迎界面，说明 Django 部署成功，如图 5.81 所示。

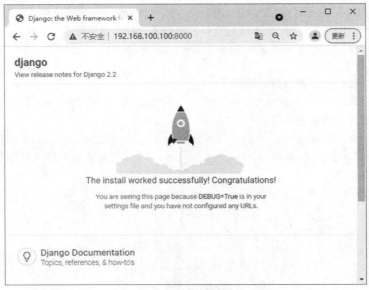

图 5.81　Django 部署成功

③ 关闭并清理服务。

可以在当前终端窗口中按 Ctrl+C 组合键结束应用程序的运行，也可以切换到另一个终端窗口，并切换到项目目录下，使用 docker-compose down --volumes 命令，删除整个项目目录，执行命令如下。

```
[root@localhost django-ps]# docker-compose down --volumes
```

命令执行结果如下。

```
Removing django-ps_web_1                 ... done
Removing django-ps_web_run_c22d641daf0c ... done
Removing django-ps_db_1                   ... done
Removing network django-ps_default
Removing volume django-ps_db_data
[root@localhost django-ps]#
```

3. 使用 Docker Compose 部署 Web 应用程序

Flask 是一个微型的基于 Python 开发的 Web 框架，使 Web 应用程序开发人员能够编写应用程序，而不必在意协议、线程管理等细节。下面通过 Flask 框架和 Redis 服务部署 Python Web 应用程序，Python 开发环境和 Redis 可以由 Docker 镜像提供，不必安装。本示例程序很简单，并不要求读者熟悉 Python 编程，其实现机制如图 5.82 所示。

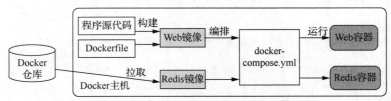

图 5.82　Python Web 应用程序的实现机制

（1）创建项目目录并准备应用程序的代码及其依赖关系

创建项目目录，并将当前目录切换到该项目目录，执行命令如下。

```
[root@localhost ~]# mkdir  flask-web  -p
[root@localhost ~]# cd  flask-web
[root@localhost flask-web]#
```

在该项目目录中创建 app.py 文件并添加以下内容，执行命令如下。

```
[root@localhost flask-web]# vim  app.py
```

命令执行结果如下。

```
import time
import redis
from flask import Flask
app = Flask(__name__)
cache = redis.Redis(host='redis', port=6379)
def get_hit_count():
    retries = 5
    while True:
        try:
            return cache.incr('hits')
        except redis.exceptions.ConnectionError as exc:
            if retries == 0:
                raise exc
            retries -= 1
            time.sleep(0.5)
@app.route('/')
def hello():
    count = get_hit_count()
    return 'Hello from Docker! I have been seen {} times.\n'.format(count)
if __name__ == "__main__":
    app.run(host="0.0.0.0", debug=True)
[root@localhost flask-web]#
```

在这个示例中，redis 是应用程序网络上的 Redis 容器的主机名，这里使用 Redis 服务的默认端口 6379。

在项目目录中创建文本文件 requirements.txt，并加入以下内容，执行命令如下。

```
[root@localhost flask-web]# vim  requirements.txt
```

命令执行结果如下。

```
flask
redis
[root@localhost flask-web]#
```

（2）创建 Dockerfile

编写用于构建 Docker 镜像的 Dockerfile，该镜像包含 Python 应用程序的所有依赖关系（包括 Python 自身在内）。在项目目录中创建名为 Dockerfile 的文件并添加以下内容，执行命令如下。

```
[root@localhost flask-web]# vim  Dockerfile
```

命令执行结果如下。

```
#基于 python:3.7-alpine 镜像构建此镜像
FROM python:3.7-alpine
#将当前目录添加到镜像的 /code 目录中
ADD . /code
#将工作目录设置为 /code
WORKDIR /code
#安装 Python 依赖
```

```
RUN pip install -r requirements.txt
#将启动容器的默认命令设置为 python app.py
CMD ["python", "app.py"]
[root@localhost flask-web]#
```

（3）在 Docker Compose 文件中定义服务

在项目目录中创建名为 docker-compose.yml 的文件，并添加以下内容，执行命令如下。

```
[root@localhost flask-web]# vim docker-compose.yml
```

命令执行结果如下。

```
version: '3'
services:
  web:
    build: .
    ports:
     - "5000:5000"
    volumes:
     - .:/code
  redis:
    image: "redis:alpine"
[root@localhost flask-web]#
```

这个文件定义了 web 和 redis 两个服务。其中，web 服务使用基于当前目录的 Dockerfile 构建的镜像，将容器上的 5000 端口映射到主机上的 5000 端口，这里使用 Flask Web 服务器的默认端口 5000；redis 服务用于拉取 Redis 镜像。

（4）通过 Docker Compose 构建并运行应用程序

在项目目录中使用 docker-compose up 命令启动应用程序，执行命令如下。

```
[root@localhost flask-web]# docker-compose up
```

命令执行结果如下。

```
Creating network "flask-web_default" with the default driver
Building web
Step 1/5 : FROM python:3.7-alpine
3.7-alpine: Pulling from library/python
5843afab3874: Pull complete
……（省略部分内容）
web_1    | * Debugger PIN: 952-984-626
web_1    | 172.22.0.1 - - [13/Jul/2021 20:26:51] "GET / HTTP/1.1" 200 -
```

Docker Compose 会下载 Redis 镜像，基于 Dockerfile 从准备的程序代码中构建镜像，并启动定义的服务。在这个示例中，代码在构建时直接被复制到镜像中。

① 切换到另一个终端窗口，使用 curl 工具访问 http://172.22.0.3:5000，查看返回的信息，执行命令如下。

```
[root@localhost ~]# curl http://172.22.0.3:5000
```

命令执行结果如下。

```
Hello from Docker! I have been seen 1 times.
```

② 再次执行上述命令，会发现访问次数增加了。

```
[root@localhost ~]# curl http://172.22.0.3:5000
```

命令执行结果如下。

```
Hello from Docker! I have been seen 2 times.
[root@localhost ~]#
```

③ 使用 docker images 命令列出本地镜像。下面列出几个相关的镜像，执行命令如下。

```
[root@localhost ~]# docker  images            //查看镜像列表信息
```

命令执行结果如下。

```
REPOSITORY          TAG          IMAGE ID          CREATED          SIZE
flask-web_web       latest       68d83f44b432      9 minutes ago    54.5MB
redis               alpine       500703a12fa4      7 days ago       32.3MB
python              3.7-alpine   93ac4b41defe      13 days ago      41.9MB
 [root@localhost ~]#
```

（5）查看当前正在运行的服务

如果要在后台运行服务，则可以在使用 docker-compose up 命令时加上-d 选项，执行命令如下。

```
[root@localhost flask-web]# docker-compose  up  -d
```

命令执行结果如下。

```
flask-web_redis_1 is up-to-date
flask-web_web_1 is up-to-date
[root@localhost flask-web]#
```

使用 docker-compose ps 命令查看当前正在运行的服务，执行命令如下。

```
[root@localhost flask-web]# docker-compose  ps
```

命令执行结果如下。

```
    Name              Command                    State    Ports
-------------------------------------------------------------------------
flask-web_redis_1 docker-entrypoint.sh redis ...  Up      6379/tcp
flask-web_web_1    python app.py                  Up      0.0.0.0:5000->5000/tcp
[root@localhost flask-web]#
```

还可以使用 docker-compose run web env 命令查看 web 服务的环境变量，执行命令如下。

```
[root@localhost flask-web]# docker-compose  run  web  env
```

命令执行结果如下。

```
PATH=/usr/local/bin:/usr/local/sbin:/usr/local/bin:/usr/sbin:/usr/bin:/sbin:/bin
HOSTNAME=3f3cea0b1fa1
TERM=xterm
LANG=C.UTF-8
GPG_KEY=0D96DF4D4110E5C43FBFB17F2D347EA6AA65421D
PYTHON_VERSION=3.7.11
PYTHON_PIP_VERSION=21.1.3
PYTHON_GET_PIP_URL=https://github.com/pypa/get-pip/raw/a1675ab6c2bd898ed82b1
f58c486097f763c74a9/public/get-pip.py
PYTHON_GET_PIP_SHA256=6665659241292b2147b58922b9ffe11dda66b39d52d8a6f3aa310b
c1d60ea6f7
HOME=/root
[root@localhost flask-web]#
```

停止应用程序，完全删除容器及卷，执行命令如下。

```
[root@localhost flask-web]#  docker-compose down  --volumes
```

命令执行结果如下。

```
Stopping flask-web_web_1   ... done
Stopping flask-web_redis_1 ... done
……（省略部分内容）
Removing network flask-web_default
[root@localhost flask-web]#
```

至此，完成了整个应用程序构建、部署和管理的全过程。

5.3.8 私有镜像仓库 Harbor 部署

Harbor 可用于部署多个 Docker 容器，因此可以部署在任何支持 Docker 的 Linux 发行版上，服务器主机需要安装 Docker、Python 和 Docker Compose。

1. 部署 Harbor 所依赖的 Docker Compose 服务

（1）下载最新版的 Docker Compose，执行命令如下。

```
[root@localhost ~]# curl -L https://github.com/docker/compose/releases/download/
1.24.1/docker- compose-'uname -s'-'uname -m' -o /usr/local/bin/docker-compose
```

（2）添加可执行的权限，执行命令如下。

```
[root@localhost ~]# chmod +x /usr/local/bin/docker-compose
```

（3）查看 Docker Compose 版本，执行命令如下。

```
[root@localhost ~]# docker-compose --version
```

命令执行结果如下。

```
docker-compose version 1.24.1, build 4667896b
[root@localhost ~]#
```

2. 下载 Harbor 安装包

（1）下载最新版 Harbor 安装包，执行命令如下。

```
[root@localhost ~]# wget https://storage.googleapis.com/harbor-releases/
release-1.6.0/harbor- offline-installer-v1.6.0.tgz
```

命令执行结果如下。

```
--2021-07-15 18:07:09-- https://storage.googleapis.com/harbor-releases/
release-1.6.0/harbor-offline-installer-v1.6.0.tgz
正在解析主机 storage.googleapis.com (storage.googleapis.com)... 172.217.160.112,
172.217.24. 16, 216.58.200.48, ...
正在连接 storage.googleapis.com (storage.googleapis.com)|172.217.160.112|:443...
已连接。
已发出 HTTP 请求，正在等待回应... 200 OK
长度: 694863055 (663M) [application/x-tar]
正在保存至: "harbor-offline-installer-v1.6.0.tgz"
100%[===============>] 694, 863, 055 36.5MB/s 用时 24s
2021-07-15 18:07:34 (28.0 MB/s) - 已保存 "harbor-offline-installer-v1.6.0.tgz"
[694863055/694863055])
[root@localhost ~]#
```

（2）进行 Harbor 安装包解压，执行命令如下。

```
[root@localhost ~]# tar xvf harbor-offline-installer-v1.6.0.tgz
```

命令执行结果如下。

```
harbor/common/templates/
harbor/common/templates/nginx/
harbor/common/templates/nginx/nginx.https.conf
……（省略部分内容）
harbor/docker-compose.chartmuseum.yml
[root@localhost ~]#
```

3. 配置 Harbor 文件

安装之前需要修改 IP 地址，配置参数位于 harbor/harbor.cfg 文件中，修改管理员的密码，执行命令如下。

```
[root@localhost ~]# ll  harbor/harbor.cfg              //显示当前目录详细信息
```
命令执行结果如下。
```
-rw-r--r-- 1 root root 7913 9月   7 2018 harbor/harbor.cfg
[root@localhost ~]# cd  harbor                         //进入 harbor 目录
[root@localhost harbor]# vim  harbor.cfg               //编辑文件内容
```
命令执行结果如下。
```
hostname = 192.168.100.100
# admin 用户的密码
harbor_admin_password = Harbor12345
[root@localhost harbor]#
```

在 harbor.cfg 配置文件中有两类参数：所需参数和可选参数。

（1）所需参数

所需参数需要在配置文件 harbor.cfg 中设置。如果用户更新它们并运行 install.sh 脚本重新安装 Harbor，则参数将生效，具体参数如下。

hostname：主机名，用于访问用户界面和 register 服务。它应该是目标机器的 IP 地址或全限定域名（Fully Qualified Domain Name，FQDN），如 192.168.100.100 或 reg.mydomain.com。不要使用 localhost 或 127.0.0.1 作为主机名。

ui_url_protocol：值为 HTTP 或 HTTPS，默认为 HTTP。用于访问 UI 和令牌/通知服务的协议。如果公证处于启用状态（即安全认证状态），则此参数必须为 HTTPS。

max_job_workers：镜像复制作业线程。

db_password：用于认证授权数据库 db_auth 的 MySQL 数据库 root 用户的密码。

customize_crt：该参数可设置为打开或关闭，默认为打开。打开此参数时，准备脚本创建私钥和根证书，用于生成/验证注册表令牌。当由外部来源提供密钥和根证书时，将此参数设置为关闭。

ssl_cert：安全套接字层（Secure Socket Layer，SSL）证书的路径，仅当 ui_url_protocol 值设置为 HTTPS 时才启用。

ssl_cert_key：SSL 密钥的路径，仅当 ui_url_protocol 值设置为 HTTPS 时才启用。

secretkey_path：用于在复制策略中加密或解密远程 register 密码的密钥路径。

（2）可选参数

可选参数是可选的，即用户可以将其保留为默认值，并在启动 Harbor 后在 Web UI 上进行更新。如果这些参数被写入 harbor.cfg，则只会在第一次启动 Harbor 时生效，之后对这些参数的更新将被 Harbor 忽略。

> **注意** 如果选择通过 UI 设置这些参数，则应确保在启动 Harbor 后立即执行此操作。具体来说，必须在注册或在 Harbor 中创建任何新用户之前设置所需的 auth_mode 参数。当系统中有用户（除了默认的 admin 用户）时，auth_mode 不能被修改。具体参数如下。

email：Harbor 需要该参数才能向用户发送"密码重置"电子邮件，并且只有在需要使用密码重置功能时才需要设置。注意，默认情况下（SSL 连接时）没有启用此参数。如果简单邮件传送协议（Simple Mail Transfer Protocol，SMTP）服务器需要 SSL，但不支持 STARTTLS（STARTTLS 是一种明文通信协议的扩展，它能够让明文的通信连线直接成为加密连线，使用 SSL 或 TLS 加密），那么应该通过设置启用 SSL（email_ssl =TRUE）。

harbor_admin_password：管理员的初始密码，只在 Harbor 第一次启动时生效。之后，此设置将被忽略，并且应在 UI 中设置管理员的密码。注意，默认的用户名/密码是 admin/Harbor12345。

auth_mode：使用的认证类型。默认情况下，它是 db_auth，即凭据存储在数据库中。对于 LDAP 身份验证，请将其设置为 ldap_auth。

self_registration：启用/禁用用户注册功能。禁用时，新用户只能由 admin 用户创建，只有 admin 用户可以在 Harbor 中创建新用户。注意：当 auth_mode 设置为 ldap_auth 时，自注册功能将始终处于禁用状态。

token_expiration：由令牌服务创建的令牌的到期时间（单位为 min），默认为 30min。

project_creation_restriction：用于控制哪些用户有权创建项目的参数。默认情况下，每个人都可以创建一个项目。如果将其值设置为 adminonly，那么只有 admin 用户可以创建项目。

verify_remote_cert：此参数决定了当 Harbor 与远程 register 实例通信时是否验证 SSL 或传输层安全协议（Transport Layer Security，TLS）证书，默认值为 on。将此参数设置为 off 将绕过 SSL/TLS 验证，这经常在远程实例具有自签名或不可信证书时使用。

另外，默认情况下，Harbor 将镜像存储在本地文件系统上。在生产环境中，可以考虑使用其他存储后端而不是本地文件系统，如 S3 智能分层存储、OpenStack 对象存储、Ceph 分布式存储等，但需要更新 common/templates/registry/config.yml 文件。

4. 安装 Harbor

配置完成后就可以安装 Harbor 了，执行命令如下。

```
[root@localhost harbor]# ll
```

命令执行结果如下。

```
总用量 686068
drwxr-xr-x 3 root root     23 7月  15 18:15 common
-rw-r--r-- 1 root root    727 9月   7 2018 docker-compose.chartmuseum.yml
-rw-r--r-- 1 root root    777 9月   7 2018 docker-compose.clair.yml
……（省略部分内容）
-rwxr-xr-x 1 root root   6162 9月   7 2018 install.sh
……（省略部分内容）
-rwxr-xr-x 1 root root  39496 9月   7 2018 prepare
[root@localhost harbor]# . install.sh          //安装 Harbor
```

命令执行结果如下。

```
[Step 0]: checking installation environment ...
Note: docker version: 20.10.5
Note: docker-compose version: 1.24.1
[Step 1]: loading Harbor images ...
dba693fc2701: Loading layer  118.7MB/133.4MB
……（省略部分内容）
Creating nginx          ... done
✔ ----Harbor has been installed and started successfully.----
Now you should be able to visit the admin portal at http://192.168.100.100.
For more details, please visit https://github.com/goharbor/harbor .
[root@localhost harbor]#
```

Harbor 已经成功完成安装，可以通过浏览器访问 http://192.168.100.100 的管理界面。

5. 查看 Harbor 所有运行容器列表

查看 Harbor 所有运行容器列表，执行命令如下。

```
[root@localhost harbor]# docker-compose ps
```

命令执行结果如图 5.83 所示。

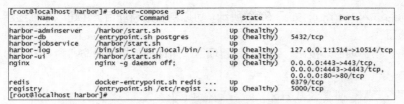

图 5.83　查看 Harbor 所有运行容器列表

如果一切正常，则可以打开浏览器访问 http://192.168.100.100 的管理界面，如图 5.84 所示，默认的用户名和密码分别是 admin 和 Harbor12345。能进入管理界面即表示 Harbor 部署成功。

图 5.84　管理界面

5.3.9　Harbor 项目配置与管理

Harbor 部署完成后，可通过 Web 界面进行 Harbor 项目配置与管理操作。

1. 创建一个新项目

在 Web 界面中创建新项目的操作步骤如下。

（1）在用户登录界面中输入用户名（admin）和密码（Harbor12345），如图 5.85 所示。单击"登录"按钮，进入更新密码界面，如图 5.86 所示。

图 5.85　用户登录界面

图 5.86　更新密码界面

（2）登录后进入 Harbor，如图 5.87 所示，可以查看所有项目，也可以单独显示"私有"项目或"公开"项目。

（3）单击"新建项目"按钮，弹出"新建项目"对话框，将项目命名为"myproject-01"，如图 5.88 所示。

图 5.87　进入 Harbor

图 5.88　新建项目并命名

项目访问级别可以被设置为"私有"或"公开"。如果将项目访问级别设置为"公开"，则任何人都对此项目下的镜像拥有读权限，命令行中不需要使用 docker login 命令即可下载镜像。

（4）单击"确定"按钮，成功创建新项目后，如图 5.89 所示。

（5）此时可使用 Docker 命令在本地通过访问 http://127.0.0.1 来登录和推送镜像，默认情况下 Register 服务器在 80 端口监听。登录 Harbor，执行命令如下。

图 5.89　成功创建 myproject-01 项目

```
[root@localhost ~]# cd harbor
[root@localhost harbor]# docker login
-u admin -p Harbor12345 http://127.0.0.1
```

命令执行结果如下。

```
WARNING! Using --password via the CLI is insecure. Use --password-stdin.
WARNING! Your password will be stored unencrypted in /root/.docker/config.json.
Configure a credential helper to remove this warning. See
https://docs.docker.com/engine/reference/commandline/login/#credentials-store
Login Succeeded
[root@localhost harbor]#
```

（6）下载镜像进行测试，执行命令如下。

```
[root@localhost harbor]# docker pull cirros
```

命令执行结果如下。

```
Using default tag: latest
latest: Pulling from library/cirros
……（省略部分内容）
Status: Downloaded newer image for cirros:latest
docker.io/library/cirros:latest
[root@localhost harbor]#
```

注意

使用 docker pull 命令拉取的镜像默认保存在 /var/lib/docker 目录下。

（7）给镜像添加标签，执行命令如下。

```
[root@localhost harbor]# docker tag cirros 127.0.0.1/myproject-01/cirros:v1
```

（8）上传镜像到 Harbor 中，执行命令如下。

```
[root@localhost harbor]# docker push 127.0.0.1/myproject-01/cirros:v1
```

命令执行结果如下。

```
The push refers to repository [127.0.0.1/myproject-01/cirros]
984ad441ec3d: Pushed
f0a496d92efa: Pushed
e52d19c3bee2: Pushed
v1: digest:
sha256:483f15ac97d03dc3d4dcf79cf71ded2e099cf76c340f3fdd0b3670a40a198a22 size: 943
[root@localhost harbor]#
```

（9）在 Harbor 界面的 myproject-01 目录下，可以查看镜像仓库列表信息，如图 5.90 所示。

2. 从客户端上传镜像

以上操作都是在 Harbor 服务器上的本地操作，如果从其他客户端上传镜像到 Harbor 中，则会报错。出现错误的原因是 Docker Registry 交互使用 HTTPS 服务，但是搭建的私有镜像默认使用 HTTP 服务，所以与私有镜像交互时会出现错误。执行命令如下。

图 5.90　镜像仓库列表信息

```
[root@localhost harbor]# docker login -u admin -p Harbor12345 http://192.168.100.100
```

命令执行结果如下。

```
WARNING! Using --password via the CLI is insecure. Use --password-stdin.
Error response from daemon: Get https://192.168.100.100/v2/: dial tcp
192.168.100.100:443: connect: connection refused
[root@localhost harbor]#
```

解决方法：在 Docker Server 启动前，增加启动参数，默认使用 HTTP 服务。

（1）在 Docker 客户端上进行相关配置，执行命令如下。

```
[root@localhost harbor]# vim /usr/lib/systemd/system/docker.service
```

命令执行结果如下。

```
ExecStart=/usr/bin/dockerd -H fd:// --insecure-registry 192.168.100.100
--containerd=/ run/containerd/containerd.sock
[root@localhost harbor]#
```

（2）重新启动 Docker，执行命令如下。

```
[root@localhost harbor]# systemctl daemon-reload
[root@localhost harbor]# systemctl restart docker
```

（3）再次登录 Harbor，执行命令如下。

```
[root@localhost harbor]# docker login -u admin -p Harbor12345 http://192.168.100.100
```

命令执行结果如下。

```
WARNING! Using --password via the CLI is insecure. Use --password-stdin.
WARNING! Your password will be stored unencrypted in /root/.docker/config.json.
Configure a credential helper to remove this warning. See
https://docs.docker.com/engine/reference/commandline/login/#credentials-store
Login Succeeded
[root@localhost harbor]#
```

（4）下载镜像进行测试，执行命令如下。

```
[root@localhost harbor]# docker pull cirros
```

（5）给镜像添加标签并将镜像上传到 myproject-01 项目中，执行命令如下。

```
[root@localhost harbor]# docker tag cirros 192.168.100.100/myproject-01/cirros:v2
[root@localhost harbor]# docker push 192.168.100.100/myproject-01/cirros:v2
```

命令执行结果如下。

```
The push refers to repository [192.168.100.100/myproject-01/cirros]
984ad441ec3d: Layer already exists
f0a496d92efa: Layer already exists
e52d19c3bee2: Layer already exists
v2: digest:
sha256:483f15ac97d03dc3d4dcf79cf71ded2e099cf76c340f3fdd0b3670a40a198a22 size:
943
[root@localhost harbor]#
```

（6）查看已上传的镜像，可发现 myproject-01 项目内有两个镜像，如图 5.91 所示。

图 5.91　查看已上传的镜像

5.3.10　Harbor 系统管理与维护

Harbor 系统管理包括用户管理、仓库管理、复制管理和配置管理。

1. 用户管理

下面是 Harbor 用户管理操作。

选择“系统管理”→“用户管理”选项，进入“用户管理”界面，如图 5.92 所示，进行用户管理。

（1）创建用户

单击“创建用户”按钮，弹出“创建用户”对话框，如图 5.93 所示，输入用户名和密码，以及相关信息。

图 5.92　“用户管理”界面

图 5.93　“创建用户”对话框

注意
密码长度在 8 到 20 个字符且需要包含至少一个大写字符、一个小写字符和一个数字。

（2）设置用户权限

在"用户管理"界面中，选中要设置权限的用户，单击"设置为管理员"按钮，如图 5.94 所示。

图 5.94 设置用户权限

（3）用户重置密码与删除操作

在"用户管理"界面中，选中要设置的用户，在"操作"下拉列表中可以进行"重置密码"与"删除"操作，如图 5.95 所示。

图 5.95 "重置密码"与"删除"操作

2. 仓库管理

下面是 Harbor 仓库管理操作。

选择"系统管理"→"仓库管理"选项，进入"仓库管理"界面，如图 5.96 所示，进行仓库管理。

图 5.96 "仓库管理"界面

（1）新建目标

单击"新建目标"按钮，弹出"新建目标"对话框，输入目标名、目标 URL、用户名和密码，以及验证远程证书等相关信息，完成之后进行测试连接，如图 5.97 所示。

单击"确定"按钮，完成新建目标操作，新建目标列表如图 5.98 所示。

图 5.97 "新建目标"对话框

图 5.98 新建目标列表

（2）编辑目标

在"仓库管理"界面中，选中要设置的目标，可以进行编辑目标操作，如图 5.99 所示。

（3）删除目标

在"仓库管理"界面中，选中要删除的目标，单击"删除"按钮，可以进行目标删除操作，删除目标前需确认操作，如图 5.100 所示。

图 5.99　编辑目标

图 5.100　确认删除目标操作

3. 复制管理

下面是 Harbor 复制管理操作。

选择"系统管理"→"复制管理"，进入"复制管理"界面，如图 5.101 所示，进行复制管理。

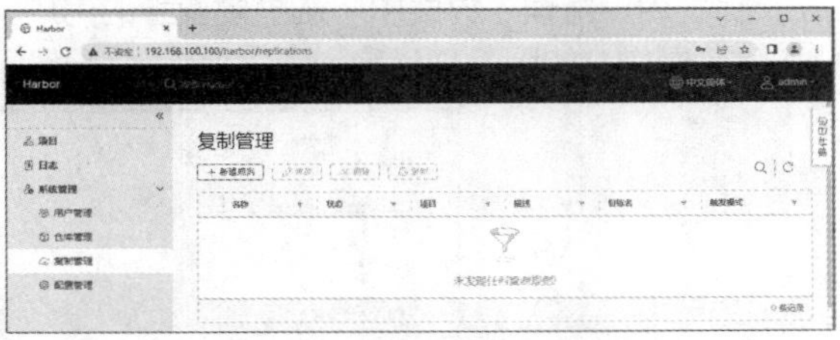

（1）新建规则

单击"新建规则"按钮，弹出"新建规则"对话框，输入名称、描述、源项目、源镜像过滤器、目标、触发模式等相关信息，如图 5.102 所示。单击"保存"按钮，完成新建规则操作，新建规则列表如图 5.103 所示。

图 5.101　"复制管理"界面

图 5.102　"新建规则"对话框

图 5.103　新建规则列表

（2）修改规则

在"复制管理"界面中，选中要设置的规则，可以进行规则修改操作，如图 5.104 所示。

（3）删除规则

在"复制管理"界面中，选中要删除的规则，单击"删除"按钮，可以进行规则删除操作，删除规则前需确认操作，如图 5.105 所示。

图 5.104　修改规则　　　　　　　　　图 5.105　确认删除规则操作

（4）复制规则

在"复制管理"界面中，选中要复制的规则，单击"复制"按钮，弹出"复制规则确认"对话框，如图 5.106 所示。在"复制规则确认"对话框中，单击"复制"按钮，可以在事件日志中查看本地事件，如图 5.107 所示。

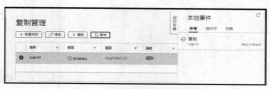

图 5.106　"复制规则确认"对话框　　　　图 5.107　查看本地事件

4. 配置管理

下面是 Harbor 配置管理操作。

（1）配置认证模式

选择"系统管理"→"配置管理"选项，进入"配置"界面，如图 5.108 所示，进行配置管理。

（2）配置邮箱

选择"系统管理"→"配置管理"选项，选择"邮箱"选项卡，可进行相应的设置，如图 5.109 所示。

图 5.108　"配置"界面　　　　　　　图 5.109　"配置"选项卡

（3）系统设置

选择"系统管理"→"配置管理"选项，选择"系统设置"选项卡，如图 5.110 所示，可进行相应的设置。

（4）配置标签

选择"系统管理"→"配置管理"选项，选择"标签"选项卡，如图5.111所示。

图5.110　"系统设置"选项卡

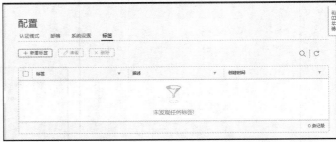

图5.111　"标签"选项卡

在"标签"选项卡中，单击"新建标签"按钮，进入新建标签界面，输入相关信息，如图5.112所示。

在新建标签界面中，单击"确定"按钮，完成新建标签设置，新建标签列表如图5.113所示。

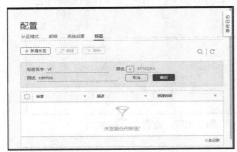

图5.112　新建标签界面

图5.113　新建标签列表

5. Harbor 维护管理

Harbor可以实现日志管理，可以使用docker-compose命令来管理Harbor。

（1）日志管理

在Harbor下，日志将按时间顺序记录用户的相关操作，如图5.114所示。

（2）下载Harbor仓库镜像

首先退出当前用户，然后使用Harbor中创建的用户user01下载仓库镜像文件。

① 退出当前用户，执行命令如下。

```
[root@localhost harbor]# docker logout 192.168.100.100
```

命令执行结果如下。

图5.114　日志记录

```
Removing login credentials for 192.168.100.100
[root@localhost harbor]# docker login 192.168.100.100
```

命令执行结果如下。

```
Username: user01
Password:
WARNING! Your password will be stored unencrypted in /root/.docker/config.json.
Configure a credential helper to remove this warning. See
https://docs.docker.com/engine/reference/commandline/login/#credentials-store
```

```
Login Succeeded
[root@localhost harbor]#
```

② 下载 Harbor 服务器 192.168.100.100/myproject-01/cirros 中标签为 v1 的镜像，执行命令如下。

```
[root@localhost harbor]# docker pull 192.168.100.100/myproject-01/cirros:v1
```

命令执行结果如下。

```
v1: Pulling from myproject-01/cirros
Digest: sha256:483f15ac97d03dc3d4dcf79cf71ded2e099cf76c340f3fdd0b3670a40a198a22
Status: Downloaded newer image for 192.168.100.100/myproject-01/cirros:v1
192.168.100.100/myproject-01/cirros:v1
[root@localhost harbor]#
```

③ 查看下载的镜像文件所在位置，执行命令如下。

```
[root@localhost harbor]# find / -name cirros          //从根目录下查找 cirros 文件位置
```

命令执行结果如下。

```
/var/lib/docker/overlay2/6e21b8e9cb40e278f410e6821be7bd372f80c6280cce3c014ae
497952d39264e/diff/etc/cirros
……（省略部分内容）
/data/registry/docker/registry/v2/repositories/myproject-01/cirros
[root@localhost harbor]#
```

（3）Harbor 的停止/启动/重启操作

可以使用 docker-compose 命令来管理 Harbor，这些命令必须在 docker-compose.yml 文件所在目录中执行，执行命令如下。

```
[root@localhost harbor]# pwd          //显示当前路径
```

命令执行结果如下。

```
/root/harbor
[root@localhost harbor]# docker-compose stop | start | restart
```

修改 harbor.cfg 的配置文件时，请先停止现有的 Harbor 实例并更新 harbor.cfg，再运行 prepare 脚本来修改配置，最后重新创建并启动 Harbor 实例。

（4）移除 Harbor 服务容器

如果需要移除 Harbor 服务容器，同时保留镜像数据/数据库，则执行命令如下。

```
[root@localhost harbor]# docker-compose down -v
```

如果需要重新部署 Harbor 服务容器，则需要移除 Harbor 服务容器的全部数据，持久数据（如镜像、数据库等）在宿主机的/data 目录下，日志数据在宿主机的/var/log/Harbor 目录下，执行命令如下。

```
[root@localhost harbor]# rm -r /data/database
[root@localhost harbor]# rm -r /data/registry
```

项目小结

本项目主要由 10 项【必备知识】和 10 项【项目实施】组成。

必备知识 5.2.1 Docker 技术基础知识，主要讲解 Docker 的发展历程、Docker 的定义、Docker 的优势、容器与虚拟机、Docker 的三大核心概念、Docker 引擎、Docker 的架构、Docker 底层技术、Docker 的功能、Docker 的应用。

必备知识 5.2.2 Docker 镜像基础知识，主要讲解 Docker 镜像、Docker 镜像仓库、镜像描述文件 Dockerfile、基础镜像、基于联合文件系统的镜像分层、基于 Dockerfile 文件的镜像分层，以及镜像、容器和仓库的关系。

必备知识 5.2.3 Docker 常用命令，主要讲解显示本地的镜像列表、拉取镜像、设置镜像标签、查找镜像、查看镜像详细信息、查看镜像的构建历史、删除本地镜像。

必备知识 5.2.4 Dockerfile 相关知识，主要讲解 Dockerfile 构建镜像的基本语法、Dockerfile 格式、Dockerfile 常用指令、Dockerfile 指令的 exec 格式和 shell 格式，RUN、CMD 和 ENTRYPOINT 指令的区别及联系，以及组合使用 CMD 和 ENTRYPOINT 指令。

必备知识 5.2.5 Docker 容器基础知识，主要讲解什么是容器、可写的容器层、写时复制策略、容器的基本信息、磁盘上的容器大小、容器操作命令。

必备知识 5.2.6 Docker 容器实现原理，主要讲解 Docker 容器的功能、Docker 对容器内文件的操作。

必备知识 5.2.7 Docker Compose 基础知识，主要讲解为什么要使用 Docker Compose 编排与部署容器、Docker Compose 的项目概念、Docker Compose 的工作机制、Docker Compose 的基本使用步骤、Docker Compose 的特点、Docker Compose 的应用场景。

必备知识 5.2.8 Docker Compose 文件基础知识，主要讲解 YAML 文件格式、YAML 表示的数据类型、Compose 文件结构、服务定义、网络定义、卷（存储）定义。

必备知识 5.2.9 Docker Compose 常用命令，主要讲解常用的 Docker Compose 命令。

必备知识 5.2.10 Docker 仓库基础知识，主要讲解什么是 Harbor、Harbor 的优势、镜像的自动化构建、Docker Harbor 的架构。

项目实施 5.3.1 Docker 安装与部署，主要讲解在 Windows 操作系统中安装与部署 Docker、在 CentOS 7.6 操作系统中在线安装与部署 Docker、在 CentOS 7.6 操作系统中离线安装与部署 Docker。

项目实施 5.3.2 离线环境下导入镜像，主要讲解离线环境下如何导入镜像。

项目实施 5.3.3 通过 docker commit 命令创建镜像，主要讲解如何通过 docker commit 命令创建镜像。

项目实施 5.3.4 利用 Dockerfile 创建镜像，主要讲解如何利用 Dockerfile 创建镜像。

项目实施 5.3.5 Docker 容器创建和管理，主要讲解创建容器、启动容器、显示容器列表、查看容器详细信息、进入容器、容器重命名、删除容器、导出和导入容器、查看容器日志、查看容器资源使用情况、查看容器中运行的进程的信息、在宿主机和容器之间复制文件、停止容器、暂停和恢复容器、重启容器。

项目实施 5.3.6 安装 Docker Compose 并部署 WordPress，主要讲解安装 Docker Compose、使用 Docker Compose 部署 WordPress。

项目实施 5.3.7 从源代码开始构建、部署和管理应用程序，主要讲解编写单个服务的 Compose 文件、编写多个服务的 Compose 文件、使用 Docker Compose 部署 Web 应用程序。

项目实施 5.3.8 私有镜像仓库 Harbor 部署，主要讲解部署 Harbor 所依赖的 Docker Compose 服务、下载 Harbor 安装包、配置 Harbor 文件、安装 Harbor、查看 Harbor 所有运行容器列表。

项目实施 5.3.9 Harbor 项目配置与管理，主要讲解创建一个新项目、从客户端上传镜像。

项目实施 5.3.10 Harbor 系统管理与维护，主要讲解用户管理、仓库管理、复制管理、配置管理、Harbor 维护管理。

课后习题

1. 选择题

（1）在容器化开发流程中，项目开始时分发给所有开发人员的是（　　　）。

    A. 源代码　　　　　B. Docker 镜像　　　C. Dockerfile　　　　D. 基础镜像

（2）【多选】Docker 的优势有（　　　）。

    A．更快的交付和部署　　　　　　　　B．高效的资源利用和隔离

    C．高可移植性与扩展性　　　　　　　D．更简单的维护和更新管理

（3）【多选】Docker 的核心概念有（　　　）。

    A．镜像　　　　　　B．容器　　　　　C．数据卷　　　　D．仓库

（4）【多选】Docker 的应用有（　　　）。

    A．云迁移　　　　　B．大数据应用　　C．边缘计算　　　D．微服务

（5）查看 Docker 镜像的历史记录的命令是（　　　）。

    A．docker save　　B．docker tag　　C．docker history　D．docker prune

（6）查看 Docker 镜像列表的命令是（　　　）。

    A．docker load　　B．docker inspect　C．docker pull　　D．docker images

（7）拉取 Docker 镜像的命令是（　　　）。

    A．docker pull　　B．docker push　　C．docker tag　　D．docker import

（8）删除 Docker 镜像的命令是（　　　）。

    A．docker inspect　　　　　　　　　B．docker rm

    C．docker save　　　　　　　　　　D．docker push

（9）下列不属于 Dockerfile 指令的是（　　　）。

    A．MV　　　　　　B．FROM　　　　C．ADD　　　　　D．COPY

（10）以下 docker commit 的常用选项表示指定提交的镜像作者信息的是（　　　）。

    A．-m　　　　　　B．-c　　　　　　C．-a　　　　　　D．-p

（11）【多选】Docker 私有仓库具有的特点是（　　　）。

    A．访问速度快　　　　　　　　　　B．自主控制、方便存储和可维护性高

    C．安全性和私密性高　　　　　　　D．提供公共外网资源服务

（12）【多选】关于 Dockerfile 的说法正确的有（　　　）。

    A．Dockerfile 指令和 Linux 命令通用，可以在 Linux 下执行

    B．Dockerfile 是一种被 Docker 程序解释的脚本

    C．Dockerfile 由多条指令组成，有自己的书写格式

    D．当有额外的定制需求时，修改 Dockerfile 文件即可重新生成镜像

（13）查看 Docker 容器列表的命令是（　　　）。

    A．docker attch　　　　　　　　　B．docker ps

    C．docker create　　　　　　　　　D．docker diff

（14）从当前容器创建新的镜像的命令是（　　　）。

    A．docker commit　　　　　　　　B．docker inspect

    C．docker export　　　　　　　　　D．docker attch

（15）显示一个或多个容器的详细信息的命令是（　　　）。

    A．docker load　　　　　　　　　　B．docker create

    C．docker pause　　　　　　　　　　D．docker inspect

（16）启动一个或多个已停止的容器的命令是（　　　）。

    A．docker stats　　B．docker load　　C．docker start　　D．docker top

（17）显示容器正在运行的进程的命令是（　　　）。

    A．docker stats　　B．docker load　　C．docker start　　D．docker top

（18）恢复一个或多个容器内被暂停的所有进程的命令是（　　　）。

  A. docker unpause   B. docker stop

  C. docker pause   D. docker port

（19）重启一个或多个容器的命令是（　　　）。

  A. docker rename   B. docker restart

  C. docker pause   D. docker stop

（20）对容器重命名的命令是（　　　）。

  A. docker rename   B. docker restart

  C. docker pause   D. docker stop

（21）更新一个或多个容器的配置的命令是（　　　）。

  A. docker load   B. docker pause

  C. docker update   D. docker top

（22）显示容器资源的消耗的命令是（　　　）。

  A. docker start   B. docker stop

  C. docker update   D. docker stats

（23）使用 docker run 命令时，以下选项中指定容器后台运行的是（　　　）。

  A. -d   B. -i   C. -t   D. -h

（24）使用 docker run 命令时，以下选项中可以支持终端登录的是（　　　）。

  A. -d   B. -i   C. -t   D. -h

（25）使用 docker run 命令时，以下选项中用于控制台交互的是（　　　）。

  A. -d   B. -i   C. -t   D. -h

（26）【多选】Docker 容器的特点有（　　　）。

  A. 标准   B. 安全   C. 轻量级   D. 具有独立性

（27）【多选】进入容器可使用的命令有（　　　）。

  A. docker attach   B. docker load

  C. docker exec   D. docker top

（28）【多选】Docker 对容器内文件的操作包括（　　　）。

  A. 添加文件   B. 读取文件   C. 修改文件   D. 删除文件

（29）用于列出所有运行的容器的命令是（　　　）。

  A. docker-compose ps   B. docker-compose build

  C. docker-compose up   D. docker-compose start

（30）仅用于重新启动之前已经创建但已停止的容器的命令是（　　　）。

  A. docker-compose stop   B. docker-compose start

  C. docker-compose rm   D. docker-compose exec

（31）用于指定服务启动容器的个数的命令是（　　　）。

  A. docker-compose exec   B. docker-compose down

  C. docker-compose up   D. docker-compose scale

（32）docker-compose up 命令用于创建和启动容器，使其在后台运行的选项是（　　　）。

  A. -n   B. -f   C. -d   D. -a

（33）【多选】Docker Compose 的特点有（　　　）。

  A. 为不同环境定制编排   B. 在单主机上建立多个隔离环境

  C. 仅重建已更改的容器   D. 创建容器时保留卷数据

（34）ui_url_protocol 用于访问 UI 和令牌/通知服务的协议。如果公证处于启用状态，则此参数必须为（　　）。

　　A. HTTP　　　　　　B. HTTPS　　　　　C. TCP　　　　　　D. UDP

（35）有关 Harbor 的描述错误的是（　　）。

　　A. Harbor 提供了 REST API，可用于大多数管理操作，易于与外部系统集成

　　B. Harbor 的目标就是帮助用户迅速搭建一个企业级的 Registry 服务

　　C. 用户和仓库都是基于项目进行组织的，而用户在项目中可以拥有不同的权限

　　D. Database 为 Core Services 提供了数据库服务，属于 Harbor 的核心功能

（36）【多选】Harbor 的优势有（　　）。

　　A. 支持审计功能　　　　　　　　　　B. 支持 UI 设计

　　C. 支持 LDAP/AD　　　　　　　　　　D. 支持 REST API 架构

（37）【多选】Harbor 在架构上主要由（　　）模块所组成。

　　A. Proxy　　　　　　B. Registry　　　　　C. Core Services　　D. Database

（38）【多选】自动化构建的优点有（　　）。

　　A. 自动化构建需要 Docker Hub 授权用户使用 GitHub 或 Bitbucket 托管的源代码来自
　　　　动创建镜像

　　B. 构建的镜像完全符合期望

　　C. 任何可以访问代码仓库的人都可以使用 Dockerfile

　　D. 代码修改之后镜像仓库会自动更新

（39）【多选】Harbor 的核心功能有（　　）。

　　A. UI　　　　　　　B. Token　　　　　　C. Webhook　　　　　D. Job Services

（40）Job Services 的主要作用为（　　）。

　　A. 用于存放项目元数据、用户数据、角色数据、同步策略及镜像元数据

　　B. 主要用于镜像复制，本地镜像可以被同步到远程 Harbor 实例上

　　C. 监控 Harbor 运行，负责收集其他组件的日志，供日后分析使用

　　D. 负责根据用户权限给每个 Docker 推送/拉取请求分配对应的令牌

2. 简答题

（1）简述 Docker 定义。

（2）简述 Docker 的优势。

（3）简述容器与虚拟机的特性。

（4）简述 Docker 的三大核心概念。

（5）简述 Docker 引擎。

（6）简述 Docker 的架构。

（7）简述 Docker 底层技术。

（8）简述 Docker 的功能。

（9）简述 Docker 的应用。

（10）简述 Docker 镜像。

（11）简述 Docker 公有仓库与私有仓库。

（12）简述基于联合文件系统的镜像分层。

（13）简述镜像、容器和仓库的关系。

（14）简述 Dockerfile 构建的基本语法。

（15）简述创建镜像的方法。

（16）简述什么是容器。

项目6

Kubernetes集群配置与管理

06

【学习目标】

- 了解容器编排基础知识、Kubernetes概况、Kubernetes设计理念、Kubernetes体系结构、Kubernetes核心概念、Kubernetes集群部署方式、Kubernetes集群管理策略、Kubectl工具基本使用等相关理论知识。
- 掌握Kubernetes集群安装与部署、Kubectl基本命令配置与管理、Pod的创建与管理、Deployment控制器配置与管理、Service的创建与管理以及Kubernetes容器管理等相关知识与技能。

【素养目标】

- 培养创新能力、组织能力和决策能力。
- 培养工匠精神，要求做事严谨、精益求精、着眼细节、爱岗敬业。

6.1 项目描述

Docker 本身非常适用于管理单个容器，但真正的生产环境还会涉及多个容器的封装和服务之间的协同处理。这些容器必须跨多台服务器主机进行部署与连接，单一的管理方式难以满足业务需求。Kubernetes 是一个可以实现跨主机管理容器化应用程序的系统，是容器化应用程序和服务生命周期管理平台。它的出现不仅解决了多容器之间数据传输与沟通的瓶颈，还促进了容器技术的发展。本项目讲解容器编排基础知识、Kubernetes 概述、Kubernetes 设计理念、Kubernetes 体系结构、Kubernetes 核心概念、Kubernetes 集群部署方式、Kubernetes 集群管理策略、Kubectl 工具基本使用等相关理论知识，项目实施部分讲解 Kubernetes 集群安装与部署、Kubectl 基本命令配置与管理、Pod 的创建与管理、Deployment 控制器配置与管理、Service 的创建与管理以及 Kubernetes 容器管理等相关知识与技能。

6.2 必备知识

6.2.1 容器编排基础知识

企业中的系统架构是实现系统正常运行和服务高可用、高并发的基础。随着时代与科技的发展，系统架构经过了 3 个阶段的演变，实现了从早期单一服务器部署到现在的容器部署方式的改变。

1. 系统架构的演变

系统架构经历了传统时代、虚拟化时代与容器化时代的演变。

（1）传统时代

早期企业在物理服务器上运行应用程序，无法为服务器中的应用程序定义资源边界，导致系统资源分配不均匀。例如，一台物理服务器上运行着多个应用程序，可能存在一个应用程序占用大部分资源的情况，因此造成其他应用程序的可用资源减少，导致程序运行表现不佳。当然，也可以在多台物理服务器上运行不同的应用程序，但这样资源并未得到充分利用，还增加了企业维护物理服务器的成本。

（2）虚拟化时代

虚拟化技术可以在物理服务器上虚拟出硬件资源，以便在服务器的 CPU 上运行多个虚拟机。每个虚拟机不仅可以在虚拟化硬件上运行包括操作系统在内的所有组件，相互之间还可以保持系统和资源的隔离，从而在一定程度上提高了系统的安全性。虚拟化有助于更好地利用物理服务器中的资源，实现资源更好的可扩展性，从而降低硬件成本。

（3）容器化时代

容器化技术类似于虚拟化技术，不同的是容器化技术是操作系统级的虚拟化，而不是硬件级的虚拟化。每个容器都具有自己的文件系统、CPU、内存、进程空间等，且它们使用的计算资源是可以被限制的。应用服务运行在容器中，各容器可以共享操作系统。因此，容器化技术具有轻量、宽松隔离的特点。因为容器与底层基础架构和主机文件系统隔离，所以跨云和操作系统的快速分发得以实现。

2. 常见的容器编排工具

容器的出现和普及为开发者提供了良好的平台和媒介，使开发和运维工作变得更加简单与高效。随着企业业务和需求的增长，在大规模使用容器技术后，如何对这些运行的容器进行管理成为首要问题。在这种情况下，容器编排工具应运而生，极具代表性的有以下 3 种。

（1）Apache 公司 Mesos

Mesos 是 Apache 旗下的开源分布式资源管理框架，由美国加利福尼亚大学伯克利分校的 AMPLab（Algorithms Machine and People Lab，算法、计算机和人实验室）开发。Mesos 早期通过了万台节点验证，2014 年之后被广泛使用在大型互联网公司的生产环境中。

（2）Docker 公司"三剑客"

容器诞生后，Docker 公司就意识到单一容器体系的弊端。为了能够有效地满足用户的需求和解决集群中的瓶颈，Docker 公司相继推出 Machine、Compose、Swarm 项目。

Machine 项目由 Go 语言编写，可以实现 Docker 运行环境的安装与管理，实现批量在指定节点或平台上安装并启动 Docker 服务。

Compose 项目由 Python 语言编写，可以实现基于 Docker 容器多应用服务的快速编排，其前身是开源项目 Fig。Compose 项目使用户可以通过单独 YAML 文件批量创建自定义的容器，并通过 API 对集群中的 Docker 服务进行管理。

Swarm 项目基于 Go 语言编写，支持原生的 Docker API 和 Docker 网络插件，很容易实现跨主机集群部署。

（3）Google 公司 Kubernetes

Kubernetes（来自希腊语，意为"舵手"，因为首字母 k 与尾字母 s 之间有 8 个字母，所以业内人士喜欢称其为 K8s）基于 Go 语言开发，是 Google 公司发起并维护的开源容器集群管理系统，底层基于 Docker、rkt 等容器技术，其前身是 Google 公司开发的 Borg 系统。Borg 系统在 Google 公司内部已经应用了十几年，曾管理超过 20 亿个容器。经过多年的经验积累，Google 公司将 Borg 系统完善后贡献给了开源社区，并将其重新命名为 Kubernetes。

6.2.2 Kubernetes 概述

Kubernetes 系统支持用户通过模板定义服务配置，用户提交配置信息后，系统会自动完成对应用容器的创建、部署、发布、伸缩、更新等操作。系统发布以来吸引了 Red Hat、CentOS 等互联网公司与容器爱好者的关注，是目前容器集群管理系统中优秀的开源项目之一。

1. Kubernetes 简介

Kubernetes 是开源的容器集群管理系统，可以实现容器集群的自动化部署、自动扩容/缩容、维护等功能。它既是一个容器编排工具，也是全新的基于容器技术的领先分布式架构方案。它在 Docker 技术的基础上，为容器化的应用提供部署运行、资源调度、服务发现和动态伸缩等功能，提高了大规模容器集群管理的便捷性。

Kubernetes 的一个核心特点就是能够自主地管理容器，以保证云平台中的容器按照用户的期望状态运行（如用户想让 Apache 一直运行，则用户不需要关心怎么去做，Kubernetes 会自动去监控，并重启、新建，即使 Apache 一直提供服务），管理员可以加载一个微服务，让规划器找到合适的位置来管理容器。同时，Kubernetes 也提供系统工具及人性化服务，让用户能够方便地部署自己的应用。

在 Kubernetes 中，基本调度单元称为容器集（Pod），通过该抽象类别可以把更高级别的抽象内容增加到容器化组件中。所有的容器均在 Pod 中运行，一个 Pod 可以承载一个或者多个相关的容器，同一个 Pod 中的容器会部署在同一台物理机器上并且能够共享资源。Pod 为分组容器增加了一个抽象层，可帮助调用工作负载，并为这些容器提供所需的联网和存储等服务。

一个 Pod 也可以包含 0 个或者多个磁盘卷组（Volumes）。这些卷组将会以目录的形式提供给一个容器，或者被 Pod 中的所有容器共享。对于用户创建的每个 Pod，系统会自动选择那个健康且有足够容量的 Pod，并创建类似的容器。当容器创建失败的时候，容器会被节点代理（Node Agent）自动重启，这个节点代理叫作 Kubelet。但是，如果 Pod 创建失败或者机器出现故障，则 Pod 不会自动转移并启动，除非用户定义了 Replication Controller。Replication Controller 是一种 Kubernetes 资源，可确保它的 Pod 始终保持为运行状态。

Kubernetes 的目标是让部署容器化的应用简单并且高效，它提供了应用部署、规划、更新、维护的一种机制。Kubernetes 是一种可自动实施 LXC 操作的开源平台。它可以帮助用户省去应用容器化过程的许多手动部署和扩展操作。也就是说，用户可以将运行 LXC 的多组主机聚集在一起，借助 Kubernetes 编排功能，构建跨多个容器的应用服务，跨集群调度、扩展这些容器，并长期持续管理这些容器的健康状况。

有了 Kubernetes 便可切实采取一些措施来提高信息安全性。此外，Kubernetes 集群可跨公有云、私有云或混合云部署主机。因此，对要求快速扩展的云原生应用而言，Kubernetes 是理想的托管平台。Kubernetes 于 2015 年发布，并迅速成为事实上的容器编排标准。Kubernetes 还需要与联网、存储、安全性、遥测和其他服务整合，以提供全面的容器基础架构。

2. Kubernetes 的优势

Kubernetes 系统不仅可以实现跨集群调度、水平扩展、监控、备份、灾难恢复，还可以解决大型互联网集群中多任务处理的瓶颈。Kubernetes 遵循微服务架构理论，将整个系统划分为多个功能各异的组件。Kubernetes 各组件结构清晰、部署简单，可以非常方便地运行于系统环境之中。利用容器的扩容机制，Kubernetes 系统将容器归类，形成容器集，用于帮助用户调度工作负载（Word Load），并为这些容器提供联网和存储服务。

2017 年，Google 搜索热度报告中显示，Kubernetes 搜索热度已经超过了 Mesos 和 Swarm，这标志着 Kubernetes 在容器编排市场逐渐占据主导地位。

近几年来，容器技术得到了广泛应用，使用 Kubernetes 系统管理容器的企业也在不断增加。

Kubernetes 系统的主要功能如表 6.1 所示。

表 6.1 Kubernetes 系统的主要功能

主要功能	详解
自我修复	在节点产生故障时，会保证预期的副本数量不会减少，在产生故障的同时，会停止健康检查失败的容器并部署新的容器，保证上线服务不会中断
存储部署	Kubernetes 挂载外部存储系统，将这些存储作为集群资源的一部分来使用，以增加存储使用的灵活性
自动部署和回滚更新	Kubernetes 采用自动部署和策略更新应用，一次更新一个 Pod。当更新过程中出现问题时，Kubernetes 会进行回滚更新，保证升级业务不受影响
弹性伸缩	Kubernetes 可以使用命令或基于 CPU 使用情况，自动、快速扩容和缩容应用程序，保证业务高峰期的高可用性和在业务低档期回收资源，降低运行成本
提供认证和授权	可以控制用户是否有权限使用 API 进行操作，精细化权限分配
资源监控	工作节点中集成 Advisor 资源收集工具，可以快速实现对集群资源的监控
密钥和配置管理	Kubernetes 允许存储和管理敏感信息，如密码、OAuth（用于授权用户的技术标准，用于在不共享实际用户凭据的前提下，将授权从一项服务传递到另一项服务）令牌和 SSH 密钥。用户可以部署和更新机密及应用程序配置，而无须重建容器镜像，也不会在堆栈配置中暴露机密
服务发现和负载均衡	为多个容器提供统一的访问入口（内部 IP 地址和一个 DNS 名称），并且对所有的容器进行负载均衡，集群内的应用可以通过 DNS 名称完成相互之间的访问

Kubernetes 提供的这些功能去除了不必要的限制和规范，使应用程序开发人员能够从繁杂的运维中解放出来，获得更大的发挥空间。

3. Kubernetes 的特征

Kubernetes 在容器层面而非硬件层面运行，因此它不仅提供了 PaaS 产品的部署、扩展、负载均衡、日志记录和监控功能，还提供了构建开发人员平台的构建块，在重要的地方保留了用户选择的灵活性。Kubernetes 的特征如下。

（1）Kubernetes 支持各种各样的工作负载，包括无状态、有状态和数据处理的工作负载。如果应用程序可以在容器中运行，那么它也可以在 Kubernetes 上运行。

（2）Kubernetes 不支持部署源代码和构建的应用程序，其持续集成、交付和部署工作流程由企业自行部署。

（3）Kubernetes 只是一个平台，它不提供应用程序级服务，包括中间件（如消息总线）、数据处理框架（如 Spark）、数据库（如 MySQL）、高速缓存、集群存储系统（如 Ceph）等。

（4）Kubernetes 不提供或授权配置语言（如 Jsonnet），只提供了一个声明性的 API，用户可以通过任意形式的声明性规范来实现所需要的功能。

6.2.3　Kubernetes 设计理念

大多数用户希望 Kubernetes 项目带来的体验是确定的：有应用的容器镜像，能在一个给定的集群上把这个应用运行起来；此外，用户还希望 Kubernetes 具有提供路由网关、水平扩展、监控、备份、灾难恢复等一系列运维的能力。这些其实就是经典 PaaS 项目的能力，用户使用 Docker 公司的 Compose+Swarm 项目，完全可以很方便地自己开发出这些功能。而如果 Kubernetes 项目只停留在拉取用户镜像、运行容器和提供常见的运维功能方面，则很难和"原生态"的 Swarm 项目竞争，与经典的 PaaS 项目相比也难有优势可言。

1. Kubernetes 项目着重解决的问题

运行在大规模集群中的各种任务之间存在着千丝万缕的关系。这种关系在各种技术场景中随处可见，如 Web 应用与数据库之间的访问关系、负载均衡器和后端服务之间的代理关系、门户应用与授权组件之间的调用关系；同属于一个服务单位的不同功能之间也存在这样的关系，如 Web 应用与日志搜集组件之间的文件交换关系。如何处理这些关系是容器编排和管理系统的难点。

在容器普及前，传统虚拟化环境对这种关系的处理方法都是"粗粒度"的。很多并不相关的应用被部署在同一个虚拟机中，也许是因为这些应用之间偶尔会互相发起几个 HTTP 请求。更常见的是，把应用部署在虚拟机里之后，还需要手动维护和处理日志搜集、灾难恢复、数据备份等辅助工作的守护进程。

容器技术在功能单位的划分上有着独一无二的"细粒度"优势。使用容器技术可以将那些原先部署在同一个虚拟机里的应用、组件、守护进程分别做成镜像，并令其运行在专属的容器中。进程互不干涉，各自拥有资源配额，可以被调度到整个集群里的任何一台机器上。这正是 PaaS 系统最理想的工作状态，也是"微服务"思想得以落地的先决条件。为了解决容器间需要"紧密协作"的难题，Kubernetes 系统中使用了 Pod 这种抽象的概念来管理各种资源，当需要一次性启动多个应用实例时，可以通过系统中的多实例管理器 Deployment 实现；当需要通过一个固定的 IP 地址和端口以负载均衡的方式访问 Pod 时，可以通过 Service 实现。

2. Kubernetes 项目对容器间的访问进行的分类

在服务器上运行的应用服务频繁进行交互访问和信息交换。在常规环境下，这些应用服务往往会被直接部署在同一台机器上，通过本地主机（Local Host）通信并在本地磁盘目录中交换文件。在 Kubernetes 项目中，这些运行的容器被划分到同一个 Pod 内，共享命名空间和同一组数据卷，从而达到高效率交换信息的目的。

此外，还有一些常见的需求，如 Web 应用对数据库的访问。在生产环境中它们不会被部署在同一台机器上，这样即使 Web 应用所在的服务器宕机，数据库也不会受影响。容器的 IP 地址等信息不是固定的，而为了使 Web 应用快速找到数据库容器的 Pod，Kubernetes 提供了一种名为 Service 的服务。Service 服务的主要作用是作为 Pod 的代理入口（Portal），代替 Pod 对外暴露一个固定的网络地址。这样，运行 Web 应用的 Pod 只需要关心数据库 Pod 提供的 Service 信息。

6.2.4 Kubernetes 体系结构

Kubernetes 对计算资源进行了更高层次的抽象，通过对容器进行细致的组合，将最终的应用服务交给用户。Kubernetes 在模型建立之初就考虑了容器跨机连接的要求，支持多种网络解决方案。同时，其在 Service 层构建集群范围的 SDN，其目的是将服务发现和负载均衡放置到容器可达的范围。这种透明的方式方便了各个服务间的通信，并为微服务架构的实践提供了平台基础。而 Pod 作为 Kubernetes 可操作的最小对象，其操作更是对微服务架构的原生支持。

1. 集群体系结构

Kubernetes 集群主要由控制节点（Master 节点，部署高可用性集群需要两个以上）和多个工作节点（Node 节点）组成。这两种节点上分别运行着不同的组件，以维持集群高效稳定的运转。另外，Kubernetes 集群还需要 etcd（集群状态存储系统）来提供数据存储服务。Kubernetes 集群中各节点和 Pod 的对应关系如图 6.1 所示。

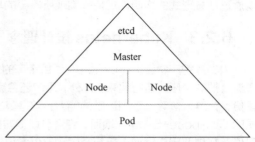

图 6.1 Kubernetes 集群中各节点和 Pod 的对应关系

在 Kubernetes 体系结构中，各节点有运行应用容器必备的服务，这些都是受 Master 节点控制的。Master 节点上主要运行着 API Server、Scheduler 和 Controller Manager 组件，而每个 Node 节点上主要运行着 Kubelet、Kubernetes Proxy 和容器引擎。除此之外，完整的集群服务还依赖一些附加的组件，如 kube-dns、Heapster、Ingress Controller 等。

2. Master 节点与相关组件

控制节点 Master 是整个集群的网络中枢，主要负责组件或者服务进程的管理和控制，例如，追踪其他服务器的健康状态、保持各组件之间的通信、为用户或者服务提供 API。

Master 节点中的组件可以在集群中的任何计算机上运行。但是，为了简单起见，设置时通常会在一台计算机上部署和启动所有主组件，且不在此计算机上运行用户容器。在控制节点 Master 中所部署的组件包括以下 3 种。

（1）API Server

API Server 是整个集群的网关，作为 Kubernetes 系统的入口，其内部封装了核心对象的"增""删""改""查"操作，以 REST API 方式供外部客户和内部组件调用。

（2）Scheduler

Scheduler（调度器）监视新创建且未分配工作节点的 Pod，并根据不同的需求将其分配到工作节点中，同时负责集群的资源调度、组件抽离。

（3）Controller Manager

Controller Manager（控制器管理器）是所有资源对象的自动化控制中心，大多数对集群的操作是由几个被称为控制器的进程执行的。这些进程被集成在 kube-controller-manager 守护进程中，实现的主要功能如下。

① 生命周期功能：命名空间的创建，Event、Pod、Node 和级联垃圾的回收。

② API 业务逻辑功能：ReplicaSet 执行的 Pod 扩展等。

Kubernetes 主要控制器的功能如表 6.2 所示。

表 6.2　Kubernetes 主要控制器的功能

控制器	功能
Deployment Controller	管理维护 Deployment，关联 Deployment 和 Replication Controller，保证运行指定数量的 Pod。当 Deployment 更新时，控制实现 Replication Controller 和 Pod 的更新
Node Controller	管理维护 Node，定期检查 Node 的健康状态，标识出失效/未失效的 Node
Namespace Controller	管理维护命名空间，定期清理无效的命名空间，包括命名空间下的 API 对象，如 Pod、Service 等
Service Controller	管理维护 Service，提供负载及服务代理
Endpoints Controller	管理维护 Endpoints，关联 Service 和 Pod，创建 Endpoints 为 Service 的后端，当 Pod 发生变化时，实时更新 Endpoints
Service Account Controller	管理维护 Service Account，为每个命名空间创建默认的 Service Account，同时为 Service Account 创建 Service Account Secret
Persistent Volume Controller	管理维护 Persistent Volume 和 Persistent Volume Claim，为新的 Persistent Volume Claim 分配 Persistent Volume 进行绑定，为释放的 Persistent Volume 执行清理回收操作
DaemonSet Controller	管理维护 DaemonSet，负责创建 Daemon Pod，保证指定的 Node 上正常运行 Daemon Pod
Job Controller	管理维护 Job，为 Job 创建一次性任务 Pod，保证完成 Job 指定完成的任务数目
Pod Autoscaler Controller	实现 Pod 的自动伸缩，定时获取监控数据，进行策略匹配，当满足条件时执行 Pod 的伸缩动作

另外，Kubernetes 1.16 以后的版本还加入了云控制器管理组件，用来与云服务提供商交互。

3. Node 节点与相关组件

Node 节点是集群中的工作节点（在早期的版本中也被称为 Minion），主要负责接收 Master 节点的工作指令并执行相应的任务。当某个 Node 节点宕机时，Master 节点会将负载切换到其他的 Node 节点上。Node 节点与 Master 节点的关系如图 6.2 所示。

Node 节点上所部署的组件包括以下 3 种。

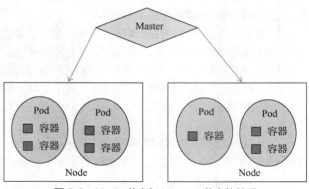

图 6.2　Node 节点与 Master 节点的关系

（1）Kubelet

Kubelet 组件主要负责管控容器，它会从 API Server 接收 Pod 的创建请求，并执行相关的启动和停止容器操作。同时，Kubelet 监控容器的运行状态并汇报给 API Server。

（2）Kubernetes Proxy

Kubernetes Proxy 组件负责为 Pod 创建代理服务，它从 API Server 获取所有的 Service 信息，并创建相关的代理服务，实现 Service 到 Pod 的请求路由和转发。Kubernetes Proxy 在 Kubernetes 层级的虚拟转发网络中扮演着重要的角色。

（3）Docker 引擎

Docker 引擎主要负责本机的容器创建和管理工作。

4. etcd 组件

Kubernetes 集群中所有的状态信息都存储于 etcd 数据库中。etcd 以高度一致的分布式键值存储在集群中，是独立的服务组件，可以实现集群发现、共享配置及一致性保障（如数据库主节点选择、分布式锁）等功能。在生产环境中，建议以集群的方式运行 etcd 并保证其可用性。

etcd 不仅可提供键值存储，还可以提供监听（Watch）机制。当键值发生改变时，etcd 会通知 API Server（应用接口服务器），并由其通过 Watch API 向客户端输出。读者可以访问 Kubernetes 官方网站，查看更多的 etcd 说明。

5. 其他组件

Kubernetes 集群还支持 DNS、Web UI 等组件，用于提供更完善的集群功能。这些插件的命名空间资源属于命名空间 kube-system。下面列出了常用的插件及其主要功能。

（1）DNS

DNS（域名系统）插件用于集群中的主机名、IP 地址的解析。

（2）Web UI

Web UI（网络用户界面）是提供可视界面的插件，允许用户通过界面来管理集群中运行的应用程序。

（3）Container Resource Monitoring

Container Resource Monitoring（容器资源监视器）用于监视容器中的资源，并在数据库中记录这些资源的分配情况。

（4）Cluster-level Logging

Cluster-level Logging（集群级日志）是用于集群中日志记录的插件，负责保存容器日志与搜索存储的中央日志信息。

（5）Ingress Controller

Ingress Controller 可以定义路由规则并在应用层实现 HTTP（HTTPS）负载均衡机制。

6.2.5　Kubernetes 核心概念

要想深入理解 Kubernetes 系统的特性与工作机制，不仅需要理解系统关键资源对象的概念，还要明确这些资源对象在系统中所扮演的角色。下面将介绍与 Kubernetes 集群相关的概念和术语。Kubernetes 集群架构如图 6.3 所示。

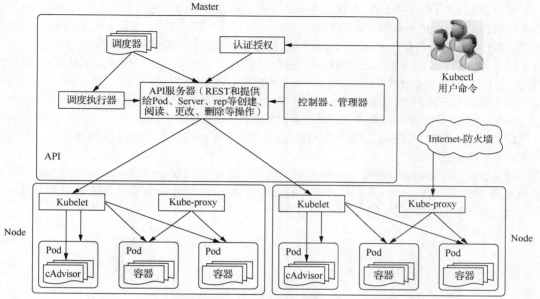

图 6.3　Kubernetes 集群架构

1.　Pod

Pod（直译为豆荚）是 Kubernetes 中的最小管理单位（容器运行在 Pod 中），一个 Pod 可以包含一个或多个相关容器。在同一个 Pod 内的容器可以共享网络命名空间和存储资源，也可以由本地的回环接口（loopback）直接通信，但彼此又在 Mount、User 和 PID 等命名空间上保持隔离。Pod 的抽象示意如图 6.4 所示。

2.　Label 和 Selector

Label（标签）是资源标识符，用来区分不同对象的属性。Label 本质上是一个键值对（key:value），可以在对象创建时或者创建后添加和修改。Label 可以附加到各种资源对象上，一个资源对象可以定义任意数量的 Label。用户可以通过给指定的资源对象捆绑一个或多个 Label 来实现多维度的资源分组管理功能，以便于灵活地进行资源分配、调度、配置、部署等管理工作。

Selector（选择器）是一个通过匹配 Label 来定义资源之间关系的表达式。给某个资源对象定义一个 Label，相当于给它添加一个标签，随后可以通过 Label Selector（标签选择器）查询和筛选拥有某些 Label 的资源对象。Label 与 Pod 的关系如图 6.5 所示。

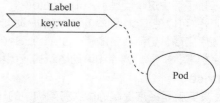

图 6.4　Pod 的抽象示意　　　　图 6.5　Label 与 Pod 的关系

3. Pause 容器

Pause 容器用于 Pod 内部容器之间的通信，是 Pod 中比较特殊的"根容器"。它打破了 Pod 中命名空间的限制，不仅是 Pod 的网络接入点，还在网络中扮演着"中间人"的角色。每个 Pod 中都存在一个 Pause 容器，其中运行着用来通信的进程。Pause 容器与其他进程的关系如图 6.6 所示。

4. Replication Controller

Pod 的副本控制器（Replication Controller，RC）在现在的版本中是一个总称。Kubernetes 旧版本中使用 Replication Controller 来管理 Pod 副本（副本指一个 Pod 的多个实例）；Kubernetes 新版本中增加了 ReplicaSet（RS）、Deployment 来管理 Pod 副本，并将三者统称为 Replication Controller。

Replication Controller 保证了集群中存在指定数量的 Pod 副本。当集群中副本的数量大于指定数量时，多余的 Pod 副本会被停止；当集群中副本的数量小于指定的数量时，Pod 副本则会启动，可保证 Pod 副本数量不变。Replication Controller 是实现弹性伸缩、动态扩容和滚动更新的核心。

ReplicaSet 是创建 Pod 副本的资源对象，并提供声明式更新等功能。

Deployment 是一个更高层次的 API 对象，用于管理 ReplicaSet 和 Pod，比旧版本的 Replication Controller 稳定性高。

建议使用 Deployment 管理 ReplicaSet，而不是直接使用 ReplicaSet，这就意味着用户可能永远不需要直接操作 ReplicaSet 对象，而 Deployment 将会是使用极为频繁的资源对象。Deployment 与 ReplicaSet 的关系如图 6.7 所示。

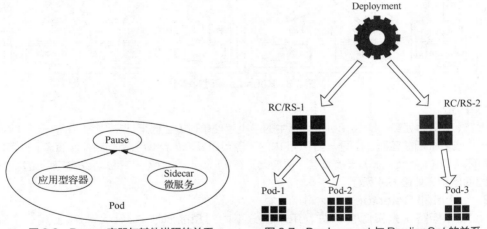

图 6.6　Pause 容器与其他进程的关系　　　图 6.7　Deployment 与 ReplicaSet 的关系

5. StatefulSet

在 Kubernetes 系统集群中，Pod 的管理对象 StatefulSet 用于管理系统中有状态的集群，如 MySQL、MongoDB、ZooKeeper 集群等。这些集群中每个节点都有固定的 ID，集群中的成员通过 ID 相互通信，且集群规模是比较固定的。另外，为了能够在其他节点上恢复某个部署失败的节点，这种集群中的 Pod 需要挂载到共享存储的磁盘上。在删除或者重启 Pod 后，Pod 的名称和 IP 地址会发生改变。为了解决这个问题，Kubernetes 1.5 中加入了 StatefulSet 控制器。

StatefulSet 可以使 Pod 副本的名称和 IP 地址在整个生命周期中保持不变，从而使 Pod 副本按照固定的顺序启动、更新或者删除。StatefulSet 有唯一的网络标识符（IP 地址），适用于需要持久存储、有序部署、扩展、删除和滚动更新的应用程序。

6. Service

Service 其实就是经常提起的微服务架构中的一个"微服务"，网站由多个具备不同业务能力而又彼此独立的微服务单元所组成，微服务之间通过 TCP/UDP 进行通信，从而形成了强大而又灵活的弹性网络。该网络拥有强大的分布式能力、弹性扩展能力、容错能力。

Service 服务提供统一的服务访问入口和服务代理与发现机制，前端 Pod（Frontend Pod）通过 Service 提供的入口访问一组 Pod 集群。当 Kubernetes 集群中存在 DNS 附件时，Service 服务会自动创建一个 DNS 名称用于服务发现，将外部的流量引入集群内部，并将到达 Service 的请求分发到后端的 Pod 对象上。

因此，Service 本质上是一个四层代理服务。Pod、RC、Service、Label Selector 四者的关系如图 6.8 所示。

7. 命名空间

集群中存在许多资源对象，这些资源对象可以是不同的项目、用户等。命名空间将这些资源对象从逻辑上进行隔离并设定控制策略，以便不同分组在共享整个集群资源时可以被分别管理。

8. Volume

Volume（存储卷）是集群中的一种共享存储资源，为应用服务提供存储空间。Volume 可以被 Pod 中的多个容器使用和挂载，也可以用于在容器之间共享数据。

9. Endpoint

Endpoint 是一个抽象的概念，主要用于标识服务进程的访问点。可以认为"容器端口号+Pod 的 IP 地址=Endpoint"。Endpoint 的抽象示意如图 6.9 所示。

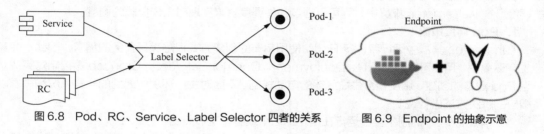

图 6.8 Pod、RC、Service、Label Selector 四者的关系   图 6.9 Endpoint 的抽象示意

6.2.6 Kubernetes 集群部署方式

使用 Kubernetes 必须有环境的支撑，搭建出企业级应用环境是一名合格的运维人员必须掌握的技能。部署集群前，首先要明确各组件的安装架构，做好规划，防止在工作时出现服务错乱的情况；其次要整合环境资源，减少不必要的资源浪费。

1. 官方提供的集群部署方式

Kubernetes 系统支持采用 4 种方式在本地服务器或者云端上部署集群，用户可以根据不同的需求灵活选择。下面介绍这些部署方式的特点。

（1）使用 minikube 工具部署

minikube 是一个能够在计算机或者虚拟机内轻松运行单节点 Kubernetes 集群的工具，可实现一键部署。这种方式部署的集群在企业中大多被当作测试系统使用。

（2）使用 yum 部署

可直接使用 epel-release yum 源来部署 Kubernetes 集群，这种部署方式的优点是速度快，但只能部署 Kubernetes 1.5 及以下的版本。

（3）使用二进制编译包部署

使用二进制编译包部署 Kubernetes 集群时，用户需要下载发行版的 Kubernetes 二进制包，手动部署每个组件，将其组成 Kubernetes 集群。这种部署方式比较灵活，用户可以根据自身需求自定义配置，而且性能比较稳定。虽然二进制编译包部署方式可以提供稳定的集群状态，但是这种方式的部署步骤非常烦琐，一些微小的错误就可能导致系统运行失败。

（4）使用 Kubeadm 工具部署

Kubeadm 是一个支持多节点部署 Kubernetes 集群的工具，它提供了 kubeadm init 和 kubeadm join 命令插件，可使用户轻松地部署出企业级的高可用集群架构。在 Kubernetes 1.13 中，Kubeadm 工具已经进入了可正式发布通用（General Availability，GA）阶段。

2. Kubeadm

Kubeadm 是芬兰高中生卢卡斯·科尔德斯特伦（Lucas Kaldstrom）在 17 岁时用业余时间完成的一个社区项目。用户可以使用 Kubeadm 工具构建出一个最小化的 Kubernetes 可用集群，但其余的附件，如监控系统、日志系统、UI 等，需要用户按需自行安装。

Kubeadm 主要集成了 kubeadm init 和 kube join 命令插件。其中，kubeadm init 负责部署 Master 节点上的各个组件并将其快速初始化，kubeadm join 负责将 Node 节点快速加入集群。kubeadm 还支持启动引导令牌认证，因此逐渐成为企业中备受青睐的部署方式。

6.2.7　Kubernetes 集群管理策略

Kubernetes 集群就像一个复杂的城市交通系统，里面运行着各种工作负载。对一名集群管理者来说，如何让系统有序且高效地运行是必须要面对的问题。现实生活中可以通过红绿灯进行交通的调度，在 Kubernetes 集群中，则可以通过各种调度器来实现对工作负载的调度。

1. Pod 调度策略

Kubernetes 集群中运行着许多 Pod，使用单一的创建方式很难满足业务的需求。因此，在实际生产环境中，用户可以通过 RC、Deployment、DaemonSet、Job、CronJob 等控制器完成对一组 Pod 副本的创建、调度和全生命周期的自动控制。下面对生产环境中遇到的一些情况和需求以及相应的解决方法进行说明。

（1）需要将 Pod 的副本全部运行在指定的一个或者一些节点上

在搭建 MySQL 数据库集群时，为了提高存储效率，需要将相应的 Pod 调度到具有 SSD 的目标节点上。为了实现上述需求，首先，需要给具有 SSD 的节点都打上自定义标签（如"disk=ssd"）；其次，需要在 Pod 定义文件中设定 NodeSelector 选项的值为"disk:ssd"。这样，Kubernetes 在调度 Pod 副本时，会先按照标签过滤出合适的目标节点，然后选择一个最佳节点进行调度。如果需要选择多种目标节点（如具有 SSD 的节点或者具有超高速硬盘的节点），则可以通过 NodeAffinity（节点亲和性调度）来实现。

（2）需要将指定的 Pod 运行在相同或者不同节点上

在实际的生产环境中，需要将 MySQL 数据库与 Redis 中间件进行隔离，两者不能被调度到同一个目标节点上，此时可以使用 PodAffinity 调度策略。

2. 定向调度

NodeSelector（节点选择器）可以实现 Pod 的定向调度，它是节点约束的简单形式。可以在 Pod 定义文件中的 pod.spec 定义项中加入该字段，并指定键值对的映射。为了使 Pod 能在指定节点上运行，该节点必须要有与 Pod 标签属性相匹配的标签或键值对。

3. Node 亲和性调度

Affinity/Anti-affinity（亲和/反亲和）标签可以实现比 NodeSelector 更加灵活的调度选择，极大地扩展了约束的条件。其具有以下特点。

（1）语言更具表现力。

（2）指定的规则可以是软限制，而不是硬限制。因此，即使调度器无法满足要求，Pod 仍可能被调度到节点上。

（3）用户可以限制节点（或其他拓扑域）上运行的其他 Pod 上的标签，从而解决一些特殊 Pod 不能共存的问题。

NodeAffinity 是用于替换 NodeSelector 的全新调度策略，目前提供以下两种节点亲和性表达式。

requiredDuringSchedulingIgnoredDuringExecution：必须满足指定的规则才可以将 Pod 调度到节点上（与 NodeSelector 类似，但语法不同），相当于硬限制。

preferredDuringSchedulingIgnoredDuringExecution：优先调度满足指定规则的 Pod，但并不强制调度，相当于软限制。多个优先级规则还可以通过设置权重值来定义执行的先后顺序。

限制条件中 IgnoredDuringExecution 部分表示在 Pod 运行期间，如果一个 Pod 所在的节点的标签发生了变更，不再满足该 Pod 的节点上的亲和性规则，则系统将忽略节点上标签的变化，该 Pod 仍然可以继续在该节点上运行。

使用 NodeAffinity 规则时应该注意以下事项。

（1）如果同时指定 NodeSelector 和 NodeAffinity，则 Node 节点只有同时满足这两个条件，才能将 Pod 调度到候选节点上。

（2）如果在匹配表达式（matchExpressions）中关联了多个 nodeSelectorTerms，则只有当一个节点满足 matchExpressions 所有条件的情况下，才能将 Pod 调度到该节点上。

（3）如果删除或更改了 Node 节点的标签，则运行在该节点上的 Pod 不会被删除。

preferredDuringSchedulingIgnored 内 Weight（权重）值为 1～100。对于满足所有调度要求（资源请求或 requiredDuringSchedulingIgnored 亲和性表达式）的每个节点，调度程序将通过遍历节点字段的元素并在该节点的匹配项中添加权重来计算总和 matchExpressions，然后将该总和与该节点的其他优先级函数的分数组合，优选总分高的节点。

4. Pod 亲和与互斥调度

Pod 间的亲和与互斥功能让用户可以根据节点上正在运行的 Pod 的标签（而不是节点的标签）进行判断和调度，对节点和 Pod 两个条件进行匹配。这种规则可以描述如下：如果在具有标签 X 的节点上运行了一个或者多个符合条件 Y 的 Pod，那么 Pod 就可以（如果是互斥的情况，则为拒绝）运行在这个节点上。

需要注意的是，Pod 间的亲和与互斥涉及大量数据的处理，这可能会大大降低大型集群中的调度速度，所以不建议在有数百个或更多节点的集群中使用。

Pod 亲和与互斥的条件设置和节点亲和性相同，也有以下两种表达式。

requiredDuringSchedulingIgnoredDuringExecution。

preferredDuringSchedulingIgnoredDuringExecution。

Pod 的亲和性被定义在 Pod 内 spec.affinity 下的 Affinity 子字段中，Pod 的互斥性则被定义在同一层级的 podAntiAffinity 子字段中。

5. ConfigMap 基本概念

在生产环境中经常会遇到需要修改应用服务配置文件的情况，传统的修改方式不仅会影响到服务的正常运行，操作步骤也很烦琐。为了解决这个问题，从 Kubernetes1.2 开始引入了 ConfigMap 功能，用于将应用的配置信息与程序的配置信息分离。这种方式不仅可以实现应用程序的复用，还可以通过不同的配置实现更灵活的功能。在创建容器时，用户可以将应用程序打包为容器镜像，并通过环境变量或者外接挂载文件进行配置注入。

ConfigMap 是以键值对的形式保存配置项的，既可以用于表示一个变量的值（如 config=info），又可以用于表示一个完整配置文件的内容。ConfigMap 在容器中的典型用法如下。

（1）将配置项设置为容器内的环境变量。

（2）将启动参数设置为环境变量。

（3）以 Volume 的形式挂载到容器内部的文件或目录上。

在 Kubernetes 系统中创建好 ConfigMap 后，容器可以通过以下两种方法使用 ConfigMap 中的内容。

（1）通过环境变量获取 ConfigMap 中的内容。

（2）通过 Volume 挂载的方式将 ConfigMap 中的内容挂载为容器内部的文件或目录。

在 Kubernetes 系统中使用 ConfigMap 的注意事项如下。

（1）ConfigMap 必须在 Pod 之前创建。

（2）ConfigMap 受到命名空间限制，只有处于相同命名空间的 Pod 才可以引用。

（3）Kubelet 只支持可以被 API Server 管理的 Pod 引用 ConfigMap，静态 Pod 无法引用 ConfigMap。

（4）Pod 对 ConfigMap 进行挂载操作时，在容器内部只能将其挂载为目录，无法挂载为文件。

6. Pod 资源限制与管理

在大多数情况下，定义 Pod 时并没有指定系统资源限制，此时，系统会默认该 Pod 使用的资源很少，并可将其随机调度到任何可用的节点中。当节点中某个 Pod 的负载突然增大时，节点就会出现资源不足的情况，为了避免系统宕机，该节点会随机清理一些 Pod 以释放资源。但节点中还有一些诸如数据库存储、界面登录等比较重要的 Pod 在提供服务，即使在资源不足的情况下也要保持这些 Pod 的正常运行。为了避免这些 Pod 被清理，需要在集群中设置资源限制，以保证核心服务可以正常运行。

Kubernetes 系统中核心服务的保障机制如下。

（1）通过资源配额来指定 Pod 占用的资源。

（2）允许集群中的资源被超额分配，以提高集群中资源的利用率。

（3）为 Pod 划分等级，确保不同等级的 Pod 有不同的 QoS，当系统资源不足时，会优先清理低等级的 Pod，以确保高等级的 Pod 正常运行。

系统中主要的资源包括 CPU、图形处理单元（Graphics Processing Unit，GPU）和存储器（Memory），大多数情况下应用服务很少使用 GPU 资源。

6.2.8 Kubectl 工具基本使用

Kubectl 是一个用于操作 Kubernetes 集群的命令行接口，利用 Kubectl 工具可以在集群中实现各种功能。Kubectl 作为客户端工具，其功能和 Systemctl 工具很相似，用户可以通过命令实现对 Kubernetes 集群中资源对象的基础操作。

1. Kubectl 命令行工具

Kubectl 命令行工具主要有 4 部分参数，其基本语法格式如下。

```
kubectl [command] [type] [name] [flags]
```

语句中各部分参数的含义如下。

（1）[command]: 子命令，用于操作 Kubernetes 集群中的资源对象，如 apply、create、delete、describe、get 等。

（2）[type]: 资源对象类型，此参数区分字母大小写且能以单、复数的形式表示，如 pod、pods。以下 3 种形式是等价的。

```
kubectl get pod pod1
kubectl get pods pod1
kubectl get po pod1
```

（3）[name]: 资源对象的名称，此参数区分字母大小写。如果在命令中不指定该参数，则系统将返回 type 类型的全部对象列表。例如，在命令"kubectl get pods"和"kubectl get pod nginx-test1"中，前者将会显示所有的 Pod，后者只显示名称为 nginx-test1 的 Pod。

（4）[flags]：Kubectl 子命令的可选选项，如 "-l" 或 "--labels" 表示为 Pod 对象设定自定义的标签。

2. Kubectl 子命令及参数

Kubectl 子命令及参数如下。

（1）Kubectl 常用子命令

Kubectl 常用子命令及其功能说明如表 6.3 所示。

表 6.3　Kubectl 常用子命令及其功能说明

子命令	功能说明
kubectl annotate	更新资源的注解
kubectl api-versions	以 "组/版本" 的格式输出服务器支持的 API 版本
kubectl apply	通过文件名或控制台输入对资源进行配置
kubectl attach	连接到一个正在运行的容器
kubectl autoscale	对 Replication Controller 进行自动伸缩、设置等
kubectl cluster-info	输出集群信息
kubectl config	修改 kubeconfig 配置文件
kubectl create	通过文件名或控制台输入创建资源
kubectl delete	通过文件名、控制台输入、资源名或 Label Selector 删除资源
kubectl describe	输出指定的一个或多个资源的详细信息以及组资源的详细信息
kubectl edit	编辑服务器的资源
kubectl exec	在容器内部执行命令
kubectl expose	输入 rc、svc 或 Pod，并将其暴露为新的 Kubernetes service
kubectl get	输出一个或多个资源
kubectl label	更新资源的标签
kubectl logs	输出 Pod 中一个容器的日志
kubectl namespace	（已停用）设置或查看当前使用的命名空间
kubectl patch	通过控制台输入更新资源中的字段
kubectl port-forward	将本地端口转发到 Pod
kubectl proxy	为 Kubernetes API Server 启动代理服务器
kubectl replace	通过文件名或控制台输入替换资源
kubectl rolling-update	对指定的 Replication Controller 执行滚动升级操作
kubectl run	在集群中使用指定镜像启动容器
kubectl scale	为 Replication Controller 设置新的副本数
kubectl version	输出服务器和客户端的版本信息

（2）Kubectl 命令参数

Kubectl 命令参数及其功能说明如表 6.4 所示。

表 6.4　Kubectl 命令参数及其功能说明

命名参数	功能说明
--alsologtostderr[=false]	同时输出日志到标准错误控制台和文件，默认为 false
--api-version=""	和服务器交互使用的 API 版本
--certificate-authority=""	用以进行认证授权的.cert 文件的路径
--client-certificate=""	TLS 使用的客户端证书路径
--client-key=""	TLS 使用的客户端密钥路径
--cluster=""	指定使用的 kubeconfig 配置文件中的集群名
--context=""	指定使用的 kubeconfig 配置文件中的环境名

续表

命名参数	功能说明
--insecure-skip-tls-verify[=false]	如果为 true，则不会检查服务器凭证的有效性，这会导致 HTTPS 链接变得不安全，默认为 false
--kubeconfig=""	命令行请求使用的配置文件路径
--log-backtrace-at=0	当日志长度超过定义的行数时，忽略堆栈信息
--log-dir=""	如果不为空，则将日志文件写入此目录
--log-flush-frequency=5s	刷新日志的最大时间间隔，默认为 5s
--logtostderr[=true]	输出日志到标准错误控制台，不输出到文件
--match-server-version[=false]	要求服务器和客户端版本匹配，默认为 false
--namespace=""	如果不为空，则命令将使用此命名空间
--password=""	API Server 进行简单认证时使用的密码
-s, --server=""	Kubernetes API Server 的地址和端口号
--stderrthreshold=2	高于此级别的日志将被输出到错误控制台
--token=""	认证到 API Server 使用的令牌
--user=""	指定使用的 kubeconfig 配置文件中的用户名
--username=""	指定 API Server 进行简单认证时使用的用户名
--v=0	指定输出日志的级别
--vmodule=""	指定输出日志的模块

6.3 项目实施

6.3.1 Kubernetes 集群安装与部署

Kubernetes 系统由一组可执行程序组成，读者可以在 GitHub 开源代码库的 Kubernetes 项目页面内下载所需的二进制文件包或源代码包。

Kubernetes 支持的容器包括 Docker、containerd、CRI-O 和 Frakti。本书中使用 Docker 作为容器运行环境。

1. 部署系统要求

部署 Kubernetes 集群使用的是 3 台 CentOS 虚拟机，其中一台作为 Master 节点，另外两台作为 Node 节点，虚拟机的系统配置信息如表 6.5 所示。

表 6.5　虚拟机的系统配置信息

节点名称	节点 IP 地址	CPU 配置	内存配置
Master	192.168.100.100	4 核	8GB
Node01	192.168.100.101	4 核	8GB
Node02	192.168.100.102	4 核	8GB

在部署集群前需要修改各节点的主机名，配置节点间的主机名解析。注意，以下操作在所有节点上都需要执行，这里只给出在 Master 节点上的操作步骤，执行命令如下。

```
[root@localhost ~]# echo Master >> /etc/hostname  /*修改主机名，该修改在 Master
节点，重启后生效*/
[root@localhost ~]# cat /etc/hostname          //显示文件内容
```

命令执行结果如下。

```
localhost.localdomain
Master
```

```
[root@localhost ~]#
[root@localhost ~]# echo "192.168.100.100  Master"  >>  /etc/hosts
[root@localhost ~]# echo "192.168.100.101  Node01"  >>  /etc/hosts
[root@localhost ~]# echo "192.168.100.102  Node02"  >>  /etc/hosts
[root@localhost ~]# cat  /etc/hosts                     //显示文件内容
```

命令执行结果如下。

```
127.0.0.1    localhost localhost.localdomain localhost4 localhost4.localdomain4
::1          localhost localhost.localdomain localhost6 localhost6.localdomain6
192.168.100.100 Master
192.168.100.101 Node01
192.168.100.102 Node02
[root@localhost ~]# reboot                              //重启 Master 节点
[root@Master ~]#
[root@Master ~]# cat  /etc/sysconfig/network-scripts/ifcfg-ens33
```

命令执行结果如下。

```
TYPE=Ethernet
PROXY_METHOD=none
BROWSER_ONLY=no
BOOTPROTO=static
DEFROUTE=yes
IPV4_FAILURE_FATAL=no
IPV6INIT=yes
IPV6_AUTOCONF=yes
IPV6_DEFROUTE=yes
IPV6_FAILURE_FATAL=no
IPV6_ADDR_GEN_MODE=stable-privacy
NAME=ens33
UUID=6aeed638-c2cd-46e4-a246-0a0adc384819
DEVICE=ens33
ONBOOT=yes
IPADDR=192.168.100.100
PREFIX=24
GATEWAY=192.168.100.2
DNS1=114.114.114.114
[root@Master ~]#
```

2. 关闭防火墙与禁用 SELinux

Kubernetes 的 Master 节点与 Node 节点间会有大量的网络通信，为了避免安装过程中不必要的报错，需要将系统的防火墙关闭，同时在主机上禁用 SELinux，执行命令如下。

```
[root@Master ~]# iptables -F && iptables -X && iptables -Z //清除所有防火墙规则
[root@Master ~]# iptables-save                       //保存 iptables 的表配置
[root@Master ~]# systemctl  stop  firewalld          //关闭防火墙功能
[root@Master ~]# systemctl  disable  firewalld          //开机禁用防火墙功能
```

SELinux 有两种禁用方式，分别为临时禁用与永久禁用。

（1）临时禁用 SELinux，执行命令如下。

```
[root@Master ~]# setenforce  0        //设置 SELinux 为 Permissive 模式
[root@Master ~]# getenforce           //查看 SELinux 的模式
```

命令执行结果如下。

```
Permissive
[root@Master ~]#
```

（2）永久禁用 SELinux 服务需要编辑文件/etc/selinux/config，将 SELINUX 的值修改为 disabled，执行命令如下。

```
[root@Master ~]# vim  /etc/selinux/config
SELINUX=disabled                        //将 SELINUX=enforcing 改为 SELINUX=disabled
```

3. 关闭系统 Swap

从 Kubernetes 1.8 开始，部署集群时需要关闭系统的 Swap（交换分区）。如果不关闭 Swap，则默认配置下的 Kubelet 将无法正常启动。用户可以通过以下两种方式关闭 Swap。

（1）通过修改 Kubelet 的启动参数 fail-swap-on=false 关闭 Swap。

（2）使用 swapoff –a 命令修改/etc/fstab 文件，使用#符号将 Swap 自动挂载为配置注释。

```
[root@Master ~]# swapoff  -a
[root@Master ~]# sed -i "s/\/dev\/mapper\/centos-swap/\#\/dev\/mapper\
/centos-swap/g"/etc/fstab
[root@Master ~]# vim  /etc/fstab
[root@Master ~]# cat  /etc/fstab
```

命令执行结果如下。

```
……（省略部分内容）
#  /dev/mapper/centos-swap swap      swap      defaults      0 0
[root@Master ~]# reboot
[root@Master ~]# free  -m
      total         used          free        shared   buff/cache   available
Mem: 7803         368           6993        14           441          7136
Swap: 0           0             0
[root@Master ~]#
```

通过 free –m 命令的执行结果可以看出 Swap 已关闭。再次提醒，以上操作需要在所有节点上执行。

4. 主机时间同步

如果各主机可以访问互联网，则直接启动各主机上的 chronyd 服务即可；否则需要使用本地的时间服务器，在确保各主机时间同步后，再启动 chronyd 服务，执行命令如下。

```
[root@Master ~]# systemctl  start  chronyd.service
[root@Master ~]# systemctl  enable  chronyd.service
[root@Master ~]# yum  -y  install  ntpdate
[root@Master ~]# ntpdate  ntp1.aliyun.com
```

命令执行结果如下。

```
30 Apr 21:46:44 ntpdate[20023]: adjust time server 120.25.115.20 offset -0.021769 sec
[root@Master ~]#
```

以上操作完成后，需要重新启动主机，以使配置修改生效。

5. 安装 Docker 与镜像下载

Kubeadm 在构建集群过程中要访问 gcr.io（谷歌镜像仓库）并下载相关的 Docker 镜像，所以需要确保主机可以正常访问此站点。如果主机无法访问该站点，则可以访问国内的镜像仓库（如清华镜像站）下载相关镜像。镜像下载完成后，修改为指定的标签即可。

（1）Kubeadm 需要 Docker 环境，因此要在各节点上安装并启动 Docker，安装必需的软件包，其中 yum-utils 提供 yum-config-manager 工具，且 devicemapper 存储驱动程序需要 device-mapper-persistent-data 和 lvm2 工具，执行命令如下。

```
[root@Master ~]# yum  install  -y yum-utils  device-mapper-persistent-data lvm2
```

设置 Docker CE 稳定版的仓库地址，这里使用的是阿里云的镜像仓库源，执行命令如下。

```
[root@Master ~]# yum-config-manager --add-repo http://mirrors.aliyun.com/docker-ce/linux/centos/docker-ce.repo
```

如果不使用阿里云的镜像仓库源，改用 Docker 官方网站的仓库源，则需创建 docker-ce.repo 文件，执行命令如下。

```
[root@Master ~]# yum-config-manager --add-repo https://download.docker.com/linux/centos/docker-ce.repo
```

（2）安装 Docker，这里安装最新版本的 Docker CE 和 containerd，执行命令如下。

```
[root@Master ~]# yum install -y docker-ce docker-ce-cli containerd.io
```

（3）启动 Docker，查看当前版本并进行测试，执行命令如下。

```
[root@Master ~]# systemctl start docker          //启动 Docker
[root@Master ~]# systemctl enable docker         //开机启动 Docker
```

（4）显示当前 Docker 版本，执行命令如下。

```
[root@Master ~]# docker version
```

命令执行结果如下。

```
Client: Docker Engine - Community
 Version:           20.10.14
 API version:       1.41
 Go version:        go1.16.15
 Git commit:        a224086
 Built:             Thu Mar 24 01:49:57 2022
 OS/Arch:           linux/amd64
 Context:           default
 Experimental:      true
 Cannot connect to the Docker daemon at unix:///var/run/docker.sock. Is the docker daemon running?
[root@Master ~]#
```

6. 安装 Kubeadm 和 Kubelet

配置 Kubeadm 和 Kubelet 的 Repo 源文件，并在所有节点上安装 Kubeadm 和 Kubelet 工具，执行命令如下。

```
[root@Master ~]# vim /etc/yum.repos.d/kubernetes.repo
[root@Master ~]# cat /etc/yum.repos.d/kubernetes.repo
```

命令执行结果如下。

```
[kubernetes]
name=kubernetes
baseurl=https://mirrors.aliyun.com/kubernetes/yum/repos/kubernetes-el7-x86_64
enabled=1
gpgcheck=0
repo_gpgcheck=0
gpgkey=https://mirrors.aliyun.com/kubernetes/yum/doc/yum-key.gpg https://mirrors.aliyun.com/
[root@Master ~]#
```

配置完 Kubeadm 和 Kubelet 的 Repo 源后即可进行安装操作，执行命令如下。

```
[root@Master ~]# yum makecache fast              //下载安装包并缓存到本地
```

命令执行结果如下。

```
已加载插件: fastestmirror, langpacks
Loading mirror speeds from cached hostfile
 * base: mirrors.neusoft.edu.cn
```

```
……（省略部分内容）
kubernetes                                              794/794
元数据缓存已建立
[root@Master ~]# yum install -y kubelet kubeadm kubectl ipvsadm
已加载插件: fastestmirror, langpacks
Loading mirror speeds from cached hostfile
 * base: mirrors.neusoft.edu.cn
 * extras: mirrors.aliyun.com
 * updates: mirrors.aliyun.com
正在解决依赖关系
--> 正在检查事务
---> 软件包 ipvsadm.x86_64.0.1.27-8.el7 将被 安装
---> 软件包 kubeadm.x86_64.0.1.23.6-0 将被 安装
--> 正在处理依赖关系 kubernetes-cni >= 0.8.6，它被软件包 kubeadm-1.23.6-0.x86_64 需要
……（省略部分安装内容）
已安装:
  ipvsadm.x86_64 0:1.27-8.el7       kubeadm.x86_64 0:1.23.6-0       kubectl.x86_64
0:1.23.6-0          kubelet.x86_64 0:1.23.6-0
作为依赖被安装:
  conntrack-tools.x86_64 0:1.4.4-7.el7              cri-tools.x86_64 0:1.23.0-0
kubernetes-cni.x86_64 0:0.8.7-0
  libnetfilter_cthelper.x86_64 0:1.0.0-11.el7   libnetfilter_cttimeout.x86_64
0:1.0.0-7.el7          libnetfilter_queue.x86_64 0:1.0.2-2.el7_2
  socat.x86_64 0:1.7.3.2-2.el7
完毕!
[root@Master ~]# kubeadm version
kubeadm version: &version.Info{Major:"1", Minor:"23", GitVersion:"v1.23.6",
GitCommit:"ad3338546da947756e8a88aa6822e9c11e7eac22", GitTreeState:"clean",
BuildDate:"2022-04-14T08:48:05Z", GoVersion:"go1.17.9", Compiler:"gc", Platform:
"linux/amd64"}
[root@Master ~]#
```

7. 将桥接的 IPv4 流量传递到 iptables 规则集文件中

Kubelet 安装完成后，通过配置网络转发参数以确保集群能够正常通信，执行命令如下。

```
[root@Master ~]# cat > /etc/sysctl.d/k8s.conf << EOF
```

命令执行结果如下。

```
> net.ipv4.ip_forward = 1
> net.bridge.bridge-nf-call-ip6tables = 1
> net.bridge.bridge-nf-call-iptables = 1
> EOF
[root@Master ~]#cat /etc/sysctl.d/k8s.conf
net.ipv4.ip_forward = 1
net.bridge.bridge-nf-call-ip6tables = 1
net.bridge.bridge-nf-call-iptables = 1
[root@Master ~]# sysctl --system                        //使配置生效
```

命令执行结果如下。

```
* Applying /usr/lib/sysctl.d/00-system.conf ...
* Applying /usr/lib/sysctl.d/10-default-yama-scope.conf ...
kernel.yama.ptrace_scope = 0
```

```
* Applying /usr/lib/sysctl.d/50-default.conf ...
kernel.sysrq = 16
kernel.core_uses_pid = 1
net.ipv4.conf.default.rp_filter = 1
net.ipv4.conf.all.rp_filter = 1
……（省略部分内容）
* Applying /etc/sysctl.conf ...
[root@Master ~]#
```

如果在执行上述命令后出现"net.bridge.bridge-nf-call-iptables"相关信息的报错，则需要重新加载 br_netfilter 模块，执行命令如下。

```
[root@Master ~]# modprobe br_netfilter              //重新加载 br_netfilter 模块
[root@Master ~]# sysctl -p /etc/sysctl.d/k8s.conf
```

命令执行结果如下。

```
net.ipv4.ip_forward = 1
net.bridge.bridge-nf-call-ip6tables = 1
net.bridge.bridge-nf-call-iptables = 1
[root@Master ~]#
```

8. 加载 IPVS 相关内核模块

Kubernetes 运行中需要非永久性地加载相应的 IP 虚拟服务器（IP Virtual Server，IPVS）内核模块，可以将其添加在开机启动项中，执行命令如下。

```
[root@Master ~]# cat > /etc/sysconfig/modules/ipvs.modules << EOF
```

命令执行结果如下。

```
> #!/bin/bash
> modprobe -- ip_vs
> modprobe -- ip_vs_rr
> modprobe -- ip_vs_wrr
> modprobe -- ip_vs_sh
> modprobe -- nf_conntrack_ipv4
> EOF
[root@Master ~]# chmod 755 /etc/sysconfig/modules/ipvs.modules
[root@Master ~]# bash /etc/sysconfig/modules/ipvs.modules
[root@Master ~]# lsmod | grep -e ip_vs -e nf_conntrack_ipv4
```

命令执行结果如下。

```
ip_vs_sh              12688  0
ip_vs_wrr             12697  0
ip_vs_rr              12600  0
ip_vs                145497  6 ip_vs_rr, ip_vs_sh, ip_vs_wrr
nf_conntrack_ipv4     15053  3
nf_defrag_ipv4        12729  1 nf_conntrack_ipv4
nf_conntrack         133095  7 ip_vs, nf_nat, nf_nat_ipv4, xt_conntrack,
nf_nat_masquerade_ipv4, nf_conntrack_netlink, nf_conntrack_ipv4
libcrc32c             12644  4 xfs, ip_vs, nf_nat, nf_conntrack
[root@Master ~]#
```

前面的脚本创建了/etc/sysconfig/modules/ipvs.modules 文件，保证了 Kubernetes 在节点重启后能自动加载所需模块。使用 lsmod | grep -e ip_vs -e nf_conntrack_ipv4 命令可以查看是否已经正确加载所需的内核模块。

9. 更改 Docker CGroup 驱动

在/etc/docker/daemon.json 文件中，添加内容以更改 Docker CGroup 驱动，执行命令如下。

```
[root@Master ~]# vim  /etc/docker/daemon.json
[root@Master ~]# cat  /etc/docker/daemon.json
```

命令执行结果如下。

```
{
"exec-opts": ["native.cgroupdriver=systemd"]
}
[root@Master ~]# systemctl  restart  docker      //重新启动 Docker
[root@Master ~]#
```

10. 初始化 Master 节点及配置

在 Master 节点和各 Node 节点的 Docker 及 Kubelet 设置完成后，即可在 Master 节点上使用 kubeadm init 命令初始化集群。kubeadm init 命令支持两种初始化方式，一种是通过命令选项来设定参数，另一种是使用 YAML 格式的专用配置文件来设定更详细的配置参数。这里将使用第一种较为简单的初始化方式，在 Master 节点上使用 kubeadm init 命令，实现对 Master 节点的初始化操作，执行命令如下。

V6-1 初始化
Master 节点及配置

```
[root@Master ~]# kubeadm init \
> --apiserver-advertise-address=192.168.100.100 \
> --image-repository registry.aliyuncs.com/google_containers \
> --kubernetes-version v1.23.6 \
> --service-cidr=10.96.0.0/12 \
> --pod-network-cidr=10.244.0.0/16
```

命令执行结果如下。

```
[init] Using Kubernetes version: v1.23.6
[preflight] Running pre-flight checks
[preflight] Pulling images required for setting up a Kubernetes cluster
[preflight] This might take a minute or two, depending on the speed of your internet
connection
[preflight] You can also perform this action in beforehand using 'kubeadm config
images pull'
[certs] Using certificateDir folder "/etc/kubernetes/pki"
[certs] Generating "ca" certificate and key
……（省略部分内容）
 [certs] Generating "sa" key and public key
[kubeconfig] Using kubeconfig folder "/etc/kubernetes"
[kubeconfig] Writing "admin.conf" kubeconfig file
[kubeconfig] Writing "kubelet.conf" kubeconfig file
[kubeconfig] Writing "controller-manager.conf" kubeconfig file
[kubeconfig] Writing "scheduler.conf" kubeconfig file
[kubelet-start] Writing kubelet environment file with flags to file "/var/lib/
kubelet/kubeadm-flags.env"
[kubelet-start] Writing kubelet configuration to file "/var/lib/kubelet/
config.yaml"
[kubelet-start] Starting the kubelet
[control-plane] Using manifest folder "/etc/kubernetes/manifests"
[control-plane] Creating static Pod manifest for "kube-apiserver"
[control-plane] Creating static Pod manifest for "kube-controller-manager"
[control-plane] Creating static Pod manifest for "kube-scheduler"
[etcd] Creating static Pod manifest for local etcd in "/etc/kubernetes/manifests"
[wait-control-plane] Waiting for the kubelet to boot up the control plane as static
```

```
Pods from directory "/etc/kubernetes/manifests". This can take up to 4m0s
    [apiclient] All control plane components are healthy after 6.004278 seconds
    [upload-config] Storing the configuration used in ConfigMap "kubeadm-config" in
the "kube-system" Namespace
    [kubelet] Creating a ConfigMap "kubelet-config-1.23" in namespace kube-system
with the configuration for the kubelets in the cluster
    NOTE: The "kubelet-config-1.23" naming of the kubelet ConfigMap is deprecated. Once
the UnversionedKubeletConfigMap feature gate graduates to Beta the default name will become
just "kubelet-config". Kubeadm upgrade will handle this transition transparently.
    [upload-certs] Skipping phase. Please see --upload-certs
    [mark-control-plane] Marking the node master as control-plane by adding the labels:
[node-role.kubernetes.io/master(deprecated)
node-role.kubernetes.io/control-plane
node.kubernetes.io/exclude-from-external-load-balancers]
    [mark-control-plane] Marking the node master as control-plane by adding the taints
[node-role.kubernetes.io/master:NoSchedule]
    [bootstrap-token] Using token: rlsspf.rcq246qxatnmrels
    [bootstrap-token] Configuring bootstrap tokens, cluster-info ConfigMap, RBAC Roles
    [bootstrap-token] configured RBAC rules to allow Node Bootstrap tokens to get nodes
    ……（省略部分内容）
    [kubelet-finalize] Updating "/etc/kubernetes/kubelet.conf" to point to a
rotatable kubelet client certificate and key
    [addons] Applied essential addon: CoreDNS
    [addons] Applied essential addon: kube-proxy
    Your Kubernetes control-plane has initialized successfully!
    To start using your cluster, you need to run the following as a regular user:
    ……（省略部分内容）
    Then you can join any number of worker nodes by running the following on each
as root:
    kubeadm join 192.168.100.100:6443 --token 7dmwvb.eiyir06xdkygpz0i \
        --discovery-token-ca-cert-hash
sha256:fc69907bb402380da40f3046c797b9e12c9f86dd8c44bffeac510d5b3113882b
[root@Master ~]#
```

以上内容记录了系统完成初始化的过程，从中可以看出 Kubernetes 集群初始化会进行如下相关操作。

（1）[init]：查看使用的版本。

（2）[certs]：生成各种相关证书。

（3）[kubeconfig]：生成 kubeconfig 文件。

（4）[kubelet-start]：配置启动 Kubelet。

（5）[control-plane]：创建 Pod 控制平台。

（6）[upload-config]：升级配置文件。

（7）[kubelet]：创建 ConfigMap 配置文件。

（8）[bootstrap-token]：生成 Token。

另外，在加载结果的最后会出现配置 Node 节点加入集群的 Token 指令，即 "kubeadm join 192.168.100.100:6443 --token 7dmwvb.eiyir06xdkygpz0i \ --discovery-token-ca-cert-hash sha256:fc69907bb402380da40f3046c797b9e12c9f86dd8c44bffeac510d5b3113882b"，后面审批 Node 节点加入集群时需要该指令。

> **注意** 如果安装不成功，则需要重新配置 kubeadm init，可以先使用 kubeadm reset 命令重新部署安装环境，再使用 kubeadm init 命令初始化节点及配置。

11. 将 Node 节点加入 Master 集群

将 Master 中生成的 Token 指令连接到 Node 节点，这里以 Node01 节点为例进行介绍，执行命令如下。

```
[root@Node01 ~]# kubeadm join 192.168.100.100:6443 --token 7dmwvb.eiyir06xdkygpz0i \
>        --discovery-token-ca-cert-hash sha256:fc69907bb402380da40f3046c797b9e12c
9f86dd8c44bffeac510d5b3113882b
```

命令执行结果如下。

```
[preflight] Running pre-flight checks
[preflight] Reading configuration from the cluster...
[preflight] FYI: You can look at this config file with 'kubectl -n kube-system
get cm kubeadm-config -o yaml'
……（省略部分内容）
* The Kubelet was informed of the new secure connection details.
Run 'kubectl get nodes' on the control-plane to see this node join the cluster.
[root@Node01 ~]#
```

以同样的方式，将节点 Node02 也加入该集群，这里不赘述。

12. 配置 Kubectl 工具环境

Kubectl 默认会在执行的用户 home 目录的.kube 目录下寻找 config 文件。配置 Kubectl 工具，执行命令如下。

```
[root@Master ~]# mkdir -p $HOME/.kube
[root@Master ~]# cp -i /etc/kubernetes/admin.conf $HOME/.kube/config
[root@Master ~]# chown $(id -u):$(id -g) $HOME/.kube/config
[root@Master ~]#
```

13. 启动 Kubelet 服务并查看 Kubelet 状态

Kubelet 配置完成后即可启动服务，执行命令如下。

```
[root@Master ~]# systemctl daemon-reload
[root@Master ~]# systemctl enable kubelet && systemctl restart kubelet
[root@Master ~]# systemctl status kubelet
```

命令执行结果如下。

```
    kubelet.service - kubelet: The Kubernetes Node Agent
    Loaded: loaded (/usr/lib/systemd/system/kubelet.service; enabled; vendor
preset: disabled)
   Drop-In: /usr/lib/systemd/system/kubelet.service.d
            └─10-kubeadm.conf
   Active: active (running) since 日 2022-05-01 23:04:59 CST; 6s ago
     Docs: https://kubernetes.io/docs/
……（省略部分内容）
Hint: Some lines were ellipsized, use -l to show in full.
[root@Master ~]#
```

14. 查看集群状态

在集群 Master 控制节点平台上查看集群状态，执行命令如下。

```
[root@Master ~]# kubectl get nodes
```

命令执行结果如下。

NAME	STATUS	ROLES	AGE	VERSION
master	NotReady	control-plane,master	7m14s	v1.23.6
node01	NotReady	<none>	86s	v1.23.6

V6-2 查看集群
状态

```
node02    NotReady    <none>                        15s      v1.23.6
[root@Master ~]# kubectl get cs
```

命令执行结果如下。

```
Warning: v1 ComponentStatus is deprecated in v1.19+
NAME                  STATUS    MESSAGE                         ERROR
scheduler             Healthy   ok
controller-manager    Healthy   ok
etcd-0                Healthy   {"health":"true","reason":" "}
[root@Master ~]#
```

通过 kubectl get nodes 命令的执行结果可以看出，Master 和 Node 节点为 NotReady 状态，这是因为还没有安装网络插件。

15. 配置安装网络插件

在 Master 节点上安装网络插件时，首先要下载网络插件的相关配置文件，执行命令如下。

```
[root@Master ~]# cd ~ && mkdir -p flannel && cd flannel
[root@Master flannel]# wget \ https://raw.githubusercontent.com/coreos/
flannel/v0.14.0/Documentation/kube-flannel.yml
[root@Master flannel]# ll
```

命令执行结果如下。

```
总用量 8
-rw-r--r-- 1 root root 5034 5月   2 08:37 kube-flannel.yml
[root@Master flannel]# cat kube-flannel.yml | grep image
    image: quay.io/coreos/flannel:v0.14.0                   //版本为 v0.14.0
    image: quay.io/coreos/flannel:v0.14.0
[root@Master flannel]# kubectl apply -f kube-flannel.yml //应用网络插件配置
podsecuritypolicy.policy/psp.flannel.unprivileged created
……（省略部分内容）
daemonset.apps/kube-flannel-ds created
[root@Master flannel]#
```

应用网络插件配置时，大约需要 3min 才能完成配置，重新将 Node 节点加入集群中。此时查看集群状态，可以看到 Master 和 Node 节点由 NotReady 状态变为 Ready 状态，执行命令如下。

```
[root@Master flannel]# kubectl get nodes
```

命令执行结果如下。

```
NAME      STATUS    ROLES                  AGE    VERSION
master    Ready     control-plane,master   82m    v1.23.6
node01    Ready     <none>                 67m    v1.23.6
node02    Ready     <none>                 54m    v1.23.6
[root@Master flannel]#
```

如果需要重新配置网络环境，则需要删除网络插件配置，执行命令如下。

```
[root@Master flannel]# kubectl delete -f kube-flannel.yml
```

16. 将 Node 节点退出集群

如果需要将节点退出集群，则可以在相应的节点上使用 kubeadm reset 命令进行重新设置。这里以 Node02 节点为例进行介绍，执行命令如下。

```
[root@Node02 ~]# kubeadm reset
```

此时，在 Master 节点上查看集群状态，可以看到 Node02 节点的状态已经变为 NotReady。删除 Node02 节点，执行命令如下。

```
[root@Master flannel]# kubectl get nodes
```

命令执行结果如下。

```
NAME       STATUS      ROLES                 AGE       VERSION
master     Ready       control-plane, master 24m       v1.23.6
node01     Ready       <none>                9m32s     v1.23.6
node02     NotReady    <none>                4m23s     v1.23.6
[root@Master flannel]#
[root@Master flannel]# kubectl  delete  nodes  node02
```
命令执行结果如下。
```
node "node02" deleted
[root@Master flannel]#
[root@Master flannel]# kubectl  get  nodes
```
命令执行结果如下。
```
NAME       STATUS      ROLES                 AGE       VERSION
master     Ready       control-plane, master 27m       v1.23.6
node01     Ready       <none>                12m       v1.23.6
[root@Master flannel]#
```

6.3.2　Kubectl 基本命令配置与管理

Kubectl 是一个用于操作 Kubernetes 集群的命令行接口，利用 Kubectl 工具可以在集群中实现各种功能。kubectl 子命令参数较多，读者应该多加练习，掌握其常用子命令的用法。

1. 获取帮助

在集群中可以使用 kubectl help 命令来获取相关帮助信息，执行命令如下。
```
[root@Master ~]# kubectl  --help
```
命令执行结果如下。
```
kubectl controls the Kubernetes cluster manager.
 Find more information at: https://kubernetes.io/docs/reference/kubectl/overview/
Basic Commands (Beginner):                          //基本命令（入门）
  create      Create a resource from a file or from stdin
  expose      Take a replication controller, service, deployment or pod and
expose it as a new Kubernetes service
  run         在集群中运行一个指定的镜像
  set         为 objects 设置一个指定的特征
Basic Commands (Intermediate):                      //基本命令（中级）
  explain     Get documentation for a resource
  get         显示一个或更多 resources
  edit        在服务器上编辑一个资源
  delete      Delete resources by file names, stdin, resources and names, or
by resources and label selector
Deploy Commands:                                    //部署命令
  rollout     Manage the rollout of a resource
  scale       Set a new size for a deployment, replica set, or replication controller
  autoscale   Auto-scale a deployment, replica set, stateful set, or replication
controller
Cluster Management Commands:                         //集群命令
  certificate   修改 certificate 资源
  cluster-info  Display cluster information
  top           Display resource (CPU/memory) usage
  cordon        标记 node 为 unschedulable
  uncordon      标记 node 为 schedulable
```

```
    drain        Drain node in preparation for maintenance
    taint        更新一个或者多个 node 上的 taints
  Troubleshooting and Debugging Commands:        //故障排除和调试命令
    describe     显示一个指定 resource 或者 group 的 resources 详情
    logs         输出容器在 Pod 中的日志
    attach       Attach 到一个运行中的 container
    exec         在一个 container 中执行一个命令
    port-forward Forward one or more local ports to a pod
    proxy        运行一个 proxy 到 Kubernetes API server
    cp           Copy files and directories to and from containers
    auth         Inspect authorization
    debug        Create debugging sessions for troubleshooting workloads and nodes
  Advanced Commands:                             //高级命令
    diff         Diff the live version against a would-be applied version
    apply        Apply a configuration to a resource by file name or stdin
    patch        Update fields of a resource
    replace      Replace a resource by file name or stdin
    wait         Experimental: Wait for a specific condition on one or many resources
    kustomize    Build a kustomization target from a directory or URL.
  Settings Commands:                             //设置命令
    label        更新在这个资源上的 labels
    annotate     更新一个资源的注解
    completion   Output shell completion code for the specified shell (bash, zsh or fish)
  Other Commands:                                //其他命令
    alpha        Commands for features in alpha
    api-resources Print the supported API resources on the server
    api-versions  Print the supported API versions on the server, in the form of
"group/version"
    config       修改 kubeconfig 文件
    plugin       Provides utilities for interacting with plugins
    version      输出 client 和 server 的版本信息
  Usage:                                         //格式用法
    kubectl [flags] [options]
  Use "kubectl <command> --help" for more information about a given command.
  Use "kubectl options" for a list of global command-line options (applies to all
commands).
  [root@Master ~]#
```

2. 查看类命令

Kubectl 查看类命令如下。

（1）获取节点和服务版本信息。

```
#kubectl get nodes
```

（2）获取节点和服务版本信息并查看附加信息。

```
#kubectl get nodes -o wide
```

（3）获取 Pod 信息，Pod 默认是属于 default 命名空间的。

```
#kubectl get pod
```

（4）获取 Pod 信息，Pod 默认是属于 default 命名空间的，并查看附加信息，如 Pod 的 IP 地址及在哪个节点上运行。

```
#kubectl get pod -o wide
```

（5）获取指定命名空间的 Pod。

```
#kubectl get pod -n kube-system
```

（6）获取指定命名空间中的指定 Pod。

```
#kubectl get pod -n kube-system podName
```

（7）获取所有命名空间的 Pod。

```
#kubectl get pod -A
```

（8）查看 Pod 的详细信息，以 YAML 格式或 JSON 格式显示信息。

```
#kubectl get pods -o yaml
#kubectl get pods -o json
```

（9）查看 Pod 的标签信息。

```
#kubectl get pod -A --show-labels
```

（10）根据 Selector（label query 标签查询）来查询 Pod。

```
#kubectl get pod -A --selector="k8s-app=kube-dns"
```

（11）查看运行 Pod 的环境变量。

```
#kubectl exec podName env
```

（12）查看指定 Pod 的日志。

```
#kubectl logs -f --tail 500 -n kube-system kube-apiserver-k8s-master
```

（13）查看所有命名空间的 Service 信息。

```
#kubectl get svc -A
```

（14）查看指定命名空间的 Service 信息。

```
#kubectl get svc -n kube-system
```

（15）查看 ComponentStatuses 信息。

```
#kubectl get cs
```

（16）查看所有 ConfigMaps 信息。

```
#kubectl get cm -A
```

（17）查看所有 ServiceAccounts 信息。

```
#kubectl get sa -A
```

（18）查看所有 DaemonSets 信息。

```
#kubectl get ds -A
```

（19）查看所有 Deployments 信息。

```
#kubectl get deploy -A
```

（20）查看所有 ReplicaSets 信息。

```
#kubectl get rs -A
```

（21）查看所有 StatefulSets 信息。

```
#kubectl get sts -A
```

（22）查看所有 Jobs 信息。

```
#kubectl get jobs -A
```

（23）查看所有 IngressController 信息。

```
#kubectl get ing -A
```

（24）查看有哪些命名空间。

```
#kubectl get ns
```

（25）查看 Pod 的描述信息。

```
#kubectl describe pod podName
#kubectl describe pod -n kube-system kube-apiserver-k8s-master
```

（26）查看指定命名空间中指定 Deployment 的描述信息。

```
#kubectl describe deploy -n kube-system coredns
```

（27）查看 Node 或 Pod 的资源使用情况，需要 heapster 或 metrics-server 支持。

```
#kubectl top node
#kubectl top pod
```

（28）查看集群信息。

```
#kubectl cluster-info
#kubectl cluster-info dump
```

（29）查看各组件信息，其中，192.168.100.100 为 Master 节点的 IP 地址。

```
#kubectl -s https://192.168.100.100:6443 get componentstatuses
```

3. 操作类命令

Kubectl 操作类命令如下。

（1）创建资源。

```
#kubectl create -f xxx.yaml
```

（2）应用资源。

```
#kubectl apply -f xxx.yaml
```

（3）应用资源，该目录下的所有 YAML、YML 或 JSON 文件都会被使用。

```
#kubectl apply -f
```

（4）创建 test 命名空间。

```
#kubectl create namespace test
```

（5）删除资源。

```
#kubectl delete -f xxx.yaml
#kubectl delete -f
```

（6）删除指定的 Pod。

```
#kubectl delete pod podName
```

（7）删除指定命名空间的指定 Pod。

```
#kubectl delete pod -n test podName
```

（8）删除其他资源。

```
#kubectl delete svc svcName
#kubectl delete deploy deployName
#kubectl delete ns nsName
```

（9）强制删除 Pod。

```
#kubectl delete pod podName -n nsName --grace-period=0 --force
#kubectl delete pod podName -n nsName --grace-period=1
#kubectl delete pod podName -n nsName --now
```

（10）编辑资源。

```
#kubectl edit pod podName
```

4. 进阶操作类命令

Kubectl 进阶操作类命令如下。

（1）进入 Pod 启动的容器。

```
#kubectl exec -it podName -n nsName /bin/sh
```

（2）添加标签值。

```
#kubectl label nodes k8s-node01 zone=north              //为指定节点添加标签
#kubectl label nodes k8s-node01 zone-                   //为指定节点删除标签
#kubectl label pod podName -n nsName role-name=test     //为指定 Pod 添加标签
#kubectl label pod podName -n nsName role-name=dev --overwrite    //修改标签值
#kubectl label pod podName -n nsName role-name-         //删除标签
```

（3）滚动升级。

```
#kubectl apply -f myapp-deployment-v2.yaml                    //通过配置文件滚动升级
#kubectl set image deploy/myapp-deployment myapp="registry.cn-beijing.
aliyuncs.com/google_registry/myapp:v3"                       //通过命令滚动升级
#kubectl rollout undo deploy/myapp-deployment
```

或者使用以下命令进行回滚。

```
#kubectl rollout undo deploy myapp-deployment                //回滚到前一个版本
#kubectl rollout undo deploy/myapp-deployment --to-revision=2  //回滚到指定历史版本
```

（4）动态伸缩。

```
#kubectl scale deploy myapp-deployment --replicas=5          //动态伸缩
#kubectl scale --replicas=8 -f myapp-deployment-v2.yaml
        //根据资源类型和名称进行动态伸缩
```

6.3.3 Pod 的创建与管理

在 Kubernetes 集群中可以通过两种方式创建 Pod，下面将详细介绍这两种方式。

1. 使用命令创建 Pod

（1）为了方便实验，拉取 Nginx 与 CentOS 的镜像文件，使用本地镜像创建一个名为 nginx-test01 且运行 Nginx 服务的 Pod，执行命令如下。

V6-3　使用命令
创建 Pod

```
[root@Master ~]# docker  pull  nginx
[root@Master ~]# docker  pull  centos
[root@Master ~]# docker  images
[root@Master ~]# kubectl  run  --image=nginx:latest  nginx-test01
```

命令执行结果如下。

```
pod/nginx-test01 created
[root@Master ~]#
```

（2）检查 Pod 是否创建成功，执行命令如下。

```
[root@Master ~]# kubectl  get  pods
```

命令执行结果如下。

```
NAME          READY     STATUS       RESTARTS       AGE
nginx-test01  1/1       Running      0              22s
[root@Master ~]#
```

（3）查看 Pod 的描述信息，执行命令如下。

```
[root@Master ~]# kubectl describe  pods  nginx-test01
```

命令执行结果如下。

```
Name:        nginx-test01
Namespace:   default
Priority:    0
Node:        node01/192.168.100.101
Start Time:  Mon, 02 May 2022 19:07:15 +0800
Labels:      run=nginx-test01
Annotations: <none>
Status:      Running
IP:          10.244.1.11
IPs:
  IP: 10.244.1.11
```

```
Containers:
  nginx-test01:
……（省略部分内容）
Events:
  Type    Reason     Age    From              Message
  ----    ------     ----   ----              -------
  Normal  Scheduled  47s    default-scheduler  Successfully assigned
default/nginx-test01 to node01
  Normal  Pulling    47s    kubelet           Pulling image "nginx:latest"
  Normal  Pulled     43s    kubelet           Successfully pulled image
"nginx:latest" in 4.574295015s
  Normal  Created    43s    kubelet           Created container nginx-test01
  Normal  Started    42s    kubelet           Started container nginx-test01
[root@Master ~]#
```

（4）Pod 创建完成后，获取 Nginx 服务所在的 Pod 的信息，执行命令如下。

```
[root@Master ~]# kubectl get pod nginx-test01 -o wide
```

命令执行结果如图 6.10 所示。

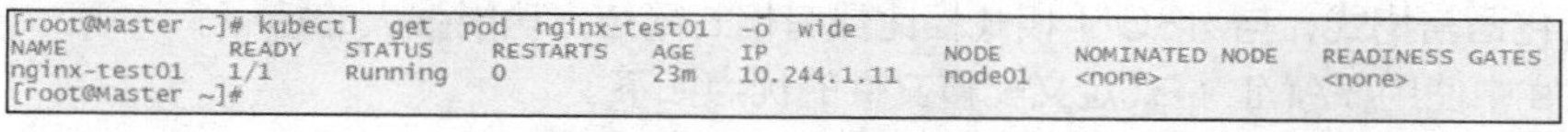

```
[root@Master ~]# kubectl get pod nginx-test01 -o wide
NAME         READY  STATUS   RESTARTS  AGE   IP           NODE    NOMINATED NODE  READINESS GATES
nginx-test01  1/1    Running  0         23m   10.244.1.11  node01  <none>          <none>
[root@Master ~]#
```

图 6.10　获取 nginx-test01 的信息

Pod 信息中的字段含义如表 6.6 所示。

表 6.6　Pod 信息中的字段含义

字段	含义
NAME	Pod 的名称
READY	Pod 的准备状况，Pod 包含的容器总数或准备就绪的容器数目
STATUS	Pod 的状态
RESTARTS	Pod 的重启次数
AGE	Pod 的运行时间
IP	Pod 的 pod-network-cidr 网络地址
NODE	Pod 的运行节点
NOMAINTED NODE	Pod 的没有目标位置节点
READINESS GATES	Pod 就绪状态检查，判断 Container、Pod、Endpoint 的状态是否就绪

根据上述命令的执行结果可以看出，nginx-test01 的 IP 地址为 10.244.1.11。通过命令行工具 curl 测试集群内的任意节点能否访问该 Nginx 服务，执行命令如下。

```
[root@Master ~]# curl 10.244.1.11
```

命令执行结果如下。

```
<!DOCTYPE html>
<html>
<head>
<title>Welcome to nginx!</title>
<style>
……（省略部分内容）
</body>
</html>
[root@Master ~]#
```

根据执行结果可以看出，使用 curl 工具成功访问了 Pod 的 Nginx 服务。

（5）强制删除多个 Pod，执行命令如下。

```
[root@Master ~]# kubectl delete pod ubuntu-test02 centos-test03  --force
```

命令执行结果如下。

```
warning: Immediate deletion does not wait for confirmation that the running
resource has been terminated. The resource may continue to run on the cluster
indefinitely.
pod "ubuntu-test02" force deleted
pod "centos-test03" force deleted
[root@Master ~]#
```

2. 使用 YAML 文件创建 Pod

Kubernetes 除了使用某些强制性的命令（如 kubectl run / expose）会隐式创建 rc 或者 svc 之外，Kubernetes 还支持通过编写 YAML 格式的文件来创建这些操作对象。使用 YAML 方式不仅可以实现版本控制，还可以在线对文件中的内容进行编辑审核。当使用复杂的配置来提供一个稳健、可靠和易维护的系统时，这些优势就显得非常重要。YAML 本质上是一种用于定义配置文件的通用数据串行化语言格式，与 JSON 格式相比具有格式简洁、功能强大的特点。Kubernetes 中使用 YAML 格式定义配置文件的优点如下。

V6-4　使用 YAML 创建 Pod

（1）便捷：命令行中不必添加大量的参数。

（2）可维护：YAML 文件可以通过源头控制、跟踪每次操作。

（3）灵活：YAML 文件可以创建比命令行更加复杂的结构。

YAML 语法规则较为复杂，读者在使用时应该多加注意，具体如下所示。

（1）字母大小写敏感。

（2）使用缩进表示层级关系。

（3）缩进时不允许使用制表符，只允许使用空格。

（4）缩进的空格数不重要，相同层级的元素左侧对齐即可。

需要注意的是，一个 YAML 配置文件内可以同时定义多个资源。使用 YAML 创建 Pod 的完整文件内容与格式如下所示。

```
apiVersion: v1                    #必选，API 版本号，如 v1
kind: Pod                         #必选，定义类型，如 Pod
metadata:                         #必选，元数据
  name: string                    #必选，Pod 的名称
  namespace: string               #必选，Pod 所属的命名空间，默认为"default"
  labels:                         #自定义标签
  - name: string                  #自定义标签名称
  annotations:                    #自定义注解列表
  - name: string
spec:                             #必选，Pod 中容器的详细定义
  containers:                     #必选，Pod 中的容器列表
  - name: string                  #必选，容器名称，需符合 RFC 1035 规范
    image: string                 #必选，容器的镜像名称
    imagePullPolicy: Never        #获取镜像的策略
    command: [string]             #容器的启动命令列表，如不指定，则使用打包时使用的启动命令
    args: [string]                #容器的启动命令参数列表
    workingDir: string            #容器的工作目录
    volumeMounts:                 #挂载到容器内部的存储卷配置
```

```
      -name: string                    #引用 Pod 定义的共享存储卷的名称
         mountPath: string             #存储卷在容器内挂载的绝对路径，长度应少于 512 个字符
         readonly: Boolean             #是否为只读模式
      ports:                           #需要暴露的端口
      - name: string                   #端口的名称
         containerPort: int            #容器需要监听的端口号
         hostPort: int    #容器所在主机需要监听的端口号，默认与容器需要监听的端口号相同
         protocol: string              #端口协议，支持 TCP 和 UDP，默认为 TCP
      env:                             #容器运行前需设置的环境变量列表
      -name: string                    #环境变量名称
       value: string                   #环境变量的值
      resources:                       #资源限制和请求的设置
         limits:                       #资源限制的设置
         cpu: string                   #CPU 的限制
         memory: string                #内存的限制，单位可以为 MB 或 GB
      requests:                        #资源请求的设置
         cpu: string                   #CPU 请求，容器启动的初始可用 CPU 数量
         memory: string                #内存请求，容器启动的初始可用内存数量
      livenessProbe:                   #对 Pod 内各容器健康检查方式的设置
       exec:                           #将 Pod 容器内检查方式设置为 exec
         command: [string]             #exec 方式需要制定的命令或脚本
      httpGet:                         #将 Pod 内各容器健康检查方式设置为 httpGet
         path: string
         port: number
         host: string
         scheme:string
         httpHeaders:
         -name:string
          value: string
      tcpSocket:                       #将 Pod 内各容器健康检查方式设置为 tcpSocket
         port: number
      initialDelaySeconds :0           #容器启动完成后首次健康检查探测的时间，单位为 s
      timeoutSeconds: 0                #容器健康检查探测等待响应的超时时间，单位为 s，默认为 1s
      periodSeconds: 0                 #容器定期健康检查的时间设置，单位为 s，默认 10s 检查一次
      successThreshold :0
      failureThreshold: 0
      securityContext:                 #安全上下文
         privileged: false
restartPolicy: [Always | Never | OnFailure]   #Pod 的重启策略
nodeSelector: obeject                                #设置 NodeSelector
imagePullSecrets:                                    #拉取镜像时使用的密码名称
- name:string
hostNetwork: false                       #是否使用主机网络模式，默认为 false
volumes:                                 #在该 Pod 上定义共享存储卷列表
- name: string                           #共享存储卷名称（存储卷类型有很多种）
  emptyDir :{}                           #类型为 emptyDir 的存储卷
hostPath: string                         #类型为 hostPath 的存储卷
```

```
     path: string                                      #hostPath 类型存储卷的路径
   secret:                     #类型为 secret 的存储卷，挂载集群与定义的 secret 对象到容器内部
     scretname: string
     items:
     - key: string
     path: string
   configMap:                                       #类型为 configMap 的存储卷
     name: string
     items:
     - key: string
      path: string
```

以上 Pod 定义文件涵盖了 Pod 大部分属性的设置，其中各参数的取值类型包括 string、int、object。
下面编写 Pod 的 YAML 文件，执行命令如下。

```
[root@Master ~]# vim pod-nginx.yaml
[root@Master ~]# cat pod-nginx.yaml
```

命令执行结果如下。

```
apiVersion: v1
kind: Pod
metadata:
 name: pod-nginx01
 namespace: default
 labels:
    app: app-nginx
spec:
 containers:
 - name: containers-name-nginx
   image: nginx:latest
   imagePullPolicy: IfNotPresent                  //本地镜像不存在时的镜像拉取策略
[root@Master ~]#
```

使用 kubectl apply 命令应用 pod-nginx.yaml 文件，执行命令如下。

```
[root@Master ~]# kubectl apply -f pod-nginx.yaml
```

命令执行结果如下。

```
pod/pod-nginx01 created
[root@Master ~]#
```

从命令执行结果可以看出，名为 pod-nginx01 的 Pod 创建成功。使用 kubectl get pods 命令
查看创建的 Pod，执行命令如下。

```
[root@Master ~]# kubectl get pods
```

命令执行结果如下。

```
NAME            READY      STATUS       RESTARTS        AGE
nginx-test01    1/1        Running      0               131m
pod-nginx01     1/1        Running      0               13s
[root@Master ~]#
```

3. Pod 基本操作

Pod 是 Kubernetes 中最小的控制单位，下面介绍生产环境中关于 Pod 的常用命令。
（1）查看 Pod 所在的运行节点及 IP 地址等信息，执行命令如下。

```
[root@Master ~]# kubectl get pod pod-nginx01 -o wide
[root@Master ~]# kubectl get pods
[root@Master ~]# kubectl get pod pod-nginx 01 -o wide
```

```
[root@Master ~]#
```

命令执行结果如图 6.11 所示。

```
[root@Master ~]# kubectl get pod nginx-test01 -o wide
NAME          READY  STATUS   RESTARTS  AGE   IP           NODE    NOMINATED NODE  READINESS GATES
nginx-test01  1/1    Running  0         158m  10.244.1.11  node01  <none>          <none>
[root@Master ~]# kubectl get pods
NAME          READY  STATUS   RESTARTS  AGE
nginx-test01  1/1    Running  0         160m
pod-nginx01   1/1    Running  0         29m
[root@Master ~]# kubectl get pod pod-nginx01 -o wide
NAME         READY  STATUS   RESTARTS  AGE   IP           NODE    NOMINATED NODE  READINESS GATES
pod-nginx01  1/1    Running  0         30m   10.244.4.15  node02  <none>          <none>
[root@Master ~]#
```

图 6.11 获取 pod-nginx01 的信息

（2）查看 Pod 定义的详细信息，可以使用-o yaml 参数将 Pod 的信息转换为 YAML 格式，该参数不仅显示 Pod 的详细信息，还显示 Pod 中容器的相关信息，执行命令如下。

```
[root@Master ~]# kubectl get pods pod-nginx01 -o yaml
```

命令执行结果如下。

```
apiVersion: v1
kind: Pod
metadata:
......（省略部分内容）
  hostIP: 192.168.100.102
  phase: Running
  podIP: 10.244.4.15
  podIPs:
  - ip: 10.244.4.15
  qosClass: BestEffort
  startTime: "2022-05-02T13:18:14Z"
[root@Master ~]#
```

（3）使用 kubectl describe 命令可查询 Pod 的状态和生命周期事件，执行命令如下。

```
[root@Master ~]# kubectl describe pod pod-nginx01
```

命令执行结果如下。

```
Name:          pod-nginx01
Namespace:     default
Priority:      0
Node:          node02/192.168.100.102
Start Time:    Mon, 02 May 2022 21:18:14 +0800
Labels:        app=app-nginx
Annotations:   <none>
Status:        Running
IP:            10.244.4.15
IPs:
  IP:  10.244.4.15
Containers:
  containers-name-nginx:
......（省略部分内容）
Events:
  Type    Reason     Age   From               Message
  ----    ------     ----  ----               -------
  Normal  Scheduled  41m   default-scheduler  Successfully assigned default/
pod-nginx01 to node02
  Normal  Pulled     41m   kubelet            Container image "nginx:latest" already
present on machine
  Normal  Created    41m   kubelet            Created container containers-name-nginx
```

261

```
   Normal  Started    41m  kubelet              Started container containers-name-nginx
[root@Master ~]#
```

（4）进入 Pod 对应的容器内部，并使用/bin/bash 进行交互，执行命令如下。

```
[root@Master ~]# kubectl exec -it pod-nginx01 /bin/bash
```

命令执行结果如下。

```
kubectl exec [POD] [COMMAND] is DEPRECATED and will be removed in a future version.
Use kubectl exec [POD] -- [COMMAND] instead.
root@pod-nginx01:/# mkdir -p test01
root@pod-nginx01:/# cd test01/
root@pod-nginx01:/test01# touch  fil0{1..9}.txt
root@pod-nginx01:/test01# ls -l
```

命令执行结果如下。

```
total 0
-rw-r--r-- 1 root root 0 May  2 14:06 fil01.txt
……（省略部分内容）
-rw-r--r-- 1 root root 0 May  2 14:06 fil09.txt
root@pod-nginx01:/test01# cd ~
root@pod-nginx01:~# pwd
/root
root@pod-nginx01:~# exit
exit
[root@Master ~]#
```

（5）重新启动 Pod 以更新应用，执行命令如下。

```
[root@Master ~]# kubectl replace --force -f  pod-nginx.yaml
```

命令执行结果如下。

```
pod "pod-nginx01" deleted
pod/pod-nginx01 replaced
[root@Master ~]#
[root@Master ~]# kubectl    get pods
NAME              READY       STATUS    RESTARTS    AGE
nginx-test01      1/1         Running   0           3h5m
pod-nginx01       1/1         Running   0           64s
[root@Master ~]#
```

6.3.4 Deployment 控制器配置与管理

对 Kubernetes 来说，Pod 是资源调度的最小单元，Kubernetes 的主要功能就是管理多个 Pod，而一个 Pod 中可以包含一个或多个容器。那么 Kubernetes 是如何管理多个 Pod 的呢？它是通过控制器进行管理的，如 ReplicaSet 和 Deployment。

1. ReplicaSet 控制器

ReplicaSet（RS）是 Pod 控制器类型中的一种，主要用来确保受管控 Pod 对象的副本数量在任何时刻都满足期望值。当 Pod 的副本数量与期望值不吻合时，多则删除，少则通过 Pod 模板进行创建弥补。RS 与 Replication Controller（RC）的功能基本一样。但是 RS 可以在标签选择项中选择多个标签，支持基于等式的选择器（Selector）检测多个注册通道上是否有事件发生，如果有事件发生，则获取事件进行相应的处理，这样就可以只用一个单线程去管理多个通道，也就是管理多个连接和请求。Kubernetes 官方建议避免直接使用 RS，推荐通过 Deployment 来创建 RS和 Pod，与手动创建和管理 Pod 对象相比，RS 可以实现以下功能。

（1）可以确保 Pod 的副本数量精确吻合配置中定义的期望值。

（2）当探测到 Pod 对象所在的节点不可用时，可以自动请求在其他节点上重新创建新的 Pod，以确保服务可以正常运行。

（3）当业务规模出现波动时，可以实现 Pod 的弹性伸缩。

2. Deployment 控制器

Deployment 或者 RC 在集群中实现的主要功能就是创建应用容器的多份副本，并持续监控副本数量，使其维持在指定值。Deployment 提供了关于 Pod 和 RS 的声明性更新，其主要使用场景如下。

（1）通过创建 Deployment 来生成 RS 并在后台完成 Pod 的创建。

（2）通过更新 Deployment 来创建新的 Pod 镜像升级。

（3）如果当前的服务状态不稳定，则可以将 Deployment 回滚到先前的版本（版本回滚）。

（4）通过编辑 Deployment 文件来控制副本数量（增加负载）。

（5）在进行版本更新时，如果出现故障，则可以暂停 Deployment，等到故障修复后继续发布。

（6）通过 Deployment 的状态来判断更新发布是否成功，清理不再需要的副本集。

Deployment 支持的主要功能如下。

（1）支持动态水平的弹性伸缩。容器相比虚拟机最大的优势就在于容器可以实现灵活的弹性伸缩，而这一部分工作由 Kubernets 中的控制器进行调度。Deployment 的弹性伸缩本质是指 RS 下 Pod 的数量增加或减少。在创建 Deployment 时会相应创建一个 RS，通过 RS 实现弹性伸缩的自动化部署，并在很短的时间内进行数量的变更。弹性伸缩是通过修改 YAML 文件中的 replicas 参数后，使用 kubectl apply 命令重新应用该文件实现的。

（2）支持动态的回滚和滚动更新。定义一个 Deployment 会创建一个新的 RS。通过 RS 创建 Pod，删除 Deployment 控制器，同时会删除所对应的 RS 及 RS 下控制的 Pod 资源。可以认为 Deployment 是建立在 RS 之上的一种控制器，可以管理多个 RS，当每次需要更新 Pod 的时候，就会自动生成一个新的 RS，把旧的 RS 替换掉。多个 RS 可以同时存在，但只有一个 RS 在运行，因为新 RS 里生成的 Pod 会依次替换旧 RS 里的 Pod，所以需要等待时间，大约等待十分钟。

Kubernetes 下有多个 Deployment，Deployment 下有多个 RS，通过 RS 管理多个 Pod，通过 Pod 管理容器。它们之间的关系如图 6.12 所示。

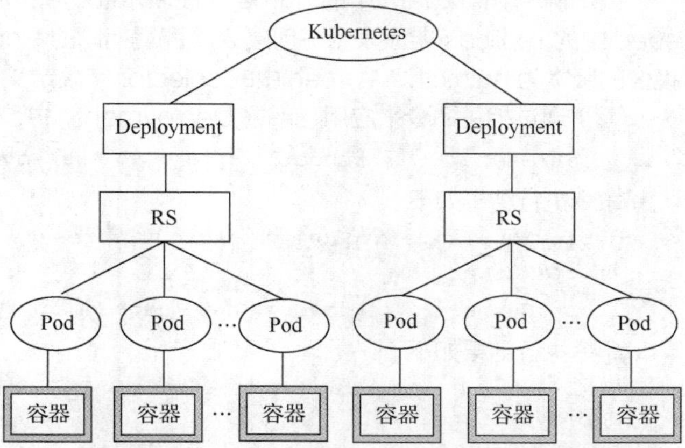

图 6.12　Kubernetes、Deployment、RS、Pod 及容器之间的关系

3. Deployment 命令配置

下面通过具体的部署示例为读者展示 Deployment 的用法。

（1）创建 Deployment 描述文件，执行命令如下。

```
[root@Master ~]#docker pull nginx:1.9.1
[root@Master ~]# docker images | grep TAG && docker images | grep nginx
```

命令执行结果如下。

```
REPOSITORY      TAG         IMAGE ID        CREATED         SIZE
nginx           1.9.1       94ec7e53edfc    6 years ago     133MB
[root@Master ~]#
[root@Master ~]# vim deployment-nginx.yaml
```

```
[root@Master ~]# cat deployment-nginx.yaml
```

命令执行结果如下。

```
apiVersion: apps/v1
kind: Deployment
metadata:
 name: deployment-nginx01
 namespace: default
 labels:
    app: nginx
spec:
 replicas: 3
 selector:
   matchLabels:
     app: nginx
 template:
   metadata:
    labels:
      app: nginx
   spec:
    containers:
    - name: nginx
      image: nginx:1.9.1
      imagePullPolicy: IfNotPresent
      ports:
      - containerPort: 80
[root@Master ~]#
```

该示例中 metadata 中的 name 字段表示此 Deployment 的名称为 deployment-nginx01，spec 中的 replicas 字段表示将创建 3 个配置相同的 Pod，containers 中的 image 字段表示容器镜像的版本为 nginx:1.9.1，spec 中的 selector 字段定义了通过 matchLabels 方式选择这些 Pod。

（2）通过相关命令来应用、部署 Deployment，并查看 Deployment 的状态，执行命令如下。

```
[root@Master ~]# kubectl apply -f deployment-nginx.yaml
```

命令执行结果如下。

```
deployment.apps/deployment-nginx01 created
[root@Master ~]#
[root@Master ~]# kubectl get deployment
```

命令执行结果如下。

```
NAME                   READY   UP-TO-DATE   AVAILABLE   AGE
deployment-nginx01     3/3     3            3           3m23s
[root@Master ~]#
```

从命令执行结果中 READY 的值可以看出，Deployment 已经创建好了 3 个最新的副本。

（3）使用 kubectl get rs 命令和 kubectl get pods 命令可以查看相关的 RS 和 Pod 信息，执行命令如下。

```
[root@Master ~]# kubectl get rs
```

命令执行结果如下。

```
NAME                          DESIRED   CURRENT   READY   AGE
deployment-nginx01-5bfdf46dc6  3         3         3       2m21s
[root@Master ~]#
[root@Master ~]# kubectl get pods
```

命令执行结果如下。

```
NAME                                    READY   STATUS    RESTARTS        AGE
centos                                  1/1     Running   13 (22s ago)    13h
deployment-nginx01-5bfdf46dc6-lrlzc     1/1     Running   0               14s
deployment-nginx01-5bfdf46dc6-mkvrv     1/1     Running   0               14s
deployment-nginx01-5bfdf46dc6-pfvln     1/1     Running   0               14s
nginx-test01                            1/1     Running   0               23h
pod-nginx01                             1/1     Running   0               22h
ubuntu                                  1/1     Running   20 (6m36s ago)  20h
[root@Master ~]#
```

以上命令所创建的 Pod 由系统自动完成调度，它们各自最终运行在哪个节点上完全由 Master 的 Scheduler 组件经过一系列算法计算得出，用户无法干预调度的过程和结果。

4. Deployment 更新

当集群中的某个服务需要升级时，一般情况下需要先停止与此服务相关的 Pod，再下载新版本的镜像和创建 Pod。这种先停止再升级的方式在大规模集群中会导致服务较长时间不可用，而 Kubernetes 提供的更新功能可以很好地解决此类问题。

用户运行修改 Deployment 的 Pod 定义（spec.template）或者镜像名称，并将其应用到 Deployment 上，系统即可自动完成更新。如果在更新过程中出现了错误，则可以回滚到先前的 Pod 版本。需要注意的是，自动更新的前提是 Pod 是通过 Deployment 创建的，且仅当 spec 中的 template 字段更改部署的 Pod 模板（如模板的标签或容器镜像已更新）时才会触发，其他更改（如扩展部署）不会触发自动更新。

（1）拉取相应的镜像版本，执行命令如下。

```
[root@Master ~]#docker pull nginx:latest
[root@Master ~]# docker images | grep TAG && docker images | grep nginx
```

命令执行结果如下。

```
REPOSITORY      TAG       IMAGE ID       CREATED        SIZE
nginx           latest    fa5269854a5e   13 days ago    142MB
nginx           1.9.1     94ec7e53edfc   6 years ago    133MB
[root@Master ~]#
```

（2）删除 deployment-nginx.yaml 文件创建的 Pod，查看 Pod 信息，执行命令如下。

```
[root@Master ~]# kubectl delete -f deployment-nginx.yaml
```

命令执行结果如下。

```
deployment.apps "deployment-nginx01" deleted
[root@Master ~]# kubectl get pods
```

命令执行结果如下。

```
NAME            READY   STATUS    RESTARTS       AGE
centos          1/1     Running   12 (48m ago)   12h
nginx-test01    1/1     Running   0              22h
pod-nginx01     1/1     Running   0              22h
ubuntu          1/1     Running   19 (54m ago)   19h
[root@Master ~]#
```

（3）应用 deployment-nginx.yaml 文件创建的 Pod，查看当前容器的镜像版本信息，执行命令如下。

```
[root@Master ~]# kubectl apply -f deployment-nginx.yaml --record
```

命令执行结果如下。

```
Flag --record has been deprecated, --record will be removed in the future
deployment.apps/deployment-nginx01 configured
[root@Master ~]# kubectl get pods
```

命令执行结果如下。

```
NAME                                       READY    STATUS     RESTARTS        AGE
centos                                     1/1      Running    13 (22m ago)    13h
deployment-nginx01-5bfdf46dc6-lrlzc        1/1      Running    0               22m
deployment-nginx01-5bfdf46dc6-mkvrv        1/1      Running    0               22m
deployment-nginx01-5bfdf46dc6-pfvln        1/1      Running    0               22m
nginx-test01                               1/1      Running    0               23h
pod-nginx01                                1/1      Running    0               23h
ubuntu                                     1/1      Running    20 (28m ago)    20h
[root@Master ~]#

[root@Master ~]# kubectl describe deployment deployment-nginx01 | grep Image
```
命令执行结果如下。
```
      Image:           nginx:1.9.1
[root@Master ~]#
```

（4）将 Nginx Pod 的镜像从 nginx:1.9.1 更新为 nginx:latest，并查看 Deployment 的详细信息，执行命令如下。

```
[root@Master ~]# kubectl set image deployment deployment-nginx01
nginx=nginx:latest --record
```
命令执行结果如下。
```
deployment.apps/deployment-nginx01 image updated
[root@Master ~]#

[root@Master ~]# kubectl get pods
```
命令执行结果如下。
```
NAME                                       READY    STATUS     RESTARTS        AGE
centos                                     1/1      Running    13 (31m ago)    13h
deployment-nginx01-67dffbbbb-f4nqt         1/1      Running    0               5m2s
deployment-nginx01-67dffbbbb-tjm8n         1/1      Running    0               5m
deployment-nginx01-67dffbbbb-tlh42         1/1      Running    0               4m59s
nginx-test01                               1/1      Running    0               23h
pod-nginx01                                1/1      Running    0               23h
ubuntu                                     1/1      Running    20 (37m ago)    20h
[root@Master ~]#

[root@Master ~]# kubectl describe deployment deployment-nginx01
```
命令执行结果如下。
```
Name:                 deployment-nginx01
Namespace:            default
CreationTimestamp:    Wed, 04 May 2022 05:23:25 +0800
Labels:               app=nginx
Annotations:          deployment.kubernetes.io/revision: 2
                      kubernetes.io/change-cause: kubectl apply --filename=
deployment-nginx.yaml --record=true
Selector:             app=nginx
Replicas:             3 desired | 3 updated | 3 total | 3 available | 0 unavailable
StrategyType:         RollingUpdate
MinReadySeconds:      0
RollingUpdateStrategy: 25% max unavailable, 25% max surge
Pod Template:
  Labels:  app=nginx
  Containers:
   nginx:
    Image:            nginx:latest
```

```
        Port:           80/TCP
    Host Port:          0/TCP
……（省略部分内容）
[root@Master ~]#
```

（5）查看 Deployment 和 Pod 的镜像版本，执行命令如下。

```
[root@Master ~]# kubectl describe  deployment deployment-nginx01 | grep  Image
```

命令执行结果如下。

```
    Image:               nginx:latest
[root@Master ~]#
```

```
[root@Master ~]# kubectl  describe  pod deployment-nginx01-67dffbbbb-f4nqt |
grep  Image
```

命令执行结果如下。

```
    Image:               nginx:latest
    Image ID:            docker-pullable://nginx@sha256:
859ab6768a6f26a79bc42b231664111317d095a4f04e4b6fe79ce37b3d199097
[root@Master ~]#
```

从命令执行结果可以看出，Pod 的镜像已经成功更新为 nginx:latest。

5. Deployment 回滚

在进行升级操作的时候，更新后的 Deployment 不稳定可能会导致系统宕机，这时需要将 Deployment 回滚到旧的版本。下面演示 Deployment 的回滚操作。

（1）为了演示 Deployment 更新出错的场景，这里在更新 Deployment 时，误将 Nginx 镜像设置为 nginx:1.100.1（不是 nginx:latest，属于不存在的镜像），并使用 rollout 命令进行了升级操作，执行命令如下。

```
[root@Master ~]# kubectl  set  image  deployment  deployment-nginx01
nginx=nginx:1.100.1 --record=true
```

命令执行结果如下。

```
Flag --record has been deprecated,  --record will be removed in the future
deployment.apps/deployment-nginx01 image updated
[root@Master ~]#
```

```
[root@Master ~]# kubectl  rollout  status  deployment  deployment-nginx01
```

命令执行结果如下。

```
Waiting for deployment "deployment-nginx01" rollout to finish: 1 out of 3 new
replicas have been updated...
```

因为使用的是不存在的镜像，所以系统无法进行正确的镜像升级，会一直处于 Waiting 状态。此时，可以按 Ctrl+C 组合键来终止操作，命令执行结果如下。

```
^C[root@Master ~]#
```

（2）查看系统是否创建了新的 RS，执行命令如下。

```
[root@Master ~]# kubectl  get  rs
```

命令执行结果如下。

```
NAME                             DESIRED    CURRENT     READY    AGE
deployment-nginx01-5bfdf46dc6    0          0           0        102m
deployment-nginx01-5cf5c4f8fb    1          1           0        16s
deployment-nginx01-67dffbbbb     3          3           3        76m
```

从命令执行结果可以看出，系统新建了一个名为 deployment-nginx01-5cf5c4f8fb 的 RS。

（3）查看相关 Pod 的信息，执行命令如下。

```
[root@Master ~]# kubectl  get  pods
```

命令执行结果如下。

```
NAME                                      READY   STATUS            RESTARTS        AGE
centos                                    1/1     Running           14 (42m ago)    14h
deployment-nginx01-5cf5c4f8fb-5jpw6       0/1     ImagePullBackOff  0               31s
deployment-nginx01-67dffbbbb-9pw79        1/1     Running           0               37m
deployment-nginx01-67dffbbbb-cnbtj        1/1     Running           0               37m
deployment-nginx01-67dffbbbb-nbgbs        1/1     Running           0               37m
nginx-test01                              1/1     Running           0               24h
pod-nginx01                               1/1     Running           0               24h
ubuntu                                    1/1     Running           21 (49m ago)    21h
[root@Master ~]#
```

从命令执行结果可以看出，因为更新的镜像不存在，所以新创建的 Pod 的状态为 ImagePullBackOff。

（4）检查 Deployment 描述和 Deployment 更新历史记录，执行命令如下。

```
[root@Master ~]# kubectl describe deployment
```

命令执行结果如下。

```
Name:                   deployment-nginx01
Namespace:              default
CreationTimestamp:      Wed, 04 May 2022 05:23:25 +0800
Labels:                 app=nginx
Annotations:            deployment.kubernetes.io/revision: 5
                        kubernetes.io/change-cause: kubectl set image deployment
deployment-nginx01 nginx=nginx:1.100.1 --record=true
Selector:               app=nginx
Replicas:               3 desired | 1 updated | 4 total | 3 available | 1 unavailable
StrategyType:           RollingUpdate
MinReadySeconds:        0
RollingUpdateStrategy:  25% max unavailable,  25% max surge
Pod Template:
  Labels:  app=nginx
  Containers:
   nginx:
    Image:          nginx:1.100.1
    Port:           80/TCP
    Host Port:      0/TCP
  ……（省略部分内容）
[root@Master ~]#

[root@Master ~]# kubectl rollout history deployment deployment-nginx01
```

命令执行结果如下。

```
deployment.apps/deployment-nginx01
REVISION  CHANGE-CAUSE
3  kubectl apply --filename=deployment-nginx.yaml --record=true
4  kubectl set image deployment deployment-nginx01 nginx=nginx:latest --record=true
5  kubectl set image deployment deployment-nginx01 nginx=nginx:1.100.1 --record=true
[root@Master ~]#
```

（5）使用 rollout undo 命令撤销本次发布，并将 Deployment 回滚到上一个部署版本，执行命令如下。

```
[root@Master ~]# kubectl rollout undo deployment deployment-nginx01
```

命令执行结果如下。

```
deployment.apps/deployment-nginx01 rolled back
[root@Master ~]#
[root@Master ~]# kubectl describe deployment deployment-nginx01 | grep Image
```

命令执行结果如下。

```
    Image:        nginx:latest
[root@Master ~]#
[root@Master ~]# kubectl get deploy
```

命令执行结果如下。

```
NAME                READY   UP-TO-DATE   AVAILABLE   AGE
deployment-nginx01  3/3     3            3           58m
[root@Master ~]#
```

6. Deployment 暂停与恢复

部署复杂的 Deployment 需要进行多次的配置文件修改，为了减少更新过程中的错误，Kubernetes 支持暂停 Deployment 更新，待配置文件一次性修改完成后再恢复更新。下面介绍 Deployment 暂停和恢复操作的相关流程。

（1）使用 pause 选项来实现 Deployment 暂停操作，执行命令如下。

```
[root@Master ~]# kubectl rollout pause deployment deployment-nginx01
```

命令执行结果如下。

```
deployment.apps/deployment-nginx01 paused
[root@Master ~]#
```

（2）查看 Deployment 部署的历史记录，执行命令如下。

```
[root@Master ~]# kubectl rollout history deployment    deployment-nginx01
```

命令执行结果如下。

```
deployment.apps/deployment-nginx01
REVISION   CHANGE-CAUSE
3          kubectl apply --filename=deployment-nginx.yaml --record=true
5          kubectl set image deployment deployment-nginx01 nginx=nginx:1.100.1
--record=true
6          kubectl set image deployment deployment-nginx01 nginx=nginx:latest
--record=true
[root@Master ~]#
```

（3）使用 resume 选项来实现 Deployment 恢复操作，执行命令如下。

```
[root@Master ~]kubectl rollout resume deployment deployment-nginx01
```

命令执行结果如下。

```
deployment.apps/deployment-nginx01 resumed
[root@Master ~]#
```

（4）修改完成后，查看新 RS 的情况，执行命令如下。

```
[root@Master ~]# kubectl get rs
```

命令执行结果如下。

```
NAME                           DESIRED   CURRENT   READY   AGE
deployment-nginx01-5bfdf46dc6  0         0         0       67m
deployment-nginx01-5cf5c4f8fb  0         0         0       33m
deployment-nginx01-67dffbbbb   3         3         3       41m
[root@Master ~]#
```

6.3.5 Service 的创建与管理

服务创建完成后，只能在集群内部通过 Pod 的地址去访问。当 Pod 出现故障时，Pod 控制器会重新创建一个包括该服务的 Pod，此时访问该服务需获取新 Pod 的地址，这导致服务的可用性大大降低。另外，如果容器本身就采用分布式的部署方式，通过多个实例共同提供服务，则需要在这

269

些实例的前端设置负载均衡分发。因此，Kubernetes 项目引入了 Service 组件，当新的 Pod 创建完成后，Service 会通过 Label 连接到该服务。

总的来说，Service 可以实现为一组具有相同功能的应用服务，其可提供一个统一的入口地址，并将请求负载分发到后端的容器应用上。下面介绍 Service 的基本使用方法。

1. Service 详解

YAML 格式的 Service 定义文件的完整内容及各参数的含义如下。

```
apiVersion: v1              #必选项，表示版本
kind: Service               #必选项，表示定义资源的类型
matadata:                   #必选项，元数据
  name: string              #必选项，Service 的名称
  namespace: string         #必选项，Service 的命名空间
  labels:                   #自定义标签属性列表
    - name: string
  annotations:              #自定义注解属性列表
   - name: string
spec:                       #必选项，详细描述
  selector: []              #必选项，标签选择
  type: string              #必选项，Service 的类型，指定 Service 的访问方式
  clusterIP: string         #虚拟服务 IP 地址
  sessionAffinity: string   #是否支持会话
  ports:                    #Service 需要暴露的端口列表
  - name: string            #端口名称
    protocol: string        #端口协议，支持 TCP 和 UDP，默认为 TCP
    port: int               #服务监听的端口号
    targetPort: int         #需要转发到后端 Pod 的端口号
    nodePort: int           #映射到物理机的端口号
  status:          #当 spec 中的 type＝loadBalancer 时，设置外部负载均衡器的地址
    loadBalancer:
      ingress:
        ip: string          #外部负载均衡器的 IP 地址
        hostname: string    #外部负载均衡器的主机名
```

2. 环境配置

为了模拟 Pod 出现故障的场景，这里将删除当前的 Pod。

（1）查看当前 Pod，执行命令如下。

```
[root@Master ~]# kubectl get pods
```

命令执行结果如下。

```
NAME                            READY   STATUS    RESTARTS       AGE
centos                          1/1     Running   3 (51m ago)    3h51m
deployment-nginx01-f79d7bf9-jxf4m 1/1   Running   0              12h
deployment-nginx01-f79d7bf9-kfptv 1/1   Running   0              12h
deployment-nginx01-f79d7bf9-mvj6g 1/1   Running   0              12h
nginx-test01                    1/1     Running   0              13h
pod-nginx01                     1/1     Running   0              13h
ubuntu                          1/1     Running   10 (57m ago)   10h
[root@Master ~]#
```

（2）删除当前 Pod，执行命令如下。

```
[root@Master ~]# kubectl delete pod deployment-nginx01-f79d7bf9-mvj6g
```

命令执行结果如下。

```
pod "deployment-nginx01-f79d7bf9-mvj6g" deleted
[root@Master ~]#
```

删除 Pod 后，再查看 Pod 信息时，发现系统又自动创建了一个新的 Pod，执行命令如下。

```
[root@Master ~]# kubectl get pods
```

命令执行结果如下。

```
NAME                                 READY   STATUS    RESTARTS      AGE
centos                               1/1     Running   4 (4m2s ago)  4h4m
deployment-nginx01-f79d7bf9-jxf4m    1/1     Running   0             13h
deployment-nginx01-f79d7bf9-kfptv    1/1     Running   0             13h
deployment-nginx01-f79d7bf9-stz7c    1/1     Running   0             11m
nginx-test01                         1/1     Running   0             14h
pod-nginx01                          1/1     Running   0             13h
ubuntu                               1/1     Running   11 (10m ago)  11h
[root@Master ~]#
```

3. 创建 Service

Service 既可以使用 kubectl expose 命令来创建，也可以通过 YAML 文件创建。用户可以使用 kubectl expose --help 命令查看其帮助信息。Service 创建完成后，Pod 中的服务依然只能通过集群内部的地址去访问，执行命令如下。

```
[root@Master ~]# kubectl expose deploy deployment-nginx01 --port=8000
--target-port=80
```

命令执行结果如下。

```
service/deployment-nginx01 exposed
[root@Master ~]#
```

该示例中创建了一个 Service 服务，并将本地的 8000 端口绑定到了 Pod 的 80 端口上。

4. 查看创建的 Service

使用相关命令查看创建的 Service，执行命令如下。

```
[root@Master ~]# kubectl get svc
```

命令执行结果如下。

```
NAME                 TYPE        CLUSTER-IP      EXTERNAL-IP  PORT(S)    AGE
deployment-nginx01   ClusterIP   10.99.244.220   <none>       8000/TCP   91s
kubernetes           ClusterIP   10.96.0.1       <none>       443/TCP    33h
[root@Master ~]#
```

此时，可以直接通过 Service 地址访问 Nginx 服务，使用 curl 命令进行验证，执行命令如下。

```
[root@Master ~]# curl 10.99.244.220:8000
```

命令执行结果如下。

```
<!DOCTYPE html>
<html>
<head>
<title>Welcome to nginx!</title>
<style>
html { color-scheme: light dark; }
……（省略部分内容）
</body>
</html>
[root@Master ~]#
```

6.3.6　Kubernetes 容器管理

在 Kubernetes 集群中可以通过创建 Pod 来管理容器，也可以通过 Docker 来管理容器，下面将分别介绍这两种方式。

1. Pod 容器管理

Pod 容器管理的操作过程如下。

（1）拉取 CentOS 镜像文件，使用 YAML 文件创建 Pod，执行命令如下。

```
[root@Master ~]# docker pull centos
[root@Master ~]# docker images | grep centos
```

命令执行结果如下。

```
centos          latest      5d0da3dc9764   7 months ago    231MB
[root@Master ~]#
[root@Master ~]# vim centos.yaml
[root@Master ~]# cat centos.yaml
```

命令执行结果如下。

```
apiVersion: v1
kind: Pod
metadata:
 name: centos
 namespace: default
 labels:
    app: centos
spec:
 containers:
 - name: centos01
   image: centos:latest
   imagePullPolicy: IfNotPresent
   command:
   - "/bin/sh"
   - "-c"
   - "sleep 3600"
[root@Master ~]#
```

（2）应用 centos.yaml 文件，查看 Pod 信息，执行命令如下。

```
[root@Master ~]# kubectl apply -f centos.yaml
```

命令执行结果如下。

```
pod/centos created
[root@Master ~]# kubectl get pods
```

命令执行结果如下。

```
NAME                              READY   STATUS    RESTARTS        AGE
centos                            1/1     Running   0               31s
deployment-nginx01-f79d7bf9-jxf4m 1/1     Running   0               8h
deployment-nginx01-f79d7bf9-kfptv 1/1     Running   0               8h
deployment-nginx01-f79d7bf9-mvj6g 1/1     Running   0               8h
nginx-test01                      1/1     Running   0               10h
pod-nginx01                       1/1     Running   0               9h
ubuntu                            1/1     Running   7 (6m44s ago)   7h6m
[root@Master ~]#
```

（3）进入 Pod 对应的容器内部，并通过/bin/bash 进行交互操作，执行命令如下。

```
[root@Master ~]# kubectl exec -it centos /bin/bash
```

命令执行结果如下。

```
kubectl exec [POD] [COMMAND] is DEPRECATED and will be removed in a future version.
Use kubectl exec [POD] -- [COMMAND] instead.
[root@centos /]# ls
```

命令执行结果如下。

```
bin dev etc home lib lib64 lost+found media mnt opt proc root run
sbin srv sys tmp usr var
[root@centos /]# echo "hello everyone, welcome to here!" > welcome.html
[root@centos /]# cat welcome.html
```

命令执行结果如下。

```
hello everyone, welcome to here!
[root@centos /]# ls
```

命令执行结果如下。

```
bin dev etc home lib lib64 lost+found media mnt opt proc root run
sbin srv sys tmp usr var welcome.html
[root@centos /]# exit
exit
[root@Master ~]#
```

2. Docker 容器管理

Docker 容器管理的操作过程如下。

（1）启动容器，使用 CentOS 最新版本的镜像，创建名称为 centos-test01 的容器，执行命令如下。

```
[root@Master ~]# docker run -dit --name centos-test01 centos:latest
/bin/bash
```

命令执行结果如下。

```
aceb8f8e7709d9caee4caf742e86c9df50b7f3db43ac650ece29715be9405a00
[root@Master ~]#
[root@Master ~]# docker ps -n 1
```

命令执行结果如下。

```
CONTAINER ID    IMAGE   COMMAND   CREATED   STATUS   PORTS   NAMES
aceb8f8e7709  centos:latest "/bin/bash"  2 minutes ago  Up 2 minutes
centos-test01
[root@Master ~]#
```

（2）进入 Docker 对应的容器内部，并通过/bin/bash 进行交互操作，执行命令如下。

```
[root@Master ~]# docker exec -it centos-test01 /bin/bash
[root@aceb8f8e7709 /]# ls
```

命令执行结果如下。

```
bin dev etc home lib lib64 lost+found media mnt opt proc root run
sbin srv sys tmp usr var
[root@aceb8f8e7709 /]# echo "hello everyone, welcome to here!" > welcome.html
[root@aceb8f8e7709 /]# cat welcome.html
```

命令执行结果如下。

```
hello everyone, welcome to here!
[root@aceb8f8e7709 /]# ls
```

命令执行结果如下。

```
    bin  dev  etc  home  lib  lib64  lost+found  media  mnt  opt  proc  root  run
sbin  srv  sys  tmp  usr  var  welcome.html
[root@aceb8f8e7709 /]# exit
exit
[root@Master ~]#
```

（3）导出容器镜像，镜像名称为 centos-test01.tar，执行命令如下。

```
[root@Master ~]# docker export -o centos-test01.tar  centos-test01
[root@Master ~]# ll | grep centos-test01.tar
```

命令执行结果如下。

```
-rw------- 1 root root 238573568 5月  3 17:05 centos-test01.tar
[root@Master ~]#
```

（4）测试网络连通性，访问 Node01 节点，执行命令如下。

```
[root@Master ~]# ping 192.168.100.101
```

命令执行结果如下。

```
PING 192.168.100.101 (192.168.100.101) 56(84) bytes of data.
64 bytes from 192.168.100.101: icmp_seq=1 ttl=64 time=0.288 ms
64 bytes from 192.168.100.101: icmp_seq=2 ttl=64 time=0.304 ms
^C
--- 192.168.100.101 ping statistics ---
2 packets transmitted, 2 received, 0% packet loss, time 4001ms
rtt min/avg/max/mdev = 0.255/0.335/0.564/0.115 ms
[root@Master ~]#
```

（5）将容器镜像文件 centos-test01.tar 复制到 Node01 节点，执行命令如下。

```
[root@Master ~]# scp centos-test01.tar root@192.168.100.101:/root/
```
命令执行结果如下。

```
root@192.168.100.101's password:                    //输入 Node01 节点的密码
centos-test01.tar                 100%  228MB  89.6MB/s   00:02
[root@Master ~]#
```

（6）在 Node01 节点上，查看复制的容器镜像文件 centos-test01.tar，执行命令如下。

```
[root@Node01 ~]# ll | grep centos-test01.tar
```
命令执行结果如下。

```
-rw------- 1 root root 238573568 5月   3 17:07 centos-test01.tar
[root@Node01 ~]#
```

（7）在 Node01 节点上，导入容器镜像 centos-test01.tar，创建镜像 centos-test01，版本
为 v1.0，查看当前镜像信息，执行命令如下。

```
[root@Node01 ~]# docker import centos-test01.tar centos-test01:v1.0
```
命令执行结果如下。

```
sha256:986ed7f7fd15be9fc0f57363880d4c214cea4b07a17b84f52c368c43162b01bb
[root@Node01 ~]#
[root@Node01 ~]# docker images | grep centos-test01
```
命令执行结果如下。

```
centos-test01     v1.0        986ed7f7fd15  29 seconds ago  231MB
[root@Node01 ~]#
```

（8）启动容器，使用刚生成的 centos-test01:v1.0 镜像文件，创建名称为 centos-test01 的
容器，执行命令如下。

```
[root@Node01 ~]# docker run -dit --name centos-test01 centos-test01:v1.0
/bin/bash
```

命令执行结果如下。

```
b232ebba05ba7a97100cf6511f9760cfb289cdf808fb7a15259ad30b80550744
[root@Node01 ~]#
```

（9）进入 Docker 对应的容器内部，通过/bin/bash 进行交互操作，可以看到此时的运行环境与 Master 节点中的容器环境一样，执行命令如下。

```
[root@Node01 ~]# docker exec -it centos-test01  /bin/bash
[root@b232ebba05ba /]# ls
```

命令执行结果如下。

```
bin dev etc home lib lib64 lost+found media mnt opt proc root run
sbin srv sys tmp usr var welcome.html
[root@b232ebba05ba /]# cat welcome.html
```

命令执行结果如下。

```
hello everyone, welcome to here!
[root@b232ebba05ba /]# exit
exit
[root@Node01 ~]#
```

项目小结

本项目主要由 8 项【必备知识】和 6 项【项目实施】组成。

必备知识 6.2.1 容器编排基础知识，主要讲解企业架构的演变、常见的容器编排工具。

必备知识 6.2.2 Kubernetes 概述，主要讲解 Kubernetes 简介、Kubernetes 的优势、Kubernetes 的特征。

必备知识 6.2.3 Kubernetes 设计理念，主要讲解 Kubernetes 项目着重解决的问题、Kubernetes 项目对容器间的访问进行的分类。

必备知识 6.2.4 Kubernetes 体系结构，主要讲解集群体系结构、Master 节点与相关组件、Node 节点与相关组件、etcd 组件、其他组件。

必备知识 6.2.5 Kubernetes 核心概念，主要讲解 Pod、Label 和 Selector、Pause 容器、Replication Controller、StatefulSet、Service、Namespace、Volume、Endpoint。

必备知识 6.2.6 Kubernetes 集群部署方式，主要讲解官方提供的集群部署方式、Kubeadm。

必备知识 6.2.7 Kubernetes 集群管理策略，主要讲解 Pod 调度策略、定向调度、Node 亲和性调度、Pod 亲和与互斥调度、ConfigMap 基本概念、Pod 资源限制与管理。

必备知识 6.2.8 Kubectl 工具基本使用，主要讲解 Kubectl 命令行工具、Kubectl 子命令及参数。

项目实施 6.3.1 Kubernetes 集群安装与部署，主要讲解部署系统要求、关闭防火墙与禁用 SELinux、关闭系统 Swap、主机时间同步、安装 Docker 与镜像下载、安装 Kubeadm 和 Kubelet、将桥接的 IPv4 流量传递到 iptables、加载 IPVS 相关内核模块、更改 Docker CGroup 驱动、初始化 Master 节点及配置、将 Node 节点加入 Master 集群、配置 Kubectl 工具环境、启动 Kubelet 服务并查看 Kubelet 状态、查看集群状态、配置安装网络插件、将 Node 节点退出集群。

项目实施 6.3.2 Kubectl 基本命令配置与管理，主要讲解获取帮助、查看类命令、操作类命令、进阶操作类命令。

项目实施 6.3.3 Pod 的创建与管理，主要讲解使用命令创建 Pod、使用 YAML 文件创建 Pod、Pod 基本操作。

项目实施 6.3.4 Deployment 控制器配置与管理，主要讲解 ReplicaSet 控制器、Deployment 控制器、Deployment 命令配置、Deployment 更新、Deployment 回滚、Deployment 暂停与恢复。

项目实施 6.3.5 Service 的创建与管理，主要讲解 Service 详解、环境配置、创建 Service、查看创建的 Service。

项目实施 6.3.6 Kubernetes 容器管理，主要讲解 Pod 容器管理、Docker 容器管理。

课后习题

1. 选择题

（1）【多选】Kubernetes 的功能有（　　　）。

    A. 自动部署和回滚更新　　　　　　　　B. 弹性伸缩

    C. 资源监控　　　　　　　　　　　　　D. 服务发现和负载均衡

（2）下列选项中，不属于 Master 节点主要组件的是（　　　）。

    A. API Server　　　　　　　　　　　　B. Controller Manager

    C. Docker Server　　　　　　　　　　　D. Scheduler

（3）下列选项中，不属于 Node 节点主要组件的是（　　　）。

    A. Kubelet　　　　　　　　　　　　　B. Kubernetes Proxy

    C. Docker Engine　　　　　　　　　　D. Docker Image

（4）Pod 是 Kubernetes 管理中的（　　　）单位，一个 Pod 可以包含一个或多个相关容器。

    A. 最小　　　　　　B. 最大　　　　　　C. 最稳定　　　　　D. 最不稳定

（5）在 Kubernetes 中，etcd 用于存储系统的（　　　）。

    A. 核心组件　　　　B. 状态信息　　　　C. 日志　　　　　　D. 系统命令代码

（6）在 Kubernetes 中，每个 Pod 都存在一个（　　　）容器，其中运行着进程以进行通信。

    A. pull　　　　　　B. push　　　　　　C. Pod　　　　　　D. Pause

（7）在 Kubernetes 集群中，可以使用（　　　）命令来获取相关帮助。

    A. kubectl get　　B. kubectl help　　C. kubectl create　D. kubectl-proxy

（8）在 Kubernetes 中，使用（　　　）命令可查看当前 Pod 的状态。

    A. ls　　　　　　　B. wget　　　　　　C. get　　　　　　D. ps

（9）在 Kubernetes 中，Service 需要通过使用（　　　）命令来创建。

    A. kubectl expose　　　　　　　　　　B. kubectl help

    C. kubectl create　　　　　　　　　　D. kubectl get

（10）【多选】常见的容器编排工具有（　　　）。

    A. Mesos　　　　　B. Kubernetes　　　C. Docker Compose　D. Python

2. 简答题

（1）简述企业架构的演变。

（2）简介 Kubernetes。

（3）简述 Kubernetes 设计理念。

（4）简述 Kubernetes 体系结构。

（5）简述 Kubernetes 核心概念。

（6）简述 Kubernetes 集群部署方式。

（7）简述 Kubernetes 集群管理策略。